高等院校土木工程专业教材

土木工程制图

第二版

周佶 杨为邦 等 编著

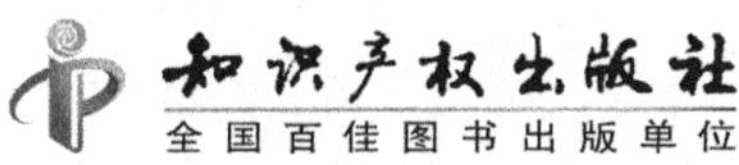

内容提要

本书主要包括制图基础、组合体投影、图样画法、计算机绘图、建筑施工图、结构施工图、给水排水施工图、建筑电气施工图、暖通空调施工图以及道路、桥梁及隧洞施工图等几部分内容，图文结合、简明扼要。特别是专业施工图部分的内容新颖、应用性强，且深入浅出，便于自学。

本书既可作为高等院校土木工程及建筑工程等相关专业的制图课程教材，也可作为电大、职大、函大、自考及培训班的教学用书。

责任编辑：张　冰

图书在版编目（CIP）数据

土木工程制图/周佶等编著．—2版，—北京：
知识产权出版社，2012.2（2025.8重印）
高等院校土木工程专业教材
ISBN 978-7-5130-1075-7

Ⅰ.①土… Ⅱ.①周… Ⅲ.①土木工程-建筑制图-高等学校-教材 Ⅳ.①TU204

中国版本图书馆CIP数据核字（2012）第012847号

高等院校土木工程专业教材
土木工程制图　第二版
周佶　杨为邦　等 编著

出版发行：知识产权出版社有限责任公司
社　　址：北京市海淀区气象路50号院　　邮　　编：100081
网　　址：http：//www.ipph.cn　　邮　　箱：bjb@cnipr.com
发行电话：010-82000860转8101/8102　　传　　真：010-82005070/82000893
责编电话：010-82000860转8024　　责编邮箱：740666854@qq.com
印　　刷：北京中献拓方科技发展有限公司　　经　　销：新华书店及相关销售网点
开　　本：787mm×1092mm　1/16　　印　　张：14.75
版　　次：2010年3月第2版　　印　　次：2025年8月第13次印刷
字　　数：350千字　　定　　价：32.00元

ISBN 978-7-5130-1075-7/TU・038（3953）

第二版前言

本书第二版是在第一版的基础上，根据国家现行的多种系列制图标准，并结合第一版出版发行近5年来在教学实践中出现的新问题以及教学实践工作的新发展、新要求修订而成。

本书第二版的修订工作主要从以下几方面着手进行：

(1) 考虑学生在学习组合体读图和绘图中所遇到的困难，将原三视图一节单列为第2章“组合体投影”，加大了组合体读图和绘图部分的讲解力度，并根据教学实际需要，扩充了例题的类型和数量。在插图中增加了大量的立体模型图和绘图演示步骤，以便帮助学生更好地理解复杂的空间立体架构。同时，详细介绍了设计中遇到的复杂形体的表达方法。

(2) 考虑到工程实践的需要，新增了第4章“计算机绘图”的内容。

(3) 为了便于教学中练习绘制施工图，更换了更加精炼的实例。

(4) 新增了水电施工图中新出现的各种专业符号说明。

(5) 根据房屋施工图中出现的越来越多的设备施工图这一情况，新增了第9章“暖通空调施工图”。

(6) 使用计算机重新绘制了几乎所有的插图，使得图面更加协调一致，并且对原图中不太规范的地方作了全面的修正。

通过以上几个方面的工作，使得本书更加适合建筑、结构、给水排水、电气、暖通和道路桥梁等专业的工科学生和工程设计人员学习或参考。同时，也使本书成为在大土木工程专业教学方面适应面最广的制图教材之一。

本书第二版由周佶、杨为邦担任主编。参加本次修订工作的还有程小武、尹述平、唐明怡、李永义等。

此外，丁海峰、富昱佳参与了本书第二版的图形绘制和修改工作。

为了便于教学，与本书第一版配套的《土木工程制图习题集》也进行了同步改版（第二版）。

编　者

2010年2月于南京工业大学

第一版前言

本书是与由南京工业大学周佶、尹述平编写的，中国水利水电出版社、知识产权出版社2003年7月出版的《画法几何》相配套的土木工程专业用制图教材。教材编写参照了教育部制定的《画法几何及土建制图课程教学基本要求》，全面采用了最新的国家标准，包括《房屋建筑制图统一标准》（GB/T 50001—2001）、《总图制图标准》（GB/T 50103—2001）、《建筑制图标准》（GB/T 50104—2001）、《建筑结构制图标准》（GB/T 50105—2001）、《给排水制图标准》（GB/T 50106—2001）及相关的技术制图标准。

本书编写的主要内容包括投影制图和专业制图两大部分。考虑到目前制图教学学时偏少，作者在内容编排上降低了投影制图部分的深度和难度，同时强调理论表述的细致和翔实，使例题与工程实例相结合。专业制图部分主要针对大土木工程的特点，以房屋施工图为主，几乎覆盖了所有专业，如建筑、结构、给排水、电气和道路桥涵的工程制图。内容新颖，图例典型实用。在同类书中，本书的一些内容属第一次介绍，如在结构施工图部分介绍了当前流行的"平面整体设计"方法，在电气施工图中介绍了弱电图等。而采暖通风施工图因部分专业老师倾向"非机类机械制图"故本次编写时没有考虑放入其中。

本书由南京工业大学杨为邦、唐明怡主编。其中第1～4章由杨为邦编写；第5章由石志峰编写；第6、7章由唐明怡编写；第8章由闻莺编写。在编写的过程中，得到了南京工业大学设计院及南京工业大学土木学院道桥系许多老师的大力支持，在此表示感谢。

由于编者水平所限，加上时间仓促，书中必定还会有错误与不足之处，恳请同行、读者批评指正，以便今后修改完善。

为了便于学生自学、练习，与本书配套的《土木工程制图习题集》也将同时出版。

编　者

2005年2月于南京

目　录

第二版前言

第一版前言

第 1 章　制图基础 …… 1

1.1　制图的基本知识 …… 1

1.2　绘图工具和仪器的使用 …… 9

1.3　几何作图 …… 12

1.4　绘图的步骤和方法 …… 15

第 2 章　组合体投影 …… 17

2.1　组合体投影图的画法 …… 17

2.2　组合体投影图的尺寸标注 …… 28

2.3　组合体投影图的读法 …… 31

第 3 章　图样画法 …… 35

3.1　视图 …… 35

3.2　基本视图 …… 36

3.3　辅助视图 …… 38

3.4　视图选择 …… 39

3.5　剖面图与断面图 …… 41

3.6　简化画法 …… 48

第 4 章　计算机绘图 …… 50

4.1　绘图软件 AutoCAD …… 50

4.2　AutoCAD 常用命令 …… 56

4.3　图块与图库 …… 74

4.4　图层与线型 …… 77

4.5　文字标注和图案填充 …… 81

4.6　布局和打印输出 …… 86

第 5 章　建筑施工图 …… 92

5.1　房屋工程图的基本知识 …… 92

5.2　建筑总平面图 …… 98

5.3　建筑平面图 …… 100

5.4　建筑立面图 …… 110

5.5　建筑剖面图 …… 115

5.6　建筑详图 …… 117

第 6 章　结构施工图 ……………………………………………………………… 124
6.1　结构施工图的基本知识 ………………………………………………………… 124
6.2　钢筋混凝土结构平面整体表示法 ……………………………………………… 131
6.3　图纸目录与结构设计说明 ……………………………………………………… 135
6.4　基础图 …………………………………………………………………………… 136
6.5　结构平面图 ……………………………………………………………………… 140
6.6　结构详图 ………………………………………………………………………… 144
第 7 章　给水排水施工图 ………………………………………………………… 152
7.1　给水排水施工图的基本知识 …………………………………………………… 152
7.2　给水排水平面图 ………………………………………………………………… 162
7.3　给水排水系统图 ………………………………………………………………… 168
7.4　卫生设备安装详图 ……………………………………………………………… 171
第 8 章　建筑电气施工图 ………………………………………………………… 173
8.1　电气施工图的基本知识 ………………………………………………………… 173
8.2　电气照明施工图 ………………………………………………………………… 181
8.3　弱电施工图 ……………………………………………………………………… 187
第 9 章　暖通空调施工图 ………………………………………………………… 190
9.1　暖通空调施工图的基本知识 …………………………………………………… 190
9.2　采暖施工图 ……………………………………………………………………… 195
9.3　通风空调施工图 ………………………………………………………………… 200
第 10 章　道路、桥梁及隧洞施工图 ……………………………………………… 204
10.1　道路、桥梁及隧洞施工图的基本知识 ………………………………………… 204
10.2　道路施工图 …………………………………………………………………… 209
10.3　桥梁施工图 …………………………………………………………………… 214
10.4　隧道施工图 …………………………………………………………………… 223
10.5　涵洞施工图 …………………………………………………………………… 225

第1章　制　图　基　础

本章要点

- 制图的基本知识：介绍《房屋建筑制图统一标准》(GB/T 50001—2001) 中的相关内容。
- 绘图工具和仪器的使用：①图板、丁字尺；②圆规；③曲线板等有关工具的使用方法。
- 几何作图：①等分；②正多边形；③曲线连接；④椭圆。
- 绘图的步骤和方法。

1.1　制图的基本知识

工程图样是工程界的技术语言，也是房屋建造、施工的依据。为了便于技术交流及满足设计、施工和存档的要求，图样的内容和格式应符合统一规定及国家标准的有关规定。现介绍土木工程制图的国家标准《房屋建筑制图统一标准》(GB/T 50001—2001) 的有关规定。

1.1.1　图纸幅面及格式

1. 图纸幅面

图纸幅面简称为图幅。为了方便使用、装订和管理，图幅尺寸及图框格式须符合《房屋建筑制图统一标准》(GB/T 50001—2001) 的规定，如表 1-1 所示。该表中尺寸代号的含义如图 1-1 所示。图纸的长边尺寸是可以调整的，但其短边尺寸不能改变，只可沿长边方向加长，加长后的尺寸应符合表 1-2 的规定。

表 1-1　　幅面及图框尺寸

幅面代号 / 尺寸代号	A0	A1	A2	A3	A4
$b \times l$ (mm×mm)	841×1189	594×841	420×594	297×420	210×297
c (mm)	10			5	
a (mm)	25				

表 1-2　　图纸长边加长后的尺寸　　单位：mm

幅面代号	长边尺寸	长边加长后尺寸
A0	1189	1486、1635、1783、1932、2080、2230、2378
A1	841	1051、1261、1471、1682、1892、2102
A2	594	743、891、1041、1189、1338、1486、1635、1783、1932、2080
A3	420	630、841、1051、1261、1471、1682、1892

注　有特殊需要的图纸，可采用 $b \times l$ 为 841mm×891mm 与 1189mm×1261mm 的幅面。

2. 图框格式

图框格式有两种：一种以短边为垂直边，称为横式；另一种以短边为水平边，称为立式。一般 A0～A3 图幅宜采用横式，A4 图幅宜采用立式，如图 1-1 所示。必须说明的是，根据需要，各号图幅都可按横式或立式布置使用。

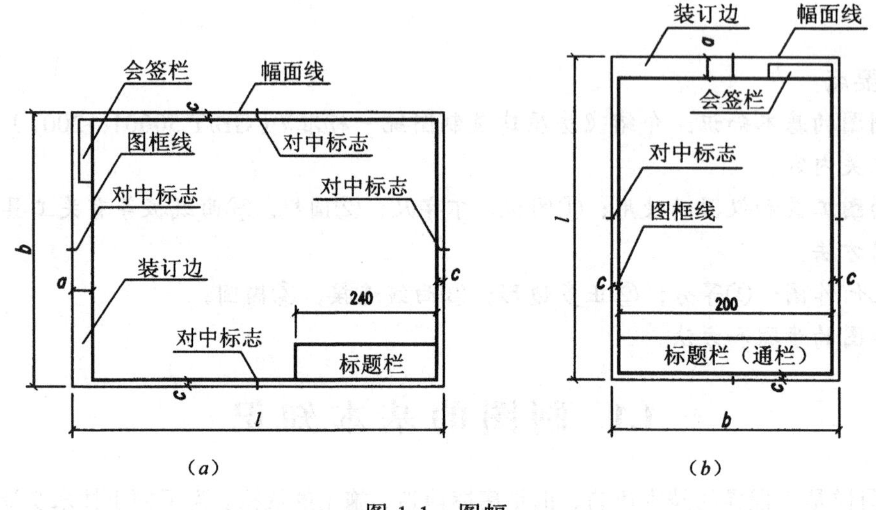

图 1-1 图幅

(*a*) A0～A3 横式幅面；(*b*) A4 立式幅面

3. 标题栏与会签栏

（1）标题栏。一些与图纸内容相关的信息，例如设计单位名称、工程名称、图名、图号、日期及设计人、审核人签名等，应集中列表放置于图纸的右下角，称为图纸标题栏，简称为图标。标题栏可根据工程需要参照图 1-2 的式样选择确定尺寸、格式及分区。

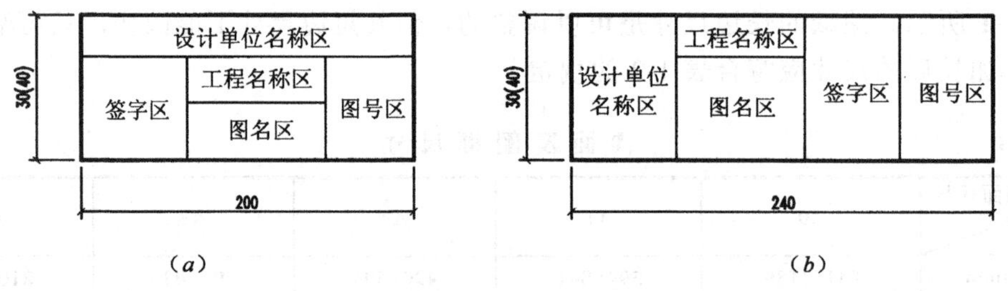

图 1-2 标题栏

（2）会签栏。会签栏一般位于图纸装订边的上端或右端，是各工种负责人签字用的表格。会签栏的格式、内容和尺寸可参照图 1-3 确定。

此外，图标、会签栏的格式、内容和尺寸也可根据需要由工程单位自定。

1.1.2 图线

土木工程图样需用不同的线型及不同粗细的图线来区分图中不同的内容和层次。在《房屋建筑制图统一标准》（GB/T 50001—2001）中对各种图线的线型、线宽及用途作了明确的规定，如表 1-3 所示。图样中图线的粗细还应考虑绘图的比例及图样复杂程度，具体操作时可选用表 1-4 中的线宽组。同一幅图中，相同比例的各图样线宽应相同。

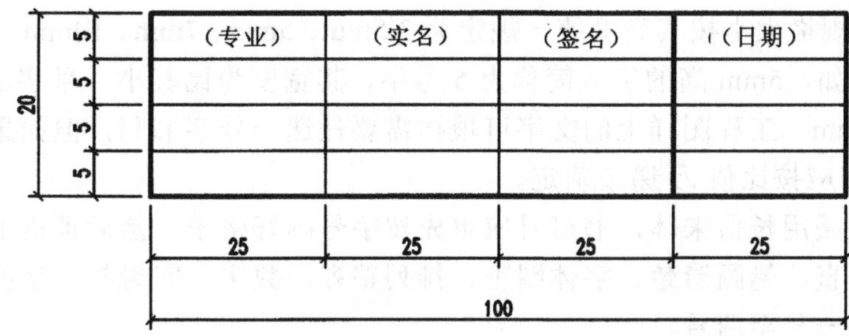

图 1-3　会签栏

表 1-3　图　线

名　称		线　型	线宽	一般用途
实线	粗		b	主要可见轮廓线
	中		$0.5b$	可见轮廓线
	细		$0.25b$	可见轮廓线、图例线等
虚线	粗		b	见有关专业制图标准
	中		$0.5b$	不可见轮廓线
	细		$0.25b$	不可见轮廓线、图例线等
单点长划线	粗		b	见有关专业制图标准
	中		$0.5b$	见有关专业制图标准
	细		$0.25b$	中心线、对称线等
双点长划线	粗		b	见有关专业制图标准
	中		$0.5b$	见有关专业制图标准
	细		$0.25b$	假想轮廓线、成型前原始轮廓线
折断线			$0.25b$	断开界线
波浪线			$0.25b$	断开界线

表 1-4　线　宽　组　单位：mm

线宽比	线　宽　值					
b	2.0	1.4	1.0	0.7	0.5	0.35
$0.5b$	1.0	0.7	0.5	0.35	0.25	0.18
$0.25b$	0.5	0.35	0.25	0.18		

注　1. 需微缩的图纸，不宜采用 0.18mm 及更细的线宽。

2. 同一张图纸内，各种不同线宽中的细线，可统一采用较细线宽组的细线。

1.1.3　字体

工程图样除了用图线表达建筑物的形状和构造外，还需用文字进一步描述其名称、尺寸、施工方法、材料和颜色等。图样上常用的文字有汉字、阿拉伯数字、拉丁字母，对这些文字的大小及式样也是有规定的。

1. 字体规格大小

（1）字体的规格大小按其高度统一规定为3.5mm、5mm、7mm、10mm、14mm、20mm，又称为字号。例如，5mm高的字就简称为5号字，其宽度为比其小一号字的字高，即5号字的字宽为3.5mm。工程图样上的文字可根据需要任选一号字书写，但如果需要书写大于20号的字，字高应按比值$\sqrt{2}$递增确定。

（2）汉字宜采用长仿宋体，书写时应事先按字号画好格子，然后顶格书写。书写的基本要求是横平竖直、笔画清楚、字体端正、排列整齐。数字、字母与汉字并列书写时，其字号应比汉字小一号至两号。

2. 字体示例

（1）汉字长仿宋体的示例如图1-4所示。

10号

南京工业大学书写要整齐排列端正清晰

7号

字体笔画横平竖直舒展匀称练习时需安字号打格然后

5号

学习与设计用图标不同可参照习题集样例来绘制阿拉伯数字应按国家规定的要求

图1-4 汉字长仿宋体示例

（2）图1-5为拉丁字母、阿拉伯数字和罗马数字一般字体的书写规则示例，如果需窄字体可参见《房屋建筑制图统一标准》（GB/T 50001—2001）的字体规定。

图1-5 拉丁字母、阿拉伯数字和罗马数字字体示例

1.1.4 比例

当工程形体与图幅的尺寸相差太大时就需要将其放大或缩小再绘制在图纸上。图形与形体的对应线性尺寸之比，称为比例。比例的符号为“:”，比例应以阿拉伯数字表示，例如 2:1、1:1、1:100 等。比例的大小是指比值的大小。工程图样的比例选用是有规定的，绘制时应根据图样的用途及复杂程度从表 1-5 中选用，并优先选用常用比例。

表 1-5　　　　绘 图 所 用 比 例

常用比例	1:1、1:2、1:5、1:10、1:20、1:50、1:100、1:150、1:200、1:500、1:1000、1:2000、1:5000、1:10000、1:20000、1:50000、1:100000、1:200000
可用比例	1:3、1:4、1:6、1:15、1:25、1:30、1:40、1:60、1:80、1:250、1:300、1:400、1:600

如果需要在工程图样上注写比例，比例宜注写在图名的右侧，字高宜比图名字号小一号或两号，如图 1-6 所示。

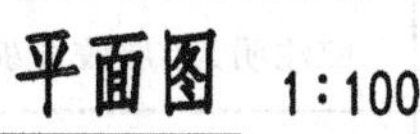

图 1-6　比例注写

1.1.5 建筑材料图例

为了简化作图，对那些无需用正投影来绘制的细部，往往用图例表示。在土木工程图中，建筑材料就是用图例来表示的。表 1-6 是常见的建筑材料图例。

表 1-6　　　　建 筑 材 料 图 例

序 号	名 称	图 例	说 明
1	自然土壤		包括各种自然土壤
2	夯实土壤		
3	砂、灰土	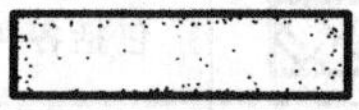	靠近轮廓线绘较密的点
4	砂砾石、碎砖三合土		
5	石材		
6	毛石		
7	普通砖	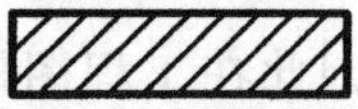	包括各实心砖、多孔砖、砌块等砌体，断面较窄不易绘出图例线时，可涂红
8	耐火砖		包括耐酸砖等砌体
9	空心砖	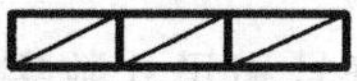	指非承重砖砌体
10	饰面砖		包括铺地砖、马赛克、陶瓷锦砖、人造大理石等
11	焦渣、矿渣	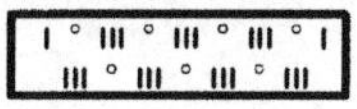	包括与水泥、石灰等混合而成的材料

续表

序号	名称	图例	说明
12	混凝土		(1) 本图例指能承重的混凝土及钢筋混凝土。 (2) 包括各种强度等级、骨料、添加剂的混凝土。 (3) 在侧面图上画出钢筋时，不画图例线。 (4) 断面图形小，不易画出图例线时，可涂黑
13	钢筋混凝土		
14	多孔材料		包括水泥珍珠岩、沥青珍珠岩、泡沫混凝土、非承重加气混凝土、软木等
15	纤维材料		包括矿棉、岩棉、玻璃棉、麻丝、木丝板、纤维板等
16	泡沫塑料材料		包括聚笨乙烯、聚乙烯、聚氨酯等多孔聚合物类材料
17	木材		(1) 上图为横断面，上左图为垫木、木砖或木龙骨。 (2) 下图为纵断面
18	胶合板		应注明为×层胶合板
19	石膏板		包括圆孔、方孔石膏板、防水石膏板等
20	金属		(1) 包括各种金属。 (2) 圆形小时，可涂黑
21	网状材料		(1) 包括金属、材料网状材料。 (2) 应注明具体材料名称
22	液体		应注明具体液体名称
23	玻璃		包括平板玻璃、磨砂玻璃、夹丝玻璃、钢化玻璃、中空玻璃、加层玻璃、镀膜玻璃等
24	橡胶		
25	塑料		包括各种软、硬塑料及有机玻璃等
26	防水材料		构造层次多或比例大时，采用上面图例
27	粉刷		本图例采用较稀的点

注 序号 1、2、5、7、8、13、14、16、17、18、22、23 图例中的斜线、短斜线、交叉斜线等一律为 45°。

1.1.6 尺寸标注

工程施工是以图上的尺寸为依据的，因此在工程图样上不仅要按比例绘制形体的形状，更需完整、清晰、合理地标注实际尺寸。

1. 尺寸组成

尺寸由尺寸界线、尺寸线、尺寸起止符号和尺寸数字四部分构成，如图 1-7 所示。

2. 基本规定

尺寸标注的基本规定如下：

（1）尺寸界线。尺寸界线用细实线绘制，一般与被注长度垂直，其一端离开图形轮廓不小于 2mm，另一端伸出尺寸线 2～3mm，必要时也允许用图形轮廓线及中心线作尺寸界线，如图 1-8 所示。

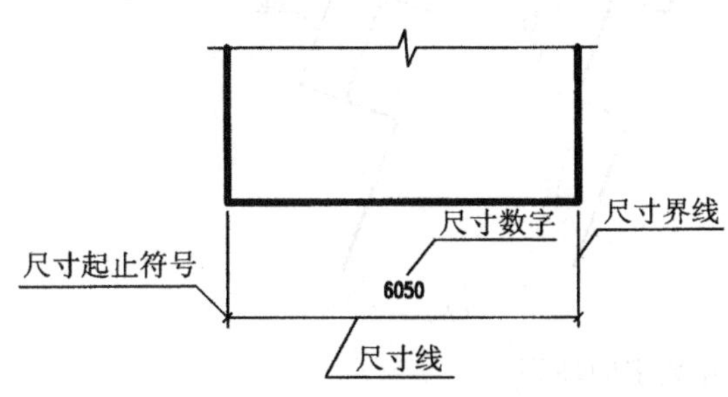

图 1-7　尺寸的组成

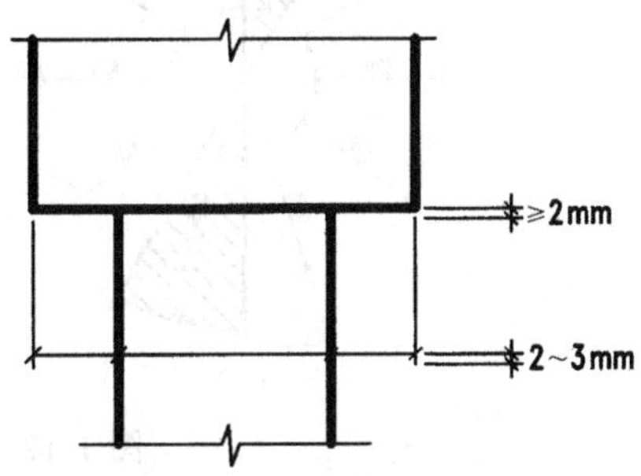

图 1-8　尺寸的界线

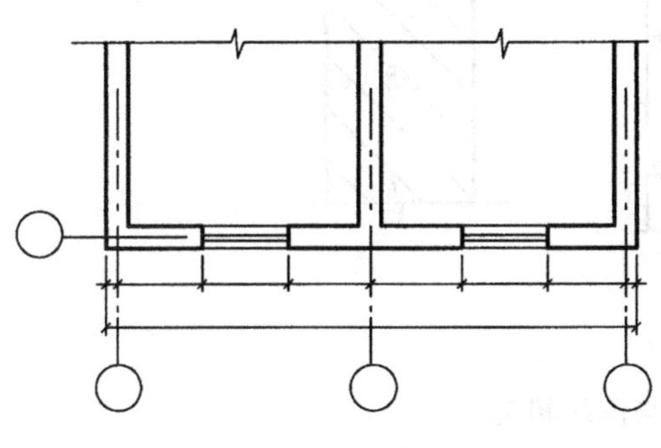

图 1-9　尺寸线

（2）尺寸线。尺寸线用细实线绘制，与被注长度平行。图样本身的任何图线均不得用作尺寸线。在尺寸线互相平行的尺寸标注中，为了避免尺寸界线穿过尺寸线，应使较小的尺寸靠近被标注的图线，而较大的尺寸则应标注在较小尺寸的外边，如图 1-9 所示。

（3）尺寸起止符号。尺寸界线与尺寸线的相交处为尺寸的起止处。尺寸起止处应画上起止符号，土木工程图一般用中粗的斜短线作为线性尺寸起止符号。斜短线的倾斜方向为沿尺寸界线顺时针旋转 45°，长度为 2～3mm，如图 1-8 所示。半径、直径、角度的起止符号为箭头，箭头的长度为线宽（b）的 4～5 倍，夹角不小于 15°，且应涂黑，如图 1-10 所示。

（4）尺寸数字。尺寸数字是用来表明图样上物体实际大小的唯一要素，与绘图的比例无关。在土木工程图上，除标高及总平面图以米（m）为单位外，其他尺寸必须以毫米（mm）为单位。尺寸数字的读写方向是有严格规定的：一般沿水平方向注写的尺寸数字应注写在靠近尺寸线的上方中央，沿竖直方向注写的尺寸数字应注写在靠近尺寸线的左方中央，如果没有足够的注写空间，最外边的尺寸数字可注写在尺寸线的外侧，中间相邻的尺寸数字可错开注写，也可引出标注，如图 1-11 所示。倾斜方向的尺寸读写应依据图 1-12（a）的规定注写。若尺寸数字在 30°区内［图 1-12（a）中画斜线的区域］，宜按图 1-12（b）的形式注写。尺寸数字宜注写在图形轮廓线外边，任何图线、符号和文字都不应与尺寸数字相交；当不可避免与尺寸数字相交时，应将尺寸数字处的图线断开，如图 1-13 所示。

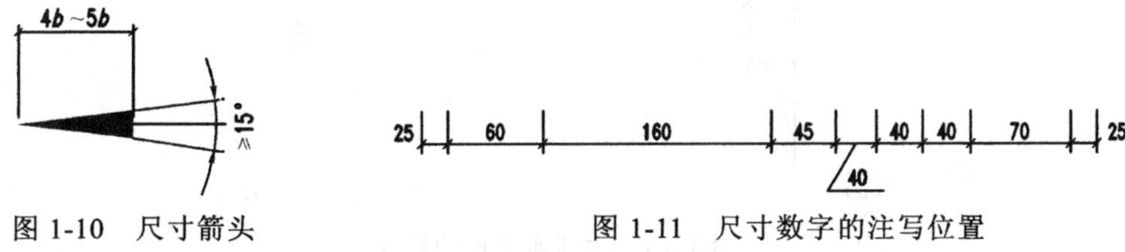

图 1-10　尺寸箭头　　图 1-11　尺寸数字的注写位置

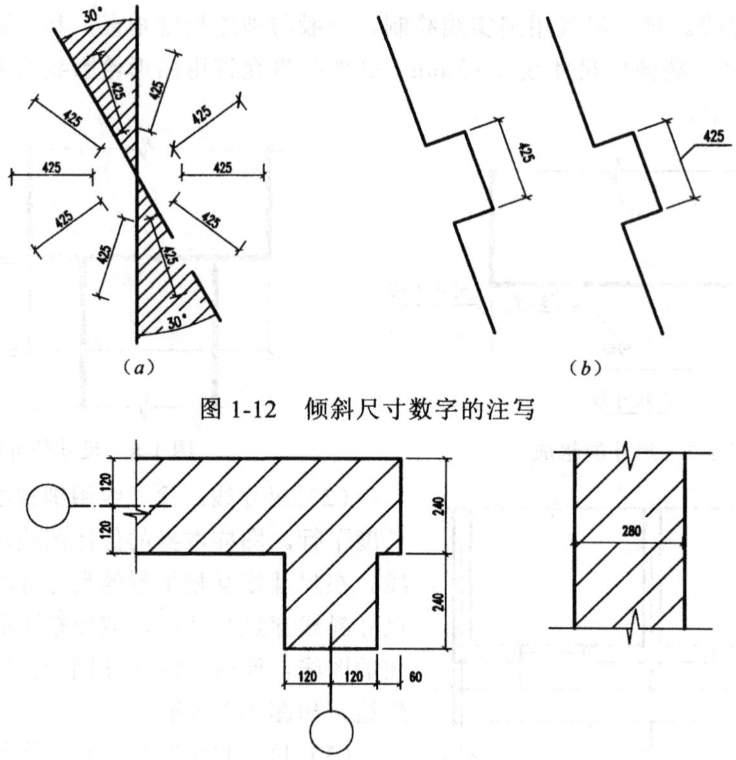

图 1-12 倾斜尺寸数字的注写

图 1-13 尺寸数字不宜与图线相交

3. 半径、直径、角度、坡度的注法

（1）半径的注法。半径的尺寸界线为圆弧的轮廓和圆心；尺寸线的一端从圆心开始，另一端画箭头指至圆弧。尺寸数字前应加半径符号“*R*”，如图 1-14（*a*）所示。较小圆弧的半径可按图 1-14（*b*）的形式标注，较大圆弧的半径则宜按图 1-15 的形式标注。

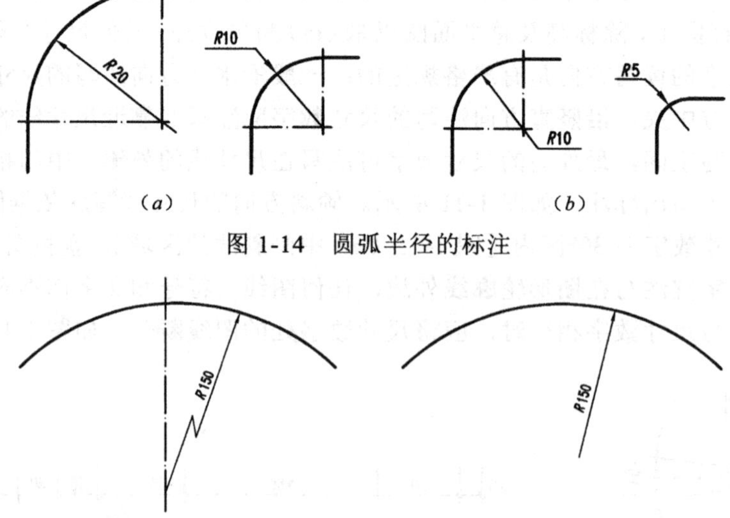

图 1-14 圆弧半径的标注

图 1-15 大圆弧半径的标注

（2）直径的注法。标注直径时，可以将圆弧的轮廓作为尺寸界线，尺寸线经过圆心并在两端画箭头指至圆弧。尺寸数字前应加注直径符号“ϕ”，如图 1-16（*a*）所示；也可按照图 1-16（*b*）的形式标注。较小圆的直径尺寸可参照图 1-17 的方法引出标注。

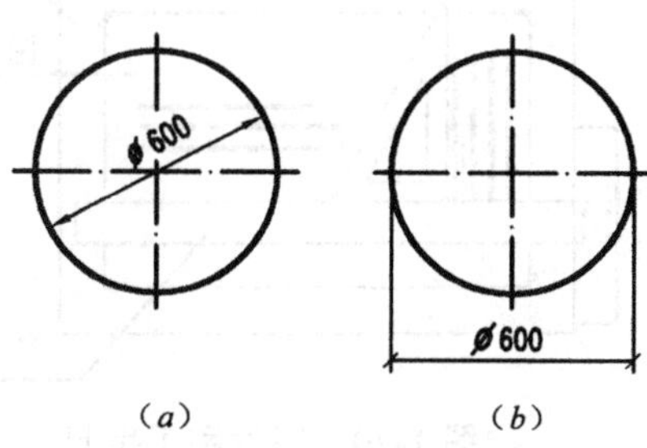

图 1-16 圆直径的标注

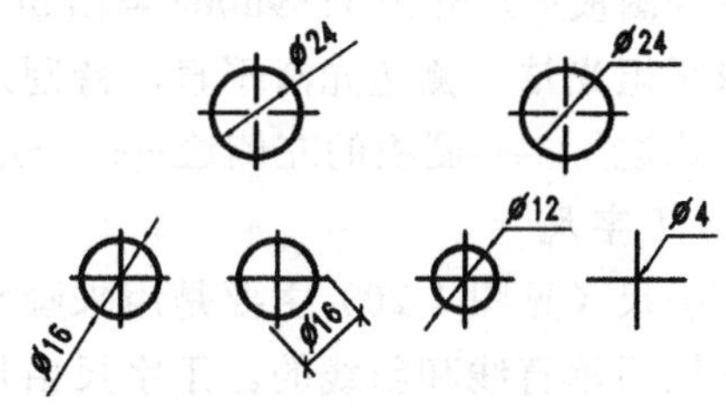

图 1-17 小圆直径的标注

（3）球的半径和直径的注法与圆的半径和直径的注法相仿，所不同的是分别在尺寸数字前加注“*SR*”（半径）、“$S\phi$”（直径）。

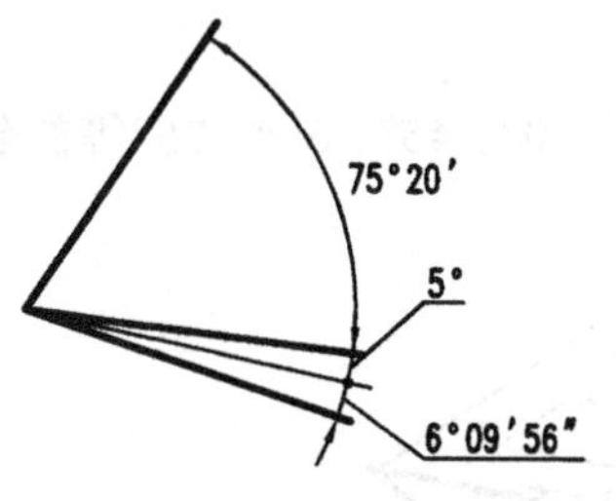

图 1-18 角度的标注

（4）角度的注法。标注角度时，尺寸线为圆弧线，圆弧的圆心应是角的顶点，尺寸界线为角的两边，尺寸起止符号用箭头表示，如果没有足够画箭头的空间，也可用圆点代替箭头。角度数字应沿水平方向注写，如图 1-18 所示。

（5）坡度的注法。标注坡度时，应加注坡度符号“⦣”。该符号为单边箭头，箭头应指向下坡方向。坡度数字注写在坡度符号的上方，如图 1-19（*a*）所示。此外，也可以用直角三角形的形式标注坡度，如图 1-19（*b*）所示。

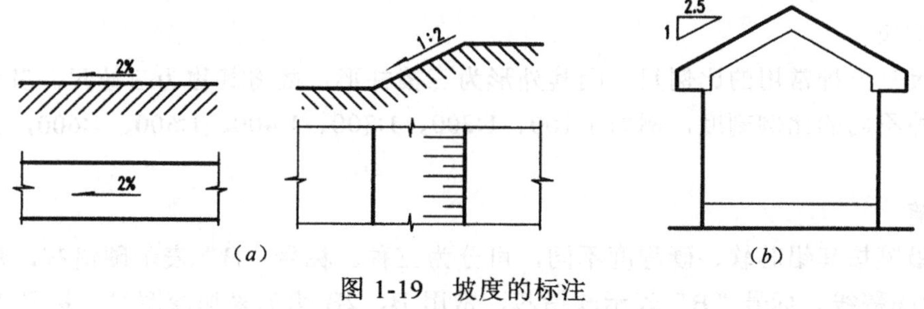

图 1-19 坡度的标注

1.2 绘图工具和仪器的使用

手工绘制工程图与计算机绘图不同，应备置一些常用的绘图工具和仪器，例如图板、丁字尺、三角板、比例尺、铅笔、圆规、分规、曲线板、墨线笔和针管笔等。了解这些绘图工具和仪器的性能并正确和熟练地掌握它们的使用方法是非常重要的。

1.2.1 图板和丁字尺

1. 图板

图板（见图 1-20）是一种用来固定图纸和辅助绘图的工具，图板的形状为矩形，有 0 号、1 号、2 号、3 号四种规格，大小与图幅的规格一致，例如 0 号图板的尺寸为 1189mm×841mm。图板的表面要求平坦光洁，侧边光滑平直，特别是作为绘图的“导轨边”——图板的左侧边——一定要平直。

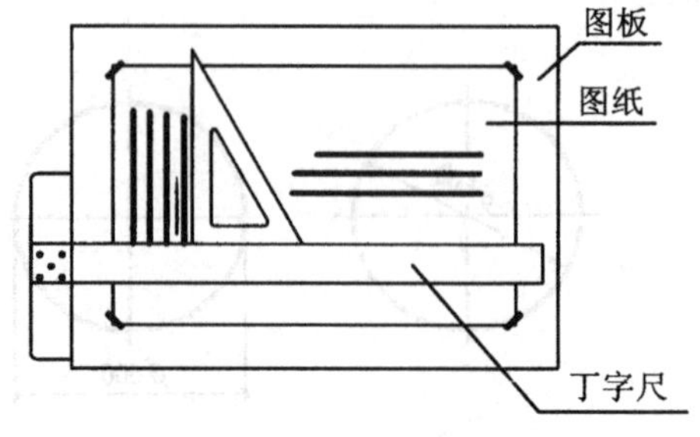

图 1-20 图板和丁字尺

2. 丁字尺

丁字尺（见图 1-20）主要是用来画水平线及配合三角板画垂直线和斜线的。丁字尺由尺头和尺身组成。绘图时，尺头应紧贴图板的“导轨边”（不允许紧贴图板的其他三边），然后沿尺身的上边从左至右画水平线，当尺头沿图板导轨边上下移动时，便可画出一系列水平线。如果将三角板的一条直角边紧贴丁字尺的尺身，则可沿三角板的另一条直角边由下向上画垂直线。

1.2.2 三角板

一副三角板有两块（见图 1-21），可配合丁字尺画垂线及 30°、45°、60°、75°等的斜线。两块三角板配合还可以作任意方向的平行线和垂直线。

图 1-21 用三角板画平行线及垂直线

1.2.3 比例尺

三棱尺是一种常用的比例尺。因其外形为三棱柱形，故将其称为三棱尺。其三个棱面上刻有六种不同的比例刻度，例如 1:100、1:200、1:300、1:400、1:500、1:600，如图 1-22 所示。

1.2.4 铅笔

绘图铅笔按其铅芯软、硬程度不同，可分为三种。标号“H”表示硬铅芯，常用 H、2H 铅笔画底稿线。标号“B”表示软铅芯，常用 B、2B 铅笔来加深图线。标号“HB”表示铅芯软硬适中，这种铅笔常用来写字。铅笔的削法及用法如图 1-23 所示。

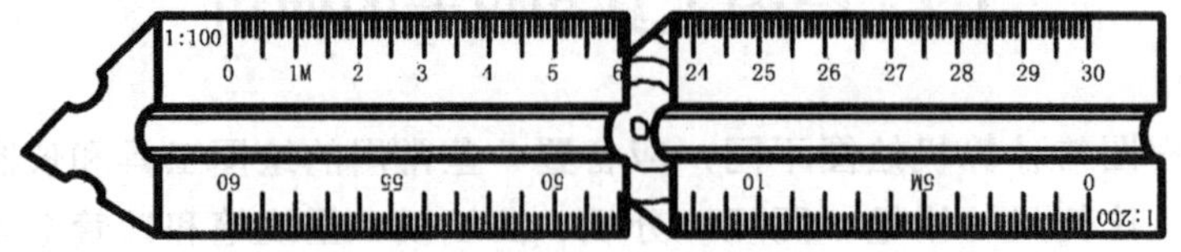

图 1-22 三棱尺

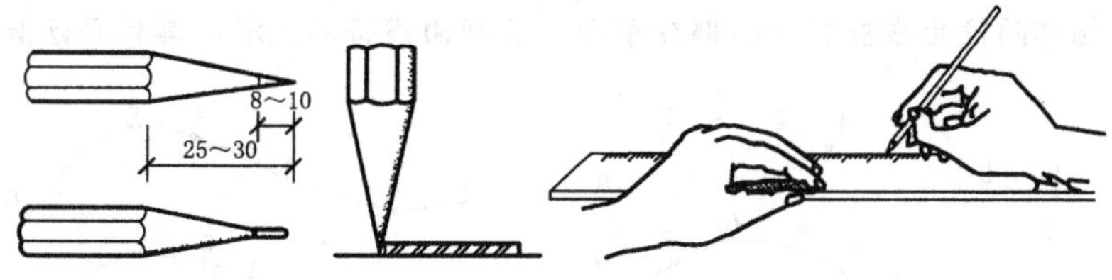

图 1-23 铅笔的削法及用法

1.2.5 圆规和分规

1. 圆规

圆规是画圆和圆弧的仪器。圆规有两个支脚：一个支脚是固定针脚；另一个支脚可附加多种插件，例如铅笔插脚、钢针插脚、墨线笔插脚、加长杆等，如图 1-24（*a*）所示。画圆时，针脚位于圆心固定不动，另一支插脚随圆规顺时针转动画出圆弧线（铅笔插脚画铅笔线圆弧，墨线笔插脚画墨线圆弧，加长杆画大圆弧），具体使用方法如图 1-24（*b*）所示。画铅笔圆弧时，铅芯需磨成凿形，斜面朝外，铅芯的硬度应比所画同类直线的铅笔硬度软一号，以保证图线深浅一致。

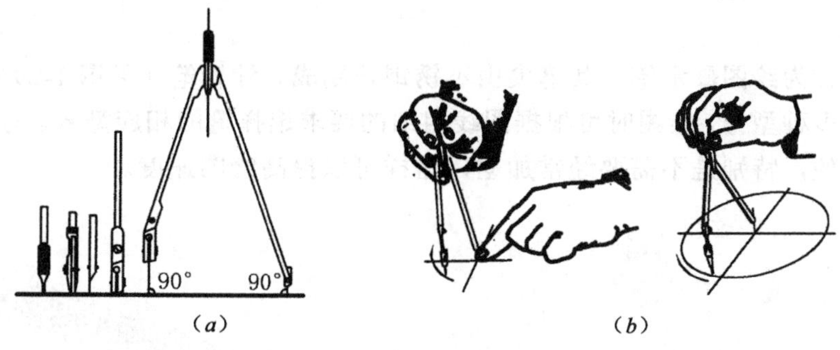

图 1-24 圆规及其使用方法

2. 分规

分规是用来测量直线距离、截取线段和等分线段的，如图 1-25 所示。使用分规时，应注意分规两支脚的钢针要平齐，两支脚合拢时针尖应汇集成一点。

1.2.6 曲线板

曲线板是用来画非圆曲线的工具，如图 1-26 所示。曲线板的使用方法如下：先定出曲线上足够数量的点，用 H 型铅笔徒手将这些点连成曲线，再设法使曲线板上某一段与曲线的一段吻合（至少有三个点），然后用 B 型铅笔将吻合的一段画出。这样一段接一段直至最后完成曲线。

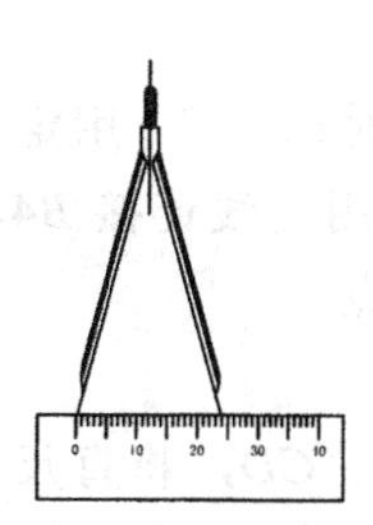

图 1-25 分规及其使用方法

图 1-26 曲线板

注意 相邻两段曲线应有一小部分重合，否则曲线将不光滑，具体画法如图 1-27 所示。

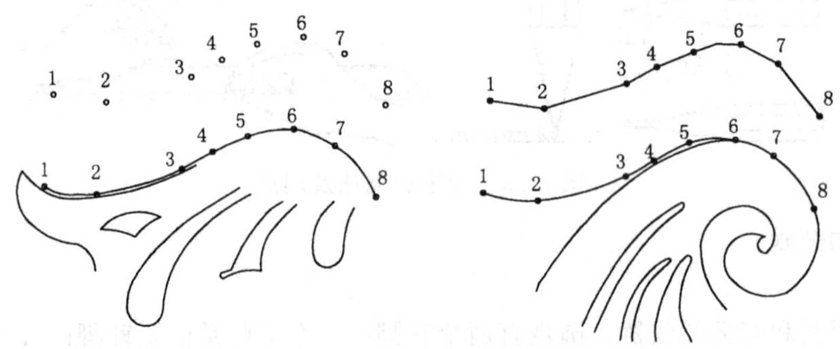

图 1-27 曲线板的用法

1.2.7 墨线笔

墨线笔又称为鸭嘴笔，是用来上墨线的工具，如图 1-28 所示。调整墨线笔笔尖两钢片之间的距离可以画出不同粗细的墨线来。加墨水时要用滴管，注墨量应适中。切忌将墨线笔伸入墨水瓶中。

1.2.8 针管笔

针管笔又称为绘图墨水笔，其笔尖由不锈钢管制成。针管笔（见图 1-29）按不锈钢管的粗细可分为多种型号，绘图时可根据图线粗细的要求选择笔的相应型号。与墨线笔相比，针管笔使用方便，特别是不需要经常加墨，这样可以提高绘图速度。

图 1-28 墨线笔　　图 1-29 针管笔

1.3 几何作图

几何作图是绘制工程图的基础，常用的几何作图方法有直线等分、正多边形的画法、圆弧连接和椭圆的画法等。

1.3.1 直线等分

1. 等分已知线段

等分已知线段的画法（见图 1-30）如下：已知直线 *AB*，过 *A* 作射线 *AC*，用定长在 *AC* 上量取所需等分数（假设为四等分），得 1、2、3、4 四个等分点，用直线连接 *B*4，然后分别过 1、2、3 作 *B*4 的平行线，这些平行线与 *AB* 的交点即为等分点。

2. 等分两平行线间的距离

等分两平行线间的距离的画法（见图 1-31）如下：已知平行线 *AB*、*CD*，将直尺上的零刻度放在 *CD* 边上，固定零刻度这一端，旋转直尺，使整数刻度 7 落在 *AB* 上（假设为七等分)，整数刻度 1、2、3、4、5、6 即为等分点。记下这六个点的位置，然后通过它们分别作 *AB*、*CD* 的平行线即可。

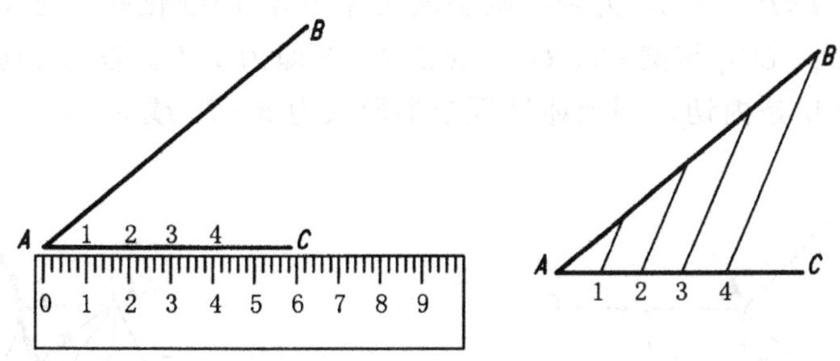

图 1-30　线段的等分

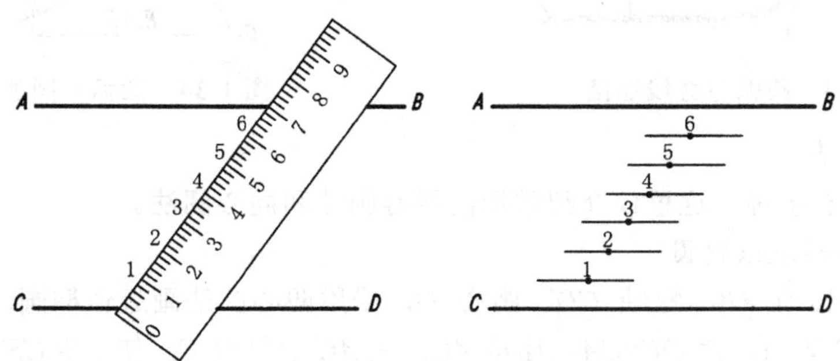

图 1-31　两平行线间距离的等分

1.3.2　正多边形的画法

常见的圆内接正多边形有正四边形、正五边形和正六边形等，这些正多边形的画法初等几何已有介绍，在此不再多叙。现介绍一种圆内接正任意边多边形的近似画法，以正七边形为例(见图 1-32)，其作图步骤如下。

以垂线 *AB* 为直径画一圆 *O*，用等分直线的方法将 *AB* 分成七等分；再以其一端 *B* 点为圆心、*AB* 长为半径画圆弧，与圆 *O* 的水平中心线相交于 *C*、*D* 两点；分别过 *C*、*D* 作直线与 *AB* 上的偶数等分点相连(也可以与奇数等分点相连)，并延长与圆周相交；然后依次用直线连接这些交点即可作出圆内接正七边形。

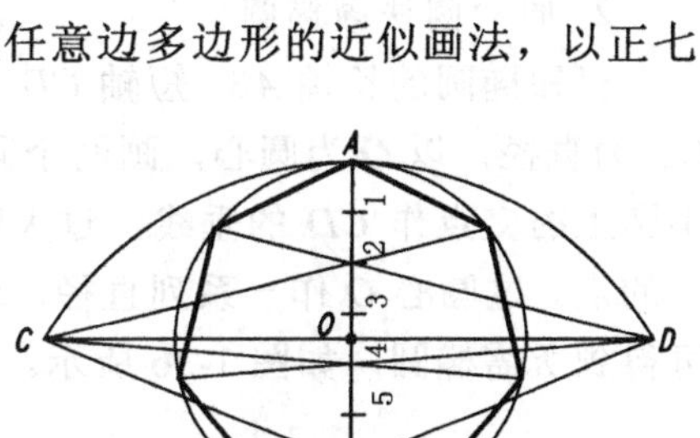

图 1-32　圆内接正七边形的近似画法

1.3.3　圆弧连接

圆弧连接包括圆弧与直线、圆弧与圆弧的连接。圆弧连接作图的关键是根据已知条件准确地求出连接圆弧的圆心及切点。

1. 圆弧与直线连接

已知直线 *AB*、*AC*，用半径为 *R* 的圆弧将其连接(见图 1-33)，作图步骤如下：以 *R* 为距离在 *AB*、*AC* 的一侧作平行线 A_1B_1、A_1C_1，则 A_1B_1、A_1C_1 的交点 A_1 就是连接圆弧的圆心。过 A_1 分别作 *AB*、*AC* 的垂线，垂足 *M*、*N* 即为切点。以 A_1 为圆心，*R* 为半径，作圆弧 $\overset{\frown}{MN}$ 即可。

2. 圆弧与圆弧连接

已知圆 O_1 和 O_2，用半径为 R 的圆弧将其连接（见图 1-34），作图步骤如下：分别以 O_1、O_2 为圆心，以 $R+R_1$、$R+R_2$ 为半径画圆弧（外切），两圆弧的交点 O 即所求连接圆弧的圆心，连心线 OO_1、OO_2 与圆 O_1、O_2 的交点 E、F 即为切点。以 O 为圆心，以 R 为半径画圆弧 $\overset{\frown}{EF}$ 即可。如果是内切，则上述过程中半径改为 $R-R_1$ 或 $R-R_2$，其他做法相同。

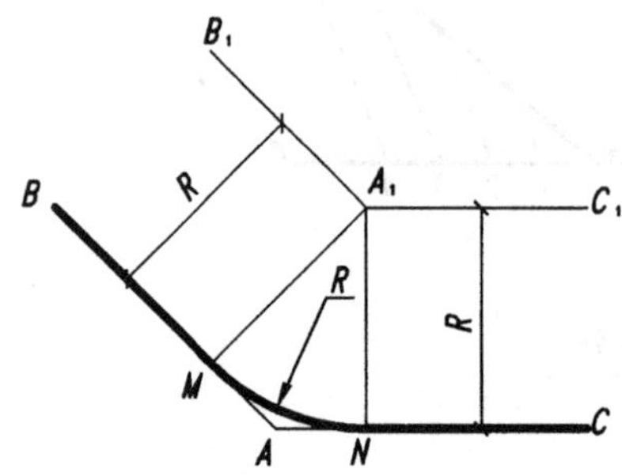

图 1-33 圆弧与直线连接

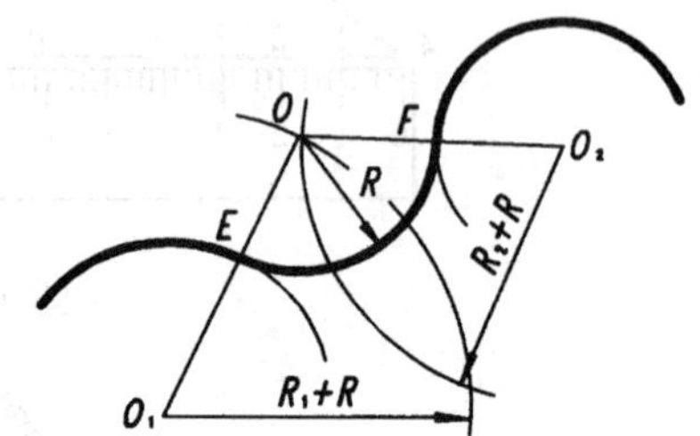

图 1-34 圆弧与圆弧连接

1.3.4 椭圆的画法

椭圆的画法有多种，这里仅介绍常用的四心圆法和同心圆法。

1. 四心圆法画近似椭圆

已知椭圆的长轴 AB、短轴 CD、圆心 O，采用四心圆法画近似椭圆的方法如下：在 OC 的延长线上量取 E，使 $OE=OA$。连接 AC，在 AC 上量取 F，使 $CE=CF$，作 AF 的中垂线，交 AB、CD 于 1、2 两点，分别在 OB、OC 上量取 3、4 两点，使 $O1=O3$，$O4=O2$，则 1、2、3、4 点为画近似椭圆的圆心，相应以 $1A$、$2C$、$3B$、$4D$ 为半径画圆弧即可作出所需椭圆，如图 1-35 所示。

2. 同心圆法画椭圆

已知椭圆的长轴 AB、短轴 CD、圆心 O，采用同心圆法画椭圆的方法如下：分别以 AB、CD 为直径，以 O 为圆心，画两个同心圆。过圆心 O 任作一直径，分别与两个圆相交。过小圆上的交点作 CD 的垂线，过大圆上的交点作 AB 的垂线，两垂线的交点即为所求椭圆上的点。过圆心 O 作一系列直径，求出一系列交点后，用曲线板将它们光滑的连接起来就可得到所需椭圆，如图 1-36 所示。

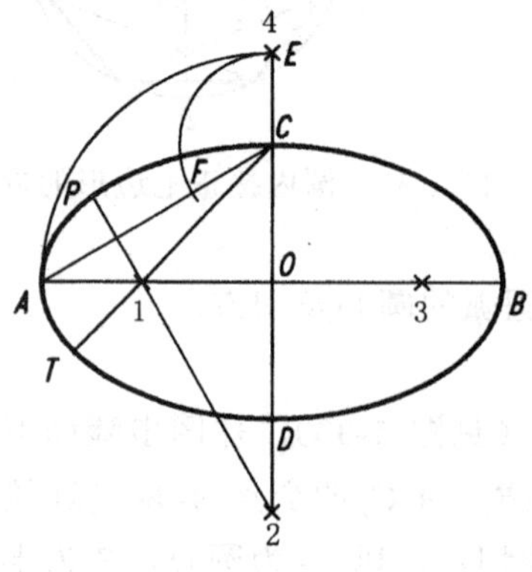

图 1-35 四心圆法画近似椭圆

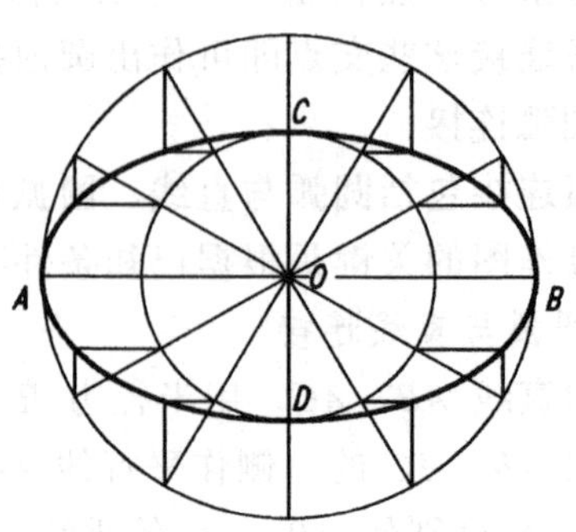

图 1-36 同心圆法画椭圆

1.4　绘图的步骤和方法

绘制土木工程图不仅需要正确掌握绘图仪器和工具的使用方法，并具有一定的几何作图基础，还应遵守绘图的方法和步骤，只有这样才能提高绘图的速度和图面的质量（工程图样的绘制有手工和计算机两种，这里介绍的是手工绘图的步骤和方法）。

1.4.1　图线画法

图线画法如下：

（1）实线相交接必须交于一点。

（2）画虚线时应控制其短划和间隙的长短一致，一般短划长 3～4mm，间隙长 1mm。

（3）点划线包括单点长划线、双点长划线，其长划一般长 14～15mm，点长 1mm，间隙长 1mm。

（4）虚线、点划线等各类图线相交时应交于线段处，而不能交于间隙处。

（5）波浪线应徒手画出，且只能行走在实体表面上，而没有实体或空洞处则不能用波浪线表示。

（6）折断线应通过被折断物体轮廓的全部并超出轮廓 2～3mm，且不宜太长。折断符号可用直尺画出，也可徒手画出。

（7）圆心位置应以水平和垂直的单点长划线的交点表示，单点长划线应超出圆轮廓 2～3mm，且不宜过长。当圆的直径很小时，可用细实线代替点划线。

（8）图线不得与文字、数字或符号重叠、混淆，当不可避免时，应首先保证文字、数字等的清晰。

（9）各种图线的正误画法如表 1-7 所示。

表 1-7　图线交接正误分析

	正　确	错　误
两直线相交	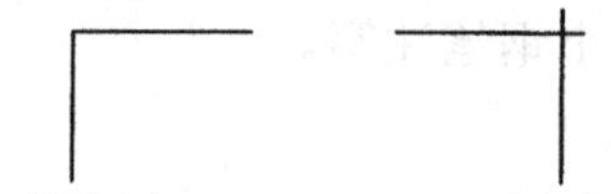 交于一点　略出头	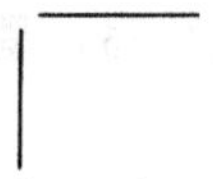 未交于一点
中心线与中心线、虚线与虚线相交	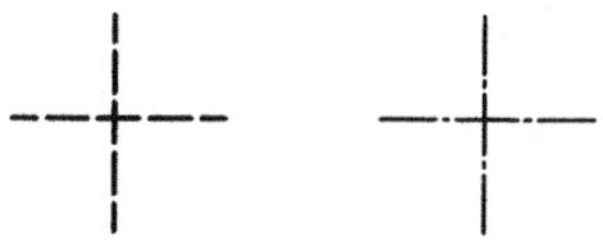 交于线段	 交于空隙或点
圆的中心线的画法	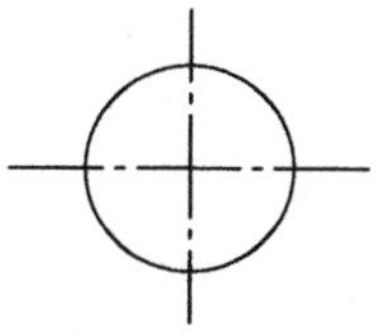 中心线超出轮廓，且中心交于线段	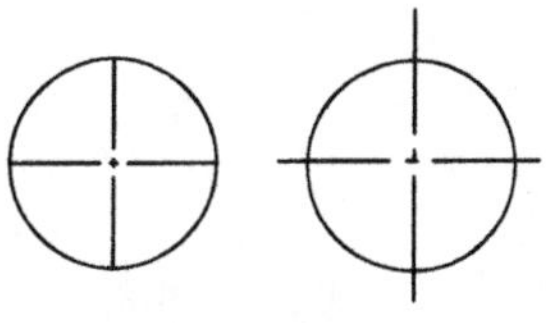 中心线不出头　中心线交于空隙

续表

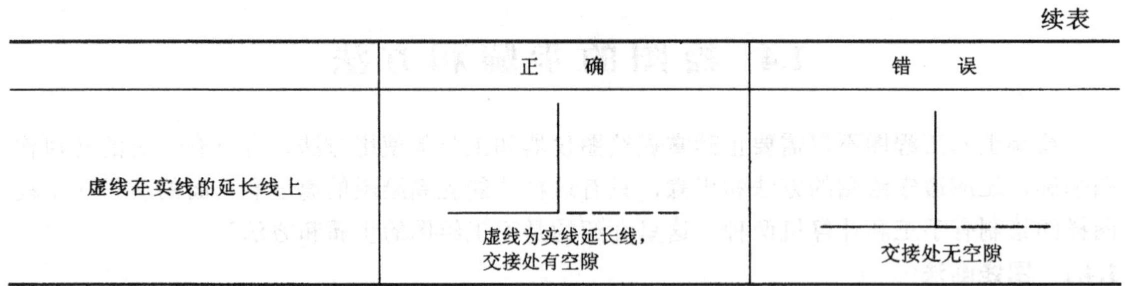

	正　确	错　误
虚线在实线的延长线上	虚线为实线延长线，交接处有空隙	交接处无空隙

1.4.2　绘图的步骤

绘图的步骤如下：

（1）绘图前的准备：先擦干净绘图仪器和工具，将其放置在方便绘图的适当位置；然后再将图纸固定在图板上，固定时应使图纸水平图框线与丁字尺的尺身方向一致。如果图纸小于图板，则应将图纸固定在图板的左下方，距图板左边缘约 50mm，距下边缘约一个丁字尺宽度（见图 1-20）。

（2）布图：即将应画各图的位置正确地确定在图纸上。布图的原则是各图形的排布既要疏密匀称，又要注意节约图纸空间。

（3）画底稿线：用 H 型或 2H 型铅笔依次轻画底稿线。绘图的次序是先画轴线、中心线；再画轮廓线；最后画细部，打格框出文字、尺寸的书写位置等。

（4）加深图线：全图稿线完成，经检查无误后方可加深图线。为了保证图面干净，加深图线前宜再一次擦干净仪器，以后还需要经常擦拭。图线的加深有画铅笔线和画墨线两种。铅笔图的加深原则是同一粗细、同一方向的一批线一次完成；加深的次序是水平线先上后下，垂直线先左后右。只有这样，才能既方便快速又保持图面的整洁。当直线与圆弧相切时，宜先画圆弧后画直线。墨线图用针管笔画是比较方便的。上墨线时也应遵循同一方向的一批线一次完成的原则。为了避免尺子触及未干的墨线，图线可按水平线先左后右，垂直线先上后下的次序画，一批图线画好等墨干后再画另一批。

（5）注写文字：一般是先绘制图形，最后注写尺寸数字和书写文字说明。铅笔字需用 HB 型铅笔注写，墨线字可用蘸水小钢笔注写。

第 2 章　组 合 体 投 影

本章要点

- 组合体投影图的画法。
- 组合体投影图的尺寸标注。
- 组合体投影图的读法。

2.1　组合体投影图的画法

工程形体一般较为复杂，为了便于识读、把握它的形状，常采用几何抽象的方法，把复杂形体看成是由一些基本几何体如柱类、锥类、台类和球类四类形体组成。画图时先按基本几何体的投影特征分别加以绘制，然后再按一定的规律将其拼合成整体。拼合时主要采用几何中的布尔运算（Boolean），即所谓的并集、交集和差集三种方法。

布尔运算通过对两个以上的物体进行并集、交集和差集的运算，从而得到新的物体形态。在布尔运算中，两个原始对象被称为运算对象，其中一个称为运算对象 A，另一个称为运算对象 B。

（1）并集（Union）：用来将两个造型合并，相交的部分将被删除，运算完成后两个物体将成为一个物体。

（2）交集（Intersection）：用来将两个造型相交的部分保留，删除不相交的部分。

（3）差集（Subtraction）：分为两种类型，一种是 $A-B$ 部分，即在 A 物体中减去与 B 物体重合的部分；另一种是 $B-A$ 部分，即在 B 物体中减去与 A 物体重合的部分。

2.1.1　基本组合体的画法

工程形体主要由棱柱、棱锥、棱台、圆柱、圆锥、圆台和圆球等基本几何体组合而成。其常见的投影形式如图 2-1 所示。图 2-1 中还同时给出了各种基本几何体定形尺寸的标注样式。

为了学习画图的需要，现将上述基本几何体的内涵推广到所有与之有共性的形体。下面将根据各类几何体的投影特征，分为以下几类：

（1）柱类形体：一个平面图形沿其法线方向拉伸后形成的形体。

（2）锥类形体：柱类形体的一端收缩于一点后的形体。

（3）台类形体：锥类形体被平行于其底面的平面截切后的形体。

（4）球类形体：圆球体或圆球体被若干平面截切后的形体。

下面分别阐述其投影的画法。

1. 柱类形体的投影画法

柱类形体主要分为棱柱与圆柱两种类型。

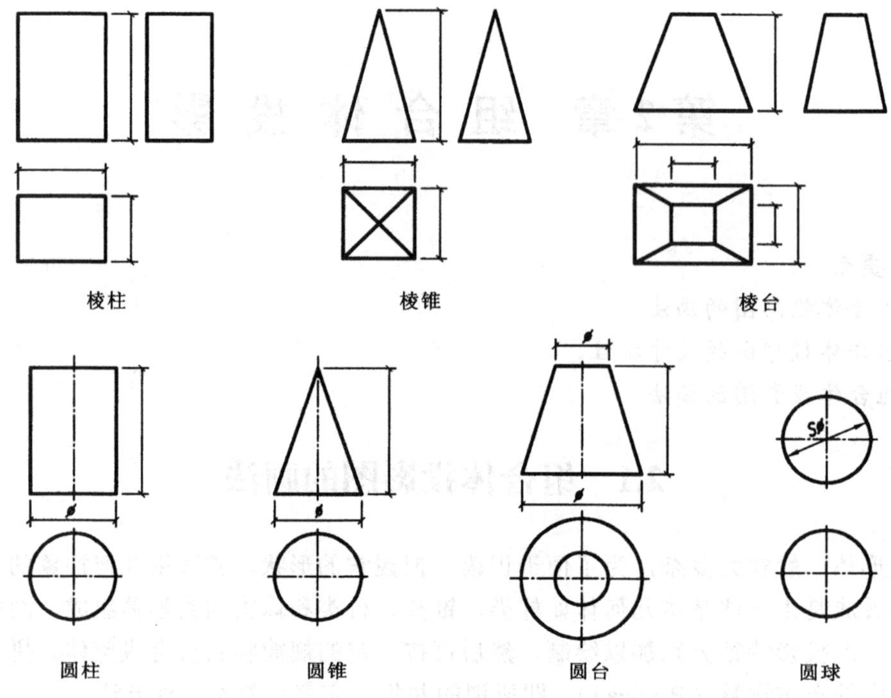

图 2-1 基本几何体的投影

棱柱有两个互相平行的平面多边形底面，其余的棱面称为棱柱的侧面。相邻两个棱面的交线称为棱线，棱线互相平行。

圆柱是由圆柱面和两个底平面围成的圆柱体。

柱类形体（正柱）的投影特征如下：

（1）侧面的形状为矩形。

（2）最外轮廓的投影为矩形，所有侧棱棱线的投影为同一方向的平行线（这一特征称之为矩形特征）。柱体的侧棱数决定了底面多边形的边数，从而也就决定了底面投影的形状（若为四棱柱则底面是四边形，若为圆柱则底面是圆形）。

下面以实例来具体说明柱类形体的投影画法。

【例 2-1】 凸棱柱（正五棱柱）的投影画法。

投影画法：凸棱柱的投影画法如图 2-2 所示。

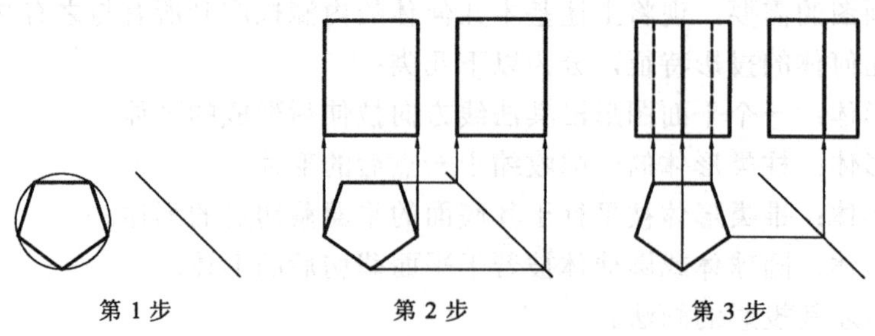

图 2-2 凸棱柱的投影画法

第 1 步：画柱体的底面投影。利用圆周五等分画正五边形。

第 2 步：画侧面投影的轮廓。侧面轮廓的投影为矩形特征。

第 3 步：画侧面其他棱线的投影。这些棱线为相互平行的一组平行线。

注意 位于观看方向后面的不可见棱线要用虚线来画。

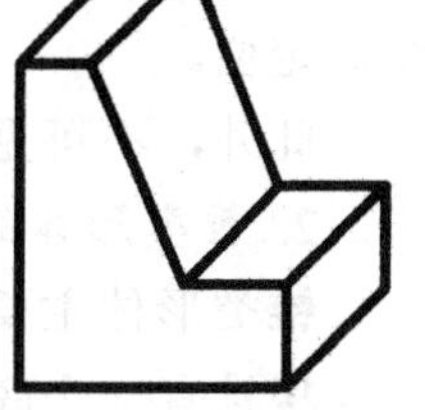

图 2-3 凹棱柱

【例 2-2】 如图 2-3 所示的凹棱柱的投影画法。

投影画法：凹棱柱的投影画法与凸棱柱的投影画法完全相同，如图 2-4 所示。

第 1 步：画柱体的底面投影。

注意 柱体的底面并不一定要位于 H 面投影的位置，本例是以 W 面投影为柱体的底面投影。

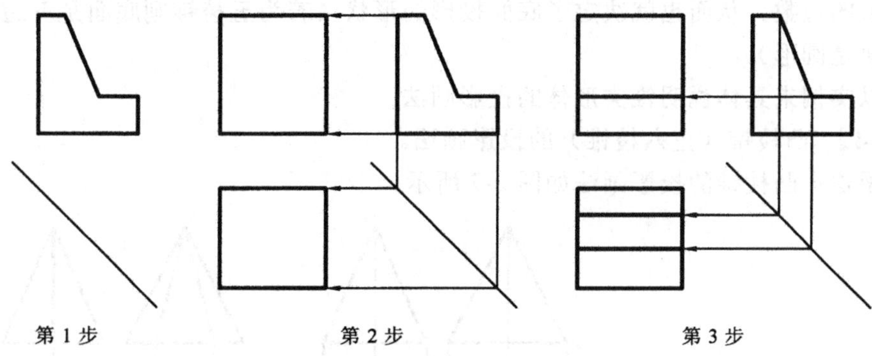

图 2-4 凹棱柱的投影画法

第 2 步：画侧面投影的轮廓，利用矩形特征绘制。

第 3 步：画侧面其他棱线的投影。具体做法是画底面所有顶点的对应线。

图 2-5 曲面柱体

【例 2-3】 如图 2-5 所示的曲面柱体的投影画法。

投影画法：带曲面的柱体其投影画法依然与凸棱柱的投影画法相似，如图 2-6 所示。

第 1 步：画底面的投影（本例应选 V 面投影方向为柱体的底面投影）。

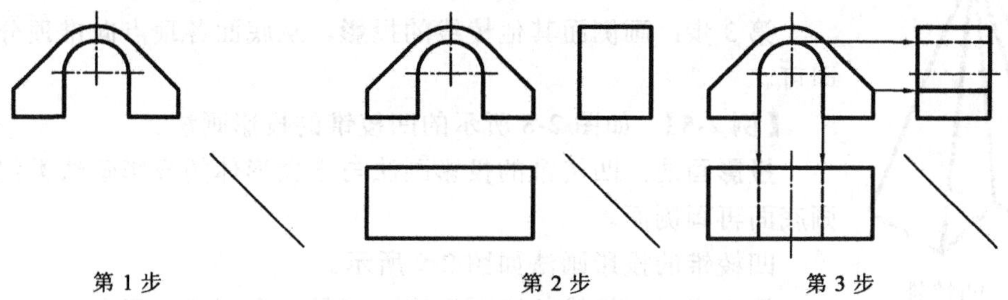

图 2-6 曲面柱体的投影画法

第 2 步：画侧面投影的轮廓。虽然是曲面柱体，但其侧面投影依然是矩形特征。

第 3 步：画侧面其他轮廓线。曲面柱体的投影画法有两个特点：一个特点是除了表面棱线的投影外，还增加了曲面的转向轮廓线投影；另一个特点是要用点划线标出其回转轴线的定位。

此外，不可见线要用虚线画出。

2. 锥类形体的投影画法

锥类形体主要分为棱锥与圆锥两种类型。

棱锥有一个底面为平面多边形，侧面为三角形，其侧棱交于锥顶。

圆锥有一个底面为圆形，侧面为曲面。其投影形状为三角形，其转向轮廓线为圆锥的表面素线。

锥类形体的投影特征如下：

（1）侧面的形状为三角形，或转向轮廓线的投影形状为三角形。

（2）所有侧棱线交于锥顶（这一特征我们称之为三角形特征）。棱锥的侧棱数决定了底面多边形的边数，从而也就决定了底面投影的形状（若为五棱锥则底面是五边形，若为圆锥则底面是圆形）。

下面以实例来具体说明锥类形体的投影画法。

【例 2-4】 凸棱锥（正六棱锥）的投影画法。

投影画法：凸棱锥的投影画法如图 2-7 所示。

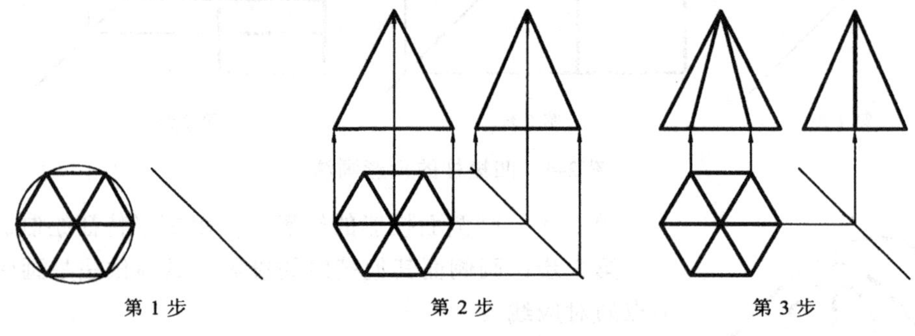

图 2-7 凸棱锥的投影画法

第 1 步：画棱锥的底面投影。利用圆周六等分画正六边形。

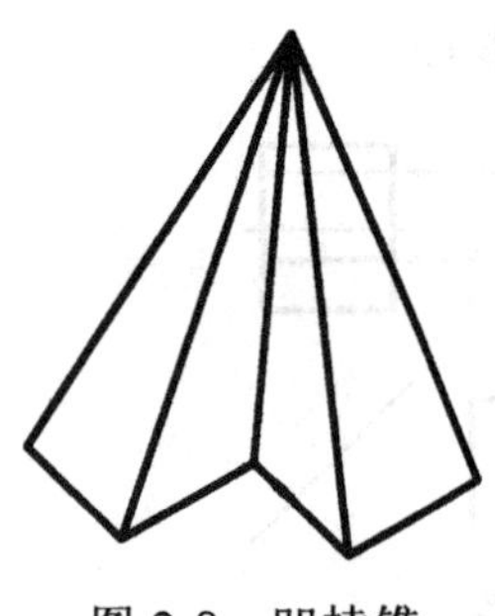

图 2-8 凹棱锥

第 2 步：画侧面投影的轮廓。利用所谓的三角形特征绘制，其 V 面和 W 面投影都为三角形。

第 3 步：画侧面其他棱线的投影。从底面各顶点向锥顶分别连线即可。

【例 2-5】 如图 2-8 所示的凹棱锥的投影画法。

投影画法：凹棱锥的投影画法与锥类形体的投影画法类似，即先画底面再画侧面。

凹棱锥的投影画法如图 2-9 所示。

第 1 步：画棱锥的底面投影，应是一个凹多边形。

第 2 步：画侧面投影的最外轮廓。虽然该形体比例 2-4 中的六棱锥复杂，但它的侧面投影依然是三角形，这就是所谓的三角形特征。

第 3 步：画棱锥侧面其他棱线的投影。根据底面多边形的顶点，从底面各顶点向锥顶连线即可（包括 H 面投影图在内）。

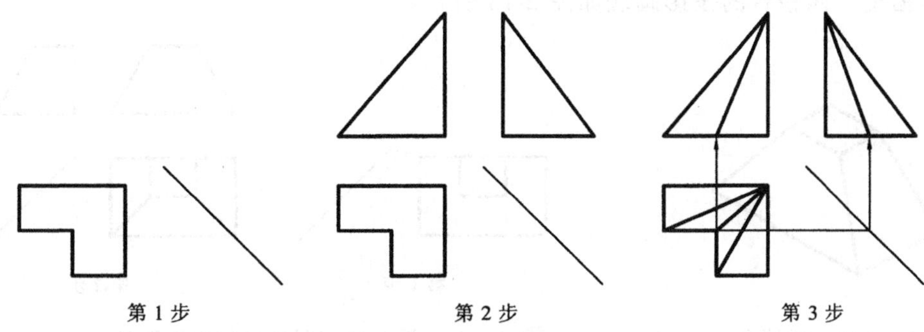

图 2-9 凹棱锥的投影画法

【例 2-6】 如图 2-10 所示的曲面锥体的投影画法。

投影画法：曲面锥体的投影画法如图 2-11 所示。

第 1 步：画锥体的底面投影。

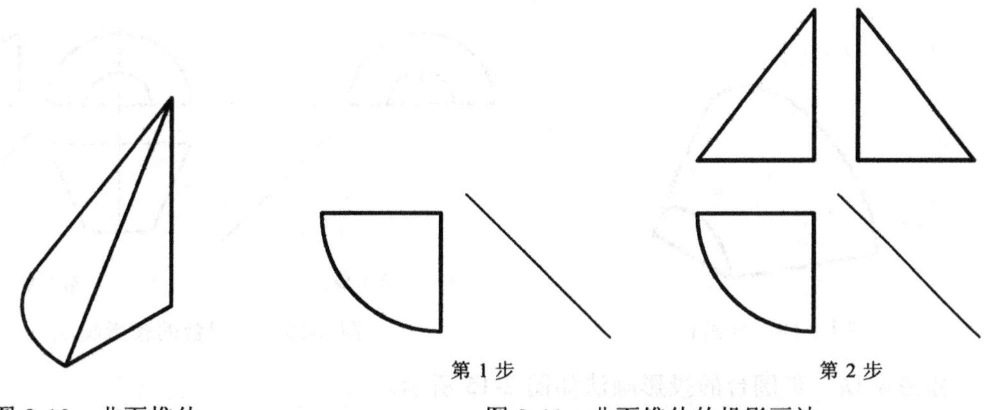

图 2-10 曲面椎体　　图 2-11 曲面锥体的投影画法

第 2 步：画椎体侧面投影的最外轮廓。虽然该形体的侧面是曲面，但它的投影仍然是三角形，依然体现三角形特征。由于该形体没有其他棱线，所以至此就完成了全部投影的绘制。

3. 台类形体的投影画法

台类形体主要分为棱台与圆台两种类型。

棱台有两个相互平行的底面，它们的形状为相似的平面多边形，且一大一小。棱台的侧面为梯形。

圆台的底面为一大一小的两个圆形。圆台的侧面为曲面，其投影形状仍然为梯形。

台类形体的投影特征如下：

（1）侧棱面为梯形，或转向轮廓线的投影形状为梯形（这一特征我们称之为梯形特征）。

（2）棱台的侧棱数决定了底面多边形的边数，也就决定了底面投影的形状（若为五棱台则底面是五边形，若为圆台则底面是圆形）。

下面以实例来具体说明台类形体的投影画法。

【例 2-7】 如图 2-12 所示四棱台的投影画法。

投影画法： 四棱台的投影画法如图 2-13 所示。

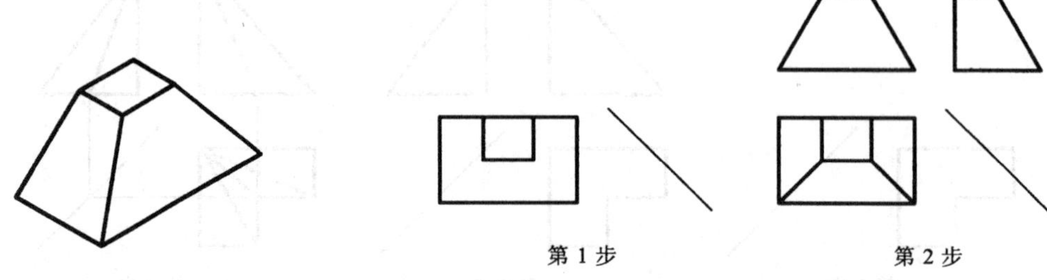

图 2-12 四棱台　　图 2-13 四棱台的投影画法

第 1 步：画四棱台的底面投影，应为一大一小的两个矩形。

第 2 步：首先，连接上下两底面的各顶点，完成 H 面投影；其次，画侧面投影的轮廓。利用所谓的梯形特征绘制，其 V 面和 W 面投影都为梯形。

【例 2-8】 如图 2-14 所示半圆台的投影画法。

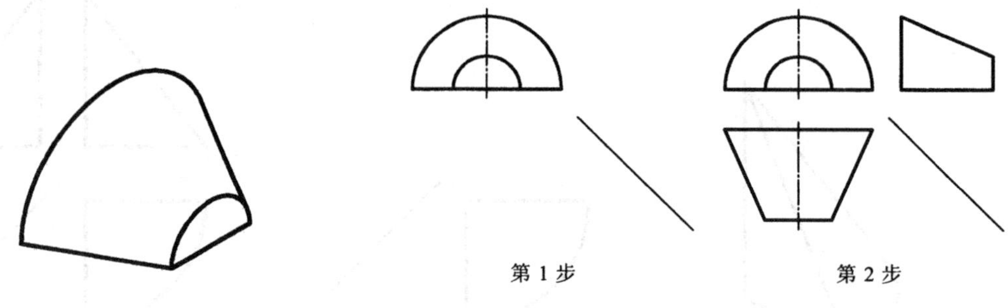

图 2-14 半圆台　　图 2-15 半圆台的投影画法

投影画法： 半圆台的投影画法如图 2-15 所示。

第 1 步：画半圆台的底面投影，应为一大一小的两个半圆。

第 2 步：画侧面投影的轮廓。利用所谓的梯形特征绘制，其 H 面和 W 面投影都为梯形。

4. 球类形体的投影画法

当母线圆围绕其直径旋转 180°所形成的回转面即是球面，球面所围成的立体就是球体。球类形体主要是指整球或整球的各种截切部分。

球类形体的投影特征是：球的三面投影都是直径与球的直径相等的圆（或其中的一部分），圆心分别是球心在各同名投影面上的投影。绘制球体投影的关键是确定球心的投影位置和半径的值。绘制球缺投影的关键是先画出整圆，然后取其所需部分。

图 2-16 球缺

【例 2-9】 如图 2-16 所示球缺的画法。

投影画法： 球缺的投影画法如图 2-17 所示。

第 1 步：画出整球的三面投影。

第 2 步：确定各截切面的投影位置，利用连系线确定各投影之间的相对位置。

第 3 步：去除多余部分的轮廓线，并用适当的点划线标出轴线的位置。

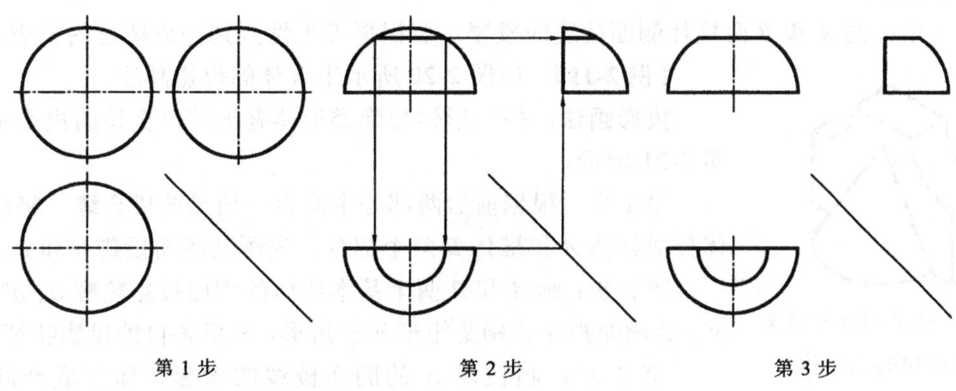

图 2-17　球缺的投影画法

2.1.2　组合体的画法

由基本几何体经过各种方式进行组合而构造出来的形体，称为组合体。分析组合体形成的方法，称为形体分析法。

组合体按照其组合方式的不同可分为叠加、切割和相交三类。

1. 叠加

叠加是基本几何体之间的自然堆积，只有接触面，不另外产生表面交线。

叠加型组合体的绘图方法是：以拼合缝为界，将组合体分解为若干个基本几何体，然后按基本几何体的投影来绘制，即按柱类、锥类、台类和球类等分别绘制。

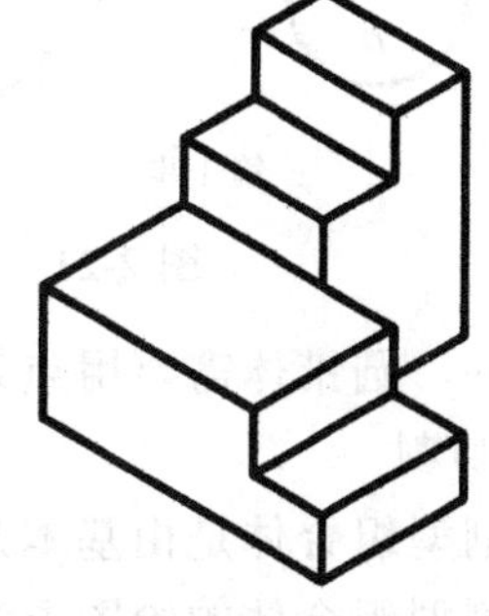

图 2-18　两个柱类形体叠加的组合体

下面以具体的实例来解释叠加型组合体的投影画法。

【例 2-10】 如图 2-18 所示组合体的投影画法。

投影画法： 两个柱类形体叠加的组合体的投影画法如图 2-19 所示。

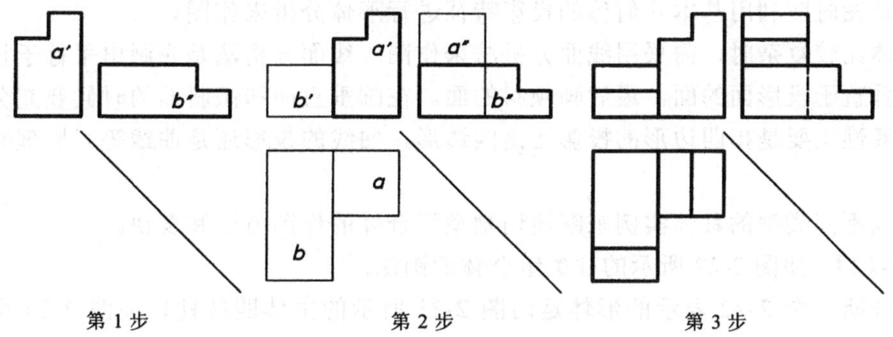

图 2-19　两个柱类形体叠加的组合体的投影画法

第 1 步：根据左右两部分中间有一明显的拼合缝，将该组合体分成 *A* 和 *B* 两个柱类形体来画。先画其底面投影 a'和 b''。

第 2 步：画 A 和 B 两柱体的侧面投影轮廓 a、a''和 b、b'。其侧面投影都是矩形，利用矩形特征绘制。

第 3 步：画 A 和 B 两柱体侧面棱线的投影。要根据可见性判别完成棱线的投影。

图 2-20 柱类形体与锥类形体叠加的组合体

【例 2-11】 如图 2-20 所示组合体的投影画法。

投影画法：柱类形体与锥类形体叠加的组合体的投影画法如图 2-21 所示。

第 1 步：根据前后两部分中间有一明显的拼合缝，将该组合体分成柱体 A 和椎体 B 两个部分。先画其底面投影 a'和 b。

第 2 步：画 A 和 B 两个基本形体的侧面投影轮廓 a、a''和 b'、b''。其侧面投影分别是矩形和三角形，利用各自的投影特征绘制。

第 3 步：画柱体 A 的侧面棱线的投影，即完成全部投影绘制。

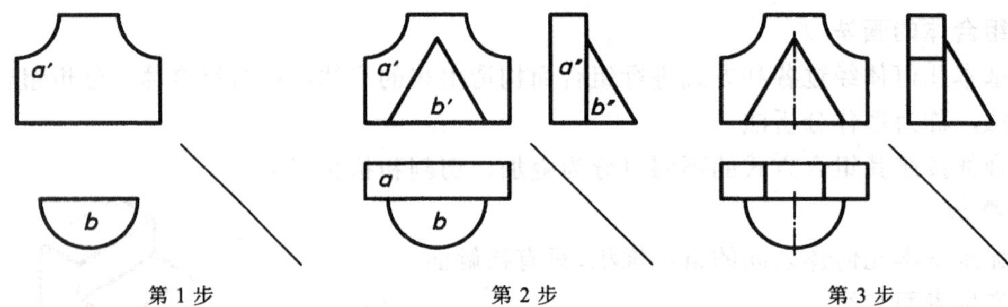

图 2-21 柱类形体与锥类形体叠加的组合体的投影画法

此外，圆锥体需要用点划线标出其轴线位置。

2. 切割

切割型组合体是由基本几何体被一些平面或曲面切割而形成的。

切割型组合体的绘图方法是：以基本几何体为蓝本，先找出满足条件的主体，在此基础上经过切割形成所需的组合体投影。

解决这类问题的关键点在于，被切割的主体和被切割掉的部分，都应该是基本几何体的形状。画图时应利用基本几何体的投影特征进行形体分析来作图。

当形体比较复杂时，需采用线面分析法来作图。线面分析法是先画出平行于投影面的面，再画垂直于投影面的面，最后画倾斜的面。在画垂直面和倾斜面的时候要充分利用同素性（同素性主要是指四边形的投影还是四边形，曲线的投影还是曲线等）原理来指导连线的方式。

下面以不同类型的具体实例来阐述切割型组合体的作图方法和要诀。

【例 2-12】 如图 2-22 所示的柱类组合体的画法。

形体分析：图 2-22 表示的形体是由图 2-23 所示的主体四棱柱切去图 2-24 所示的小四棱柱后产生的组合体，是两个四棱柱相减的结果。

投影画法：其具体作图步骤如图 2-25 所示。

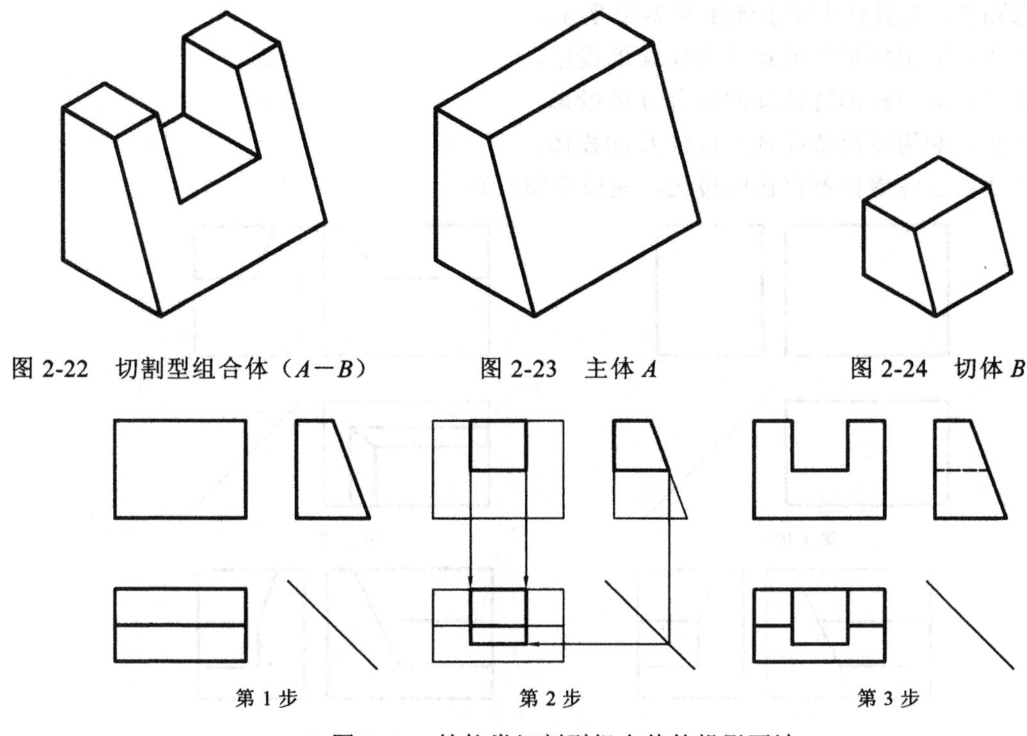

图 2-22 切割型组合体（*A*—*B*） 图 2-23 主体 *A* 图 2-24 切体 *B*

图 2-25 棱柱类切割型组合体的投影画法

第 1 步：利用矩形特征画主体 *A* 的投影。

第 2 步：利用矩形特征画切体 *B* 的投影（图中粗线部分）。

第 3 步：分析切除后相贯线的投影，去除切体 *B* 的虚体棱线。并判别各棱线的可见性，将不可见线改成虚线表示。

可以将主体 *A* 理解成实体，切体 *B* 理解成虚体，虚体的棱线位于实体之外的部分是空间，不存在真实的棱线，因此需去除。

【例 2-13】如图 2-26 所示的棱柱和棱台组合体的投影画法。

形体分析：图 2-26 表示的形体是由图 2-27 所示的主体切去图 2-28 和图 2-29 所示的两个形体后产生的组合体，是由长方体 *A* 切去一个四棱台 *B* 和一个四棱柱 *C* 后的结果。

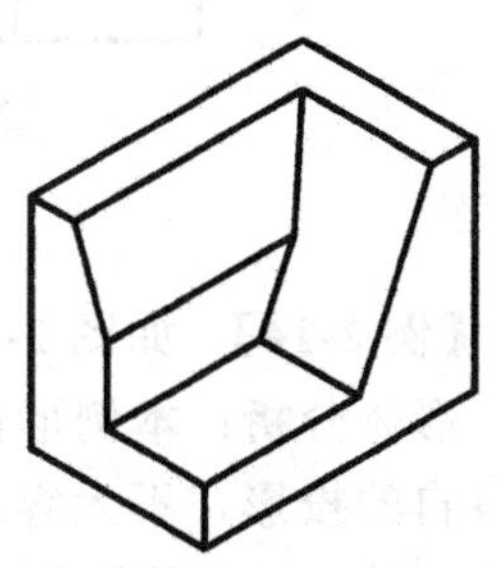

图 2-26 棱柱和棱台组合体

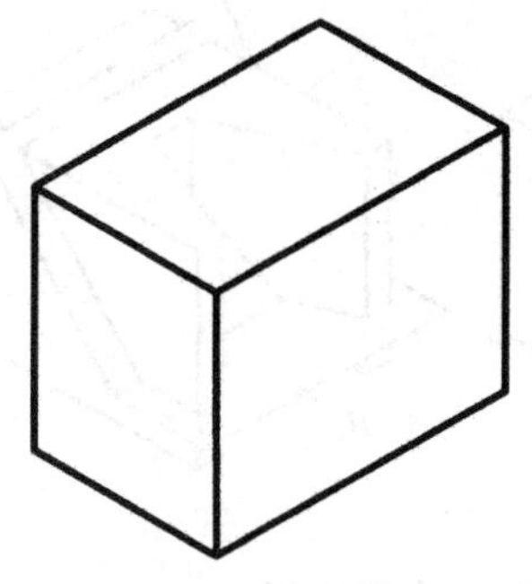

图 2-27 长方体 *A*

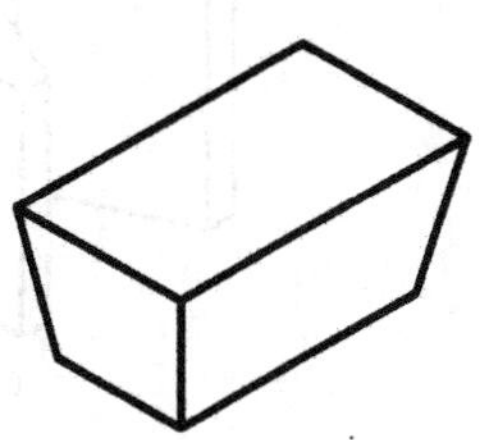

图 2-28 四棱台 *B*

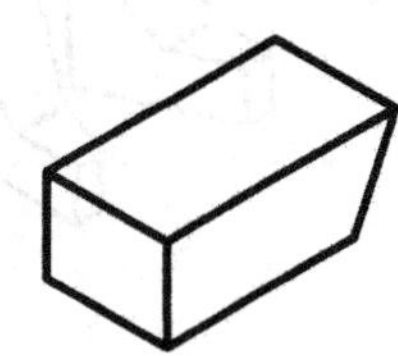

图 2-29 四棱柱 *C*

投影画法：其具体作图步骤如图 2-30 所示。

第 1 步：利用矩形特征画长方体 A 的投影。

第 2 步：利用梯形特征画四棱台 B 的投影。

第 3 步：利用矩形特征画四棱柱 C 的投影。

第 4 步：去除虚体不存在的棱线，完成全部投影。

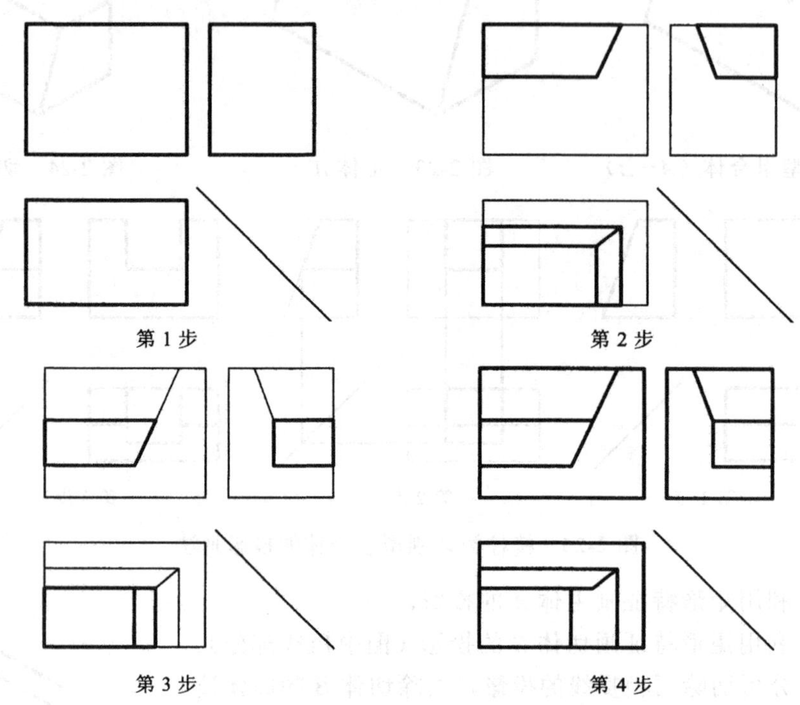

图 2-30　棱柱和棱台组合体的投影画法

【例 2-14】 如图 2-31 所示的棱柱组合体的投影画法。

形体分析：本例形体比较复杂，由两个不规则柱体组合而成。如果用前面的方法分别作各自的投影，不太容易。现改用线面分析法来作。首先将其简化成如图 2-32（*a*）所示的棱柱体 A，再使用如图 2-32（*b*）所示的两个平面 B 和 C 去截切。画截切平面时应充分利用同素性原理。

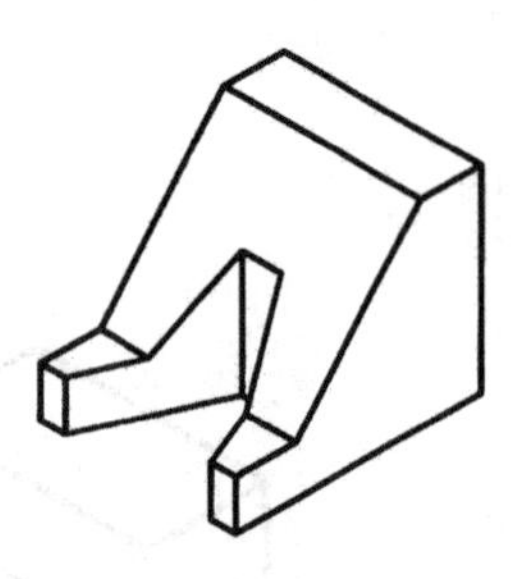

图 2-31　切割型棱柱组合体

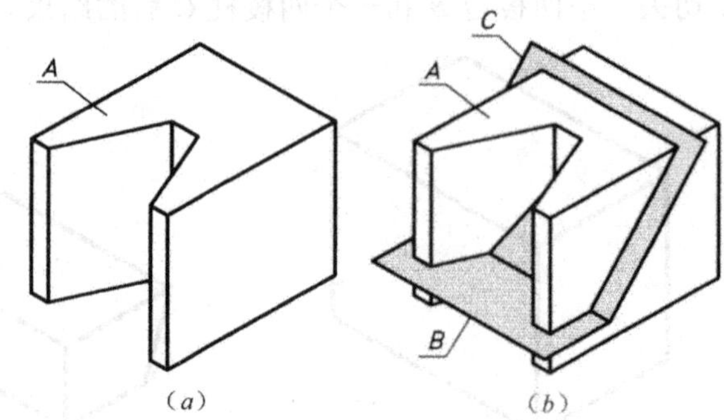

图 2-32　线面分析

（*a*）原始立体；（*b*）截切平面

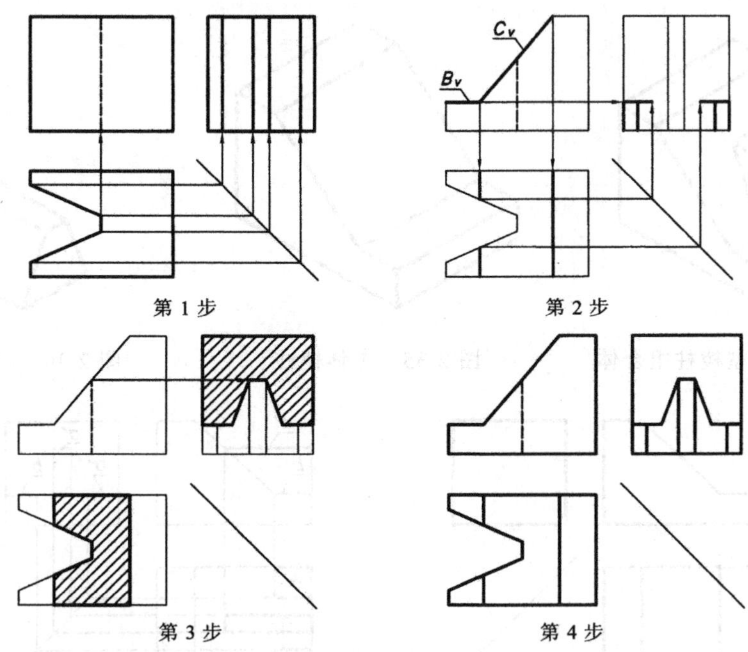

图 2-33　切割型棱柱组合体的投影画法

投影画法：其具体作图步骤如图 2-33 所示。

第 1 步：作图 2-32（*a*）所示棱柱体的投影。

第 2 步：用水平面 *B* 截切，并作出正垂面 *C* 和棱柱顶面的交线。

第 3 步：作出正垂面 *C* 截切棱柱的断面投影。

注意　利用同素性原理画 *C* 截面的 H 面投影和 W 面投影[见图 2-33(*c*)中带阴影部分]。

第 4 步：判别棱线的可见性，完成全部投影。

3. 相交

相交型组合体是由基本几何体连接而成的，其表面之间可能产生交线（截交线或相贯线）。

这类组合体的作图要点是体与体连接部的交线。应先画投影面平行面上的交线，再画投影面垂直面或倾斜面上的交线。与切割型组合体所用线面分析法相似，当交线位于投影面垂直面或倾斜面上时，要充分利用同素性原理指导连线。

注意　当相交后两个面位于同一平面上时，原来的边界线相互重叠的部分将会融合，不应画线。此外，在平面与曲面相切处也不应画线。

下面以不同类型的具体实例来阐述相交型组合体的作图方法和要诀。

【例 2-15】　如图 2-34 所示的棱柱组合体的投影画法。

形体分析：先将组合体分解为两个部分，一个部分是如图 2-35 所示的主体棱柱，另一个部分是如图 2-36 所示的梯形截面四棱柱。它们两者的交线分别位于水平面 *A*、*B* 和正垂面 *C* 上。

投影画法：棱柱组合体的投影画法如图 2-37 所示。

第 1 步：利用矩形特征画主体棱柱的投影。

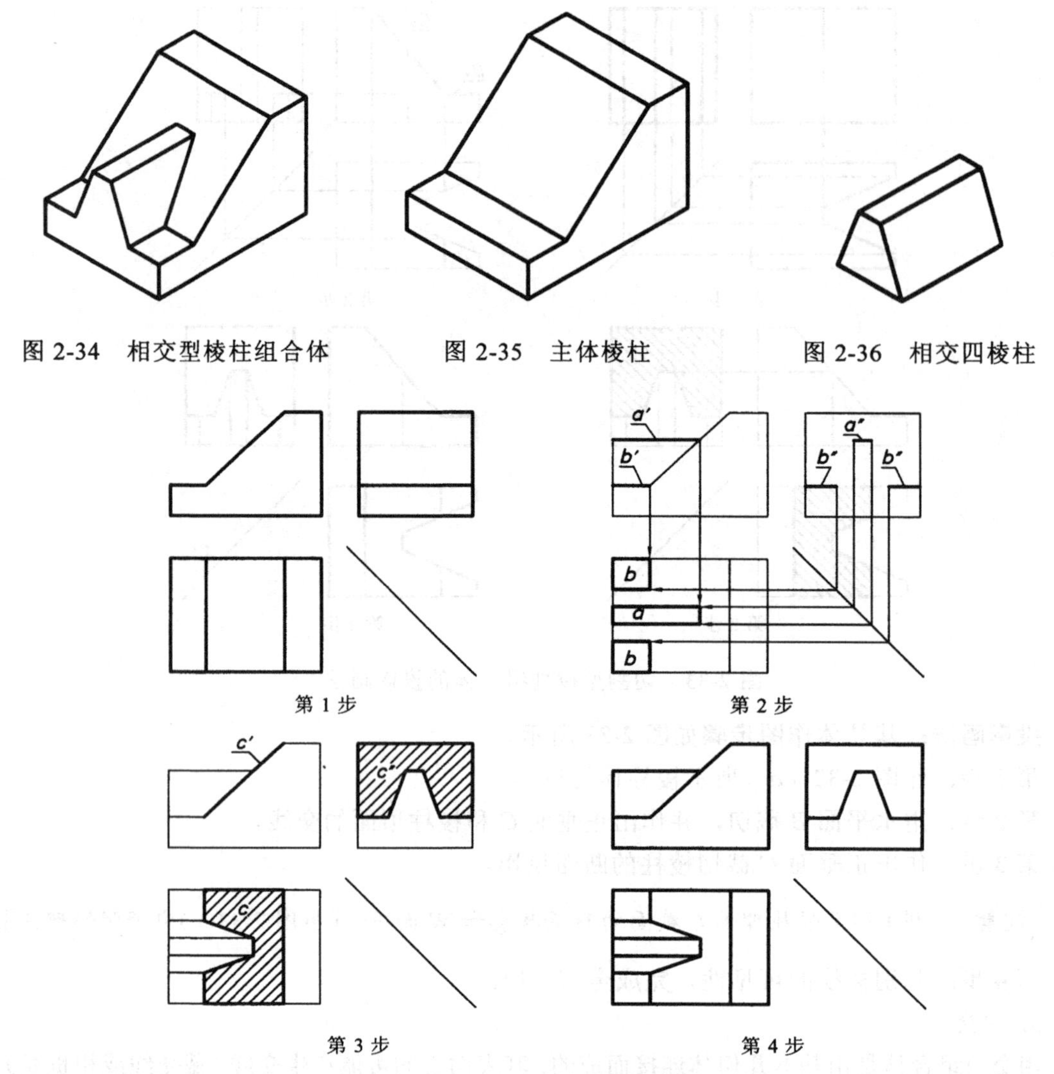

图 2-34　相交型棱柱组合体　　图 2-35　主体棱柱　　图 2-36　相交四棱柱

图 2-37　相交型棱柱组合体的投影画法

第 2 步：画水平面 *A*、*B* 上的交线。水平面的投影特征是在 V、W 投影面上反映积聚性，在 H 面上反映实形。

第 3 步：画正垂面 *C* 上的交线。正垂面的投影特征是 V 投影面反映积聚性，H、W 面投影具备同素性，其中阴影部分反映出两个图的相似性。

第 4 步：画出最终结果。

2.2　组合体投影图的尺寸标注

在工程图中，投影图只能表达物体的形状，不能靠测量投影图的尺寸来确定物体的真实大小，因此必须标注出物体的实际尺寸。在本书第 1 章所述的平面图形尺寸标注的基础上，本节仅阐述基本几何体和组合体的尺寸标注方法。

2.2.1　基本几何体的尺寸标注

基本几何体的尺寸标注如图2-38所示。任何几何体都有长、宽、高三个方向的大小。但如果是圆周，标注直径后即可限定其平面上两个方向的尺寸。因此，基本几何体在标注尺寸后往往可以减少视图的数量。例如，圆柱体或圆锥体在标出底圆直径后用一个视图即可表达。但是，用一个视图来表达直观性较差，一般还是用两个视图来表达。对于球体，三个视图都是等大的圆周，标注后只要一个视图即可。但因为要区别于其他几何体，规定在球的直径代号 ϕ 之前标字母“S”。只有长方体，即使已标出尺寸也仍需三个视图才能确定其形状。

2.2.2　组合体的尺寸标注

组合体的尺寸标注应采用形体分析法，将组合体分解为基本几何体进行标注。

1. 组合体尺寸标注的基本要求

与对基本几何体标注尺寸一样，在组合体的三视图上标注尺寸同样要符合以下基本要求：

（1）必须严格遵守制图标准中有关尺寸注法的规定（详见本书第1章）。

（2）尺寸配置齐全，应能完全确定形体的形状和大小，既不缺少尺寸，也不应有不合理的多余尺寸。

（3）尺寸标注清晰，布置得当，便于看图。

【例2-16】 根据尺寸标注的要求，标注图2-33所示组合体的尺寸。

该组合体尺寸标注结果如图2-38所示。

2. 尺寸的分类

根据尺寸作用的不同，可将尺寸分为以下三类：

（1）描述组成物体的各基本几何体的形状和大小的尺寸，称为定形尺寸。

（2）反映组合体中各基本几何体之间相对位置关系或截平面位置的尺寸，称为定位尺寸。

（3）物体的总长度、总宽度和总高度称为总体尺寸。

3. 注意事项

（1）基本几何体之间，在左右、上下和前后三个方向上的相互位置都需要标注定位尺寸。

（2）棱柱的位置用其棱面确定。

（3）处于对称位置的基本几何体，通常需注出它们相互间的距离。

（4）当基本几何体的轴线位于物体的对称平面上时，相应的定位尺寸可以省略。

（5）回转体的尺寸标注一般不应标注到外形素线处。例如，图2-39中的形体，总长度尺寸因不能标注到圆柱的素线处，故只标注到圆心处（即尺寸“13”）。

4. 对称形体的尺寸标注

【例2-17】 如图2-40所示，标注对称形体的尺寸。

如图2-41所示，由于对称的原因，圆孔的宽度方向定位尺寸和半圆槽的长度方向定位尺寸可以省略。圆孔的长度方向定位尺寸（尺寸“26”）则采用了对称尺寸的标法。前后对称的两个立板的定形尺寸（尺寸“3”）和两个圆孔的定形尺寸（尺寸“ϕ5”）只标出一个即可。

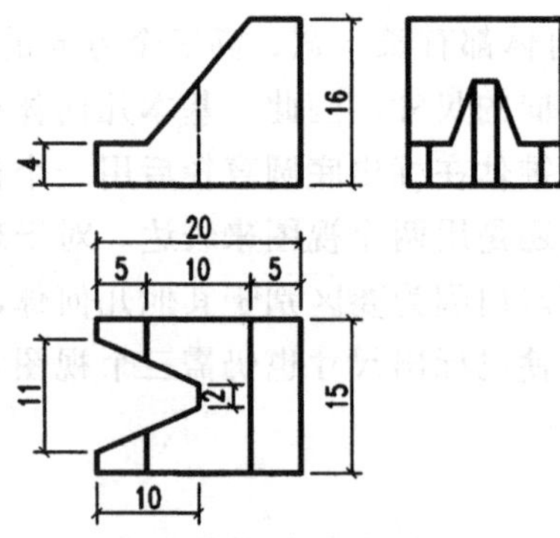

图 2-38　组合体的尺寸标注

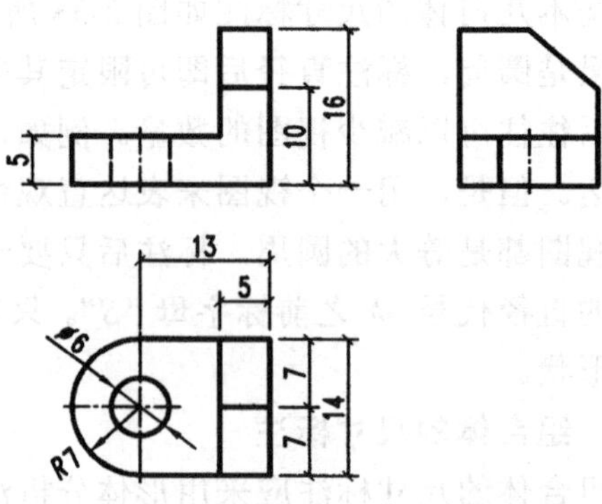

图 2-39　回转体尺寸标注

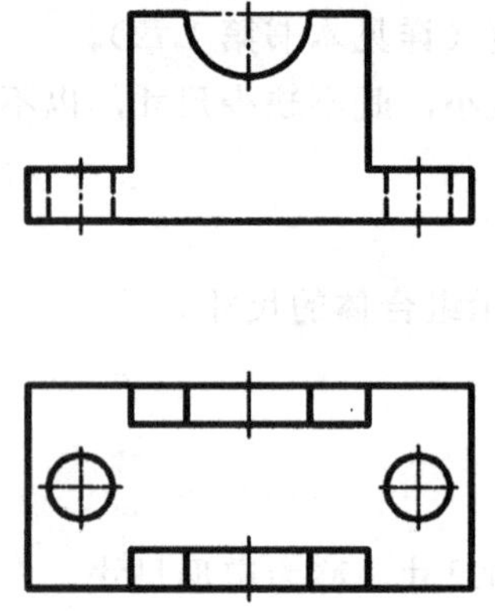

图 2-40　对称形体尺寸标注

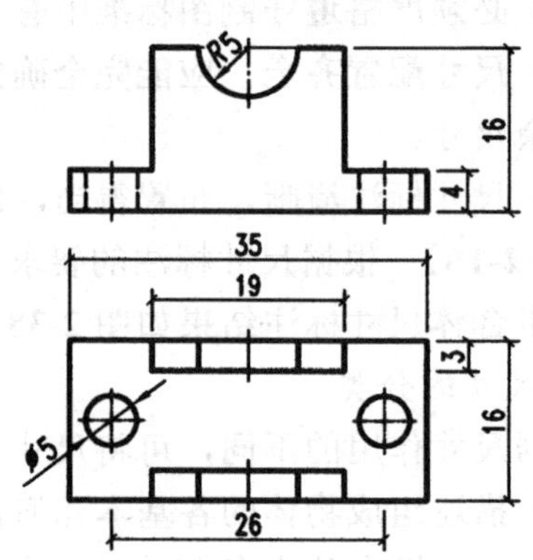

图 2-41　标注结果

5. 带切口类形体的尺寸标注

带切口类形体的尺寸应在基本几何体的定形尺寸基础上，加标剖切面的定位尺寸。

各种基本几何体切口的尺寸标注样例如图 2-42 所示。由于组合体与剖切平面的相对位置确定后，切口的交线就完全确定了，因此不必标注交线的尺寸，否则会产生矛盾。

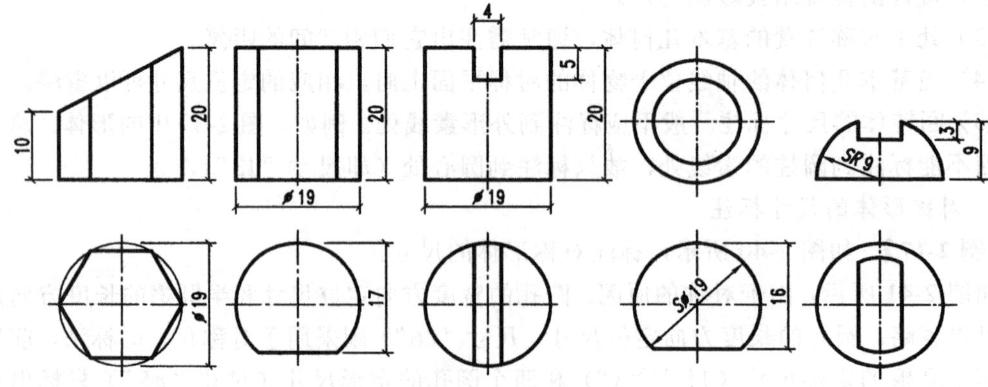

图 2-42　带切口类形体的尺寸标注

6. 尺寸的标注位置

确定了组合体应标注哪些尺寸后，就应考虑将这些尺寸注写在什么位置。这时遵循的原则是使尺寸标注清晰，布置得当，便于阅读和查找。标注尺寸时需注意以下几点：

（1）某个部位的尺寸应尽可能将其标注在反映该部位形状特征最明显的视图上。

（2）为使图形清晰，一般应将尺寸标注在图形轮廓以外；但为了便于查找，对于图内的某些细部，其尺寸也可酌情标注在图形内部。

（3）尺寸布局应相对集中，并尽量安排在两视图之间的位置。

（4）尺寸排列要整齐，大尺寸排在外面，小尺寸排在里面，各尺寸线之间的间隔应大致相等，约为7～10mm。

（5）尽量避免在虚线上标注尺寸。

2.3 组合体投影图的读法

根据给出的视图想像形体的空间形状，简称为读图。读图是边看图、边想像的思维过程。由于人们对事物思维方式的差异，读图不存在一个简单的通用方法。一般来说，读图能力的基础有两项：一是要熟练掌握投影原理，二是要有丰富的知识储备。读图的主要方法与绘图相似，一种方法是形体分析法，另一种方法是线面分析法。读图时以形体分析法确定主要部分的形状，以基本几何体为蓝图，结合布尔运算，分析出组成组合体的各基本几何体的原型，然后根据前面学习的基本几何体的投影特征（矩形、三角形、梯形和圆形等特征）读出组合体的立体形象。

2.3.1 读图方法

读图方法如下：

（1）联系各个视图阅读，综合想像物体的形状。

（2）对闭合线框进行投影分析，并充分利用形体分析法从中分析出基本几何体的投影。

（3）根据视图中线条和线框的实际意义，对结合部线条进行线面分析，得出截交线和相贯线的投影。

其中线面的分析对解决复杂的形体有很大的帮助。投影图中的点和线可能有多种含义，读图时就是要分辨出其不同的含义，从而认知其立体形象。

投影中点的含义有两点：一是立体顶点的投影；二是立体棱线的积聚投影。

投影中线的含义有两点：一是立体棱线的投影；二是立体棱面的积聚投影。

在许多场合，读图的要点就是要分辨出积聚的棱线和棱面，从而产生立体感。

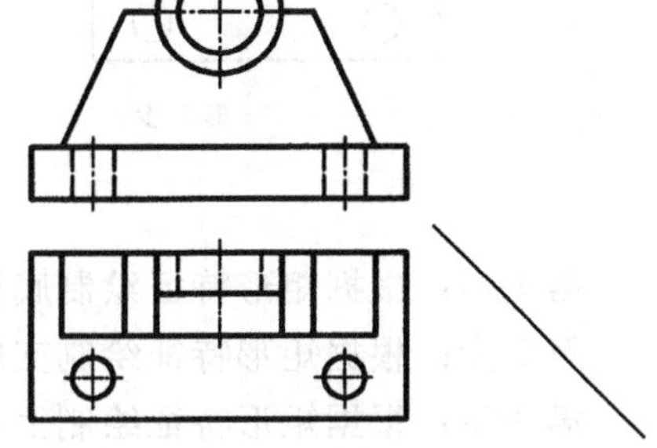

图2-43 补画组合体投影

2.3.2 读图举例

【例2-18】 补画图2-43所示组合体的W面投影。

形体分析： 根据先大后小的原则将该形体分解成三部分，如图2-44所示。

第 1 部分：底板是长方体并在前方钻两个圆孔。

第 2 部分：中间支座部分，是带凹槽的柱体。

第 3 部分：上部是圆管状柱体。

根据上述分析得出组合体的总体形象如图 2-45 所示。

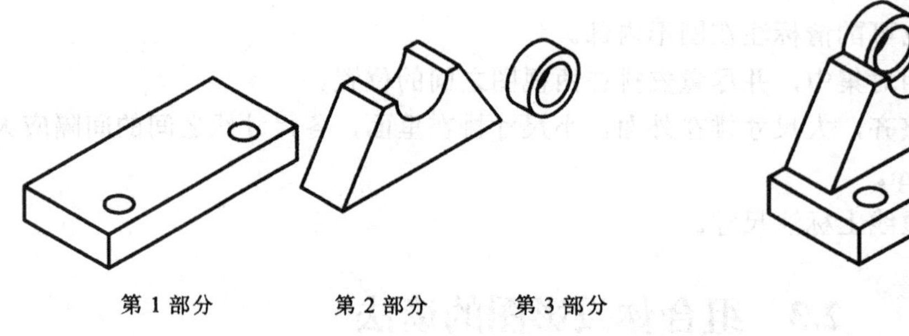

图 2-44 形体分析　　图 2-45 组合结果

绘图步骤：该组合体 W 面投影的绘图步骤如图 2-46 所示。

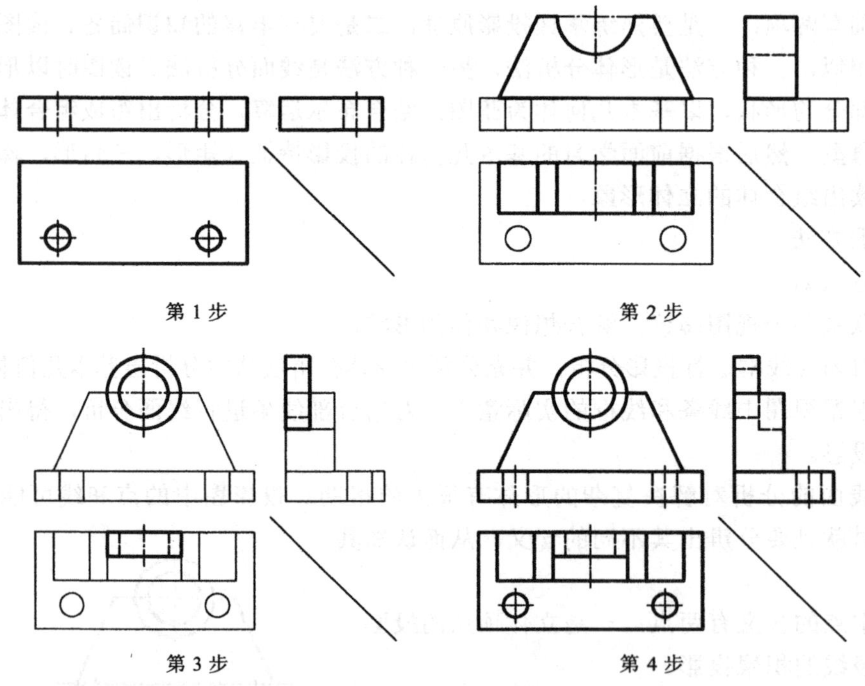

图 2-46 绘图步骤

第 1 步：根据矩形特征绘制底板的 W 面投影。

第 2 步：根据矩形特征绘制支座部分的 W 面投影。

第 3 步：根据矩形特征绘制上部圆管的 W 面投影。

第 4 步：将圆管和支座结合部的交线融合，将不存在的轮廓线去除。

【例 2-19】 补画图 2-47 所示组合体的 W 面投影。

形体分析：根据先整体后局部的原则将该形体想像为两个柱体，如图 2-48 所示。

第 1 部分：是六棱柱。

第 2 部分：是带圆孔的柱体。

平面 P 切割：两者组合后，再用正垂面 P 进行切割。切割的结果如图 2-49 所示。

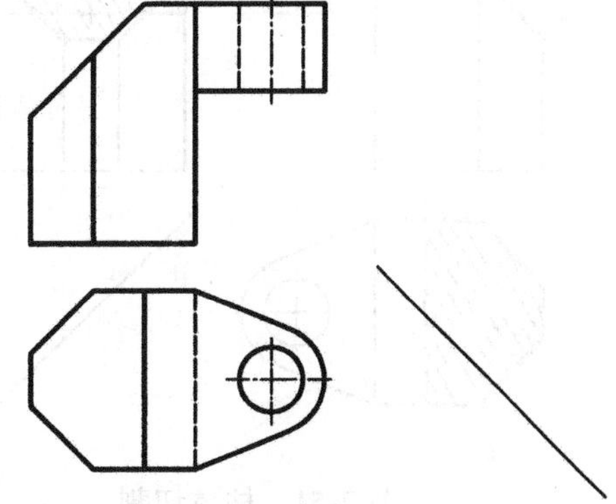

图 2-47　补画组合体投影

绘图步骤：该组合体 W 面投影的绘图步骤如下：

第 1 步：绘制投影。根据矩形特征绘制六棱柱的投影，如图 2-50（*a*）所示。根据矩形特征绘制带孔柱体的投影，如图 2-50（*b*）所示。

第 2 步：柱体切割。利用同素性原理绘制切口的投影，如图 2-51 所示（这一步可参考图 2-37 第 3 步示例）。图 2-51 中带阴影部分的相似性对我们连线的方式有明显的提示作用。

第 3 步：最终结果。判断投影的可见性，完成全部投影，如图 2-52 所示。

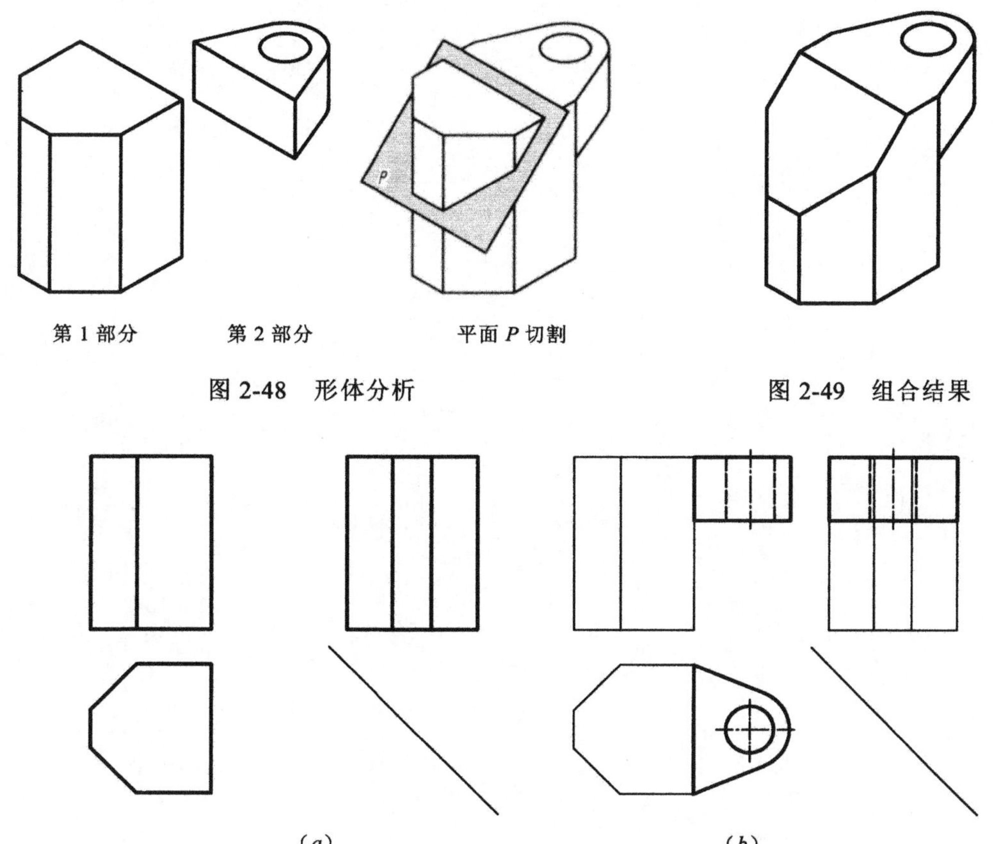

图 2-48　形体分析

图 2-49　组合结果

（*a*）

（*b*）

图 2-50　绘制投影

（*a*）绘制六棱柱的投影；（*b*）绘制带孔柱体的投影

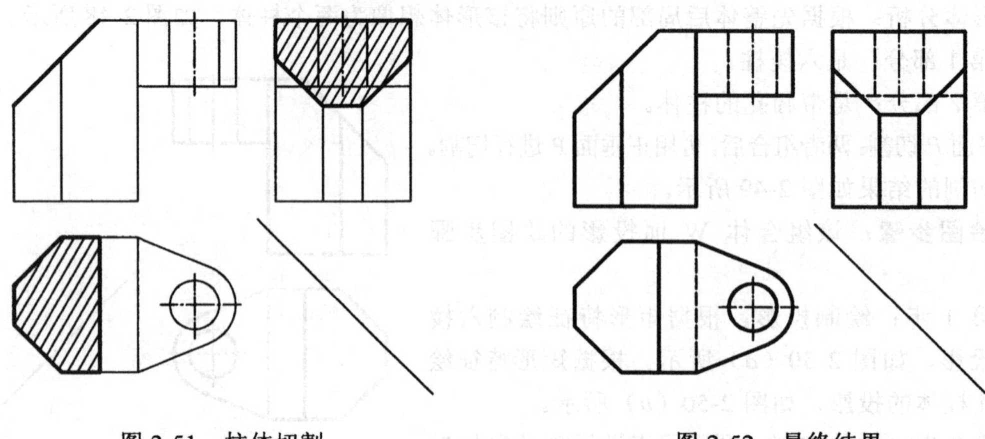

图 2-51 柱体切割　　　　图 2-52 最终结果

第3章 图样画法

本章要点

- 视图：①基本视图的形成及投影特征；②斜视图、局部视图、镜像视图的投影特征。
- 剖面图、断面图：剖面图、断面图的图示特点及分类。

3.1 视图

工程形体不仅有多变的外部形状特征，而且内部构造也很复杂，简单的投影图已无法清晰地表达其全部的变化，如图 3-1 和图 3-2 所示。绘制工程图样需要分析工程形体的特点，掌握工程图样的表达方法。

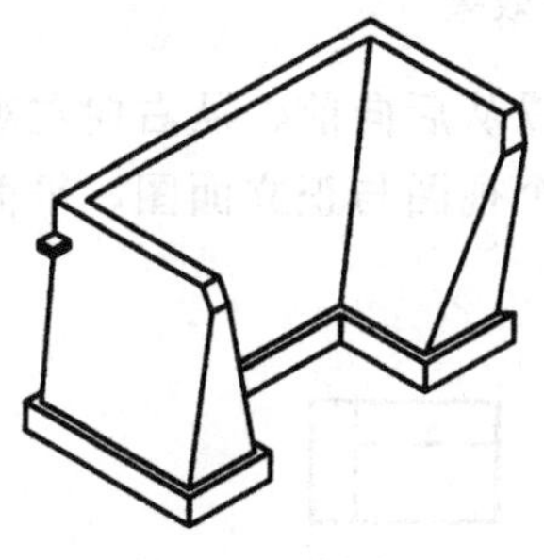

图 3-1 桥台

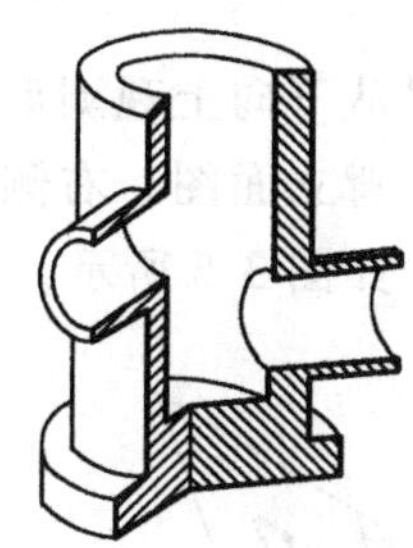

图 3-2 窨井

在工程实践中，人们习惯用观察替代投影，将正投影图称为视图（严格来讲，只有当观察者离开形体无穷远且视线为平行线时，投影图与视图才完全一致）。例如，V 面投影，反映观察者正对形体，从前向后观看形体得到的图形，习惯上将其称为正面图（或正立面图）；H 面投影，反映观察者位于形体上方，俯视形体所得到的图形，习惯上将其称为平面图；W 面投影，反映观察者位于形体的左侧面，从左向右观察形体所得到的图形，习惯上将其称为左侧面图（或左侧立面图），如图 3-3 所示。

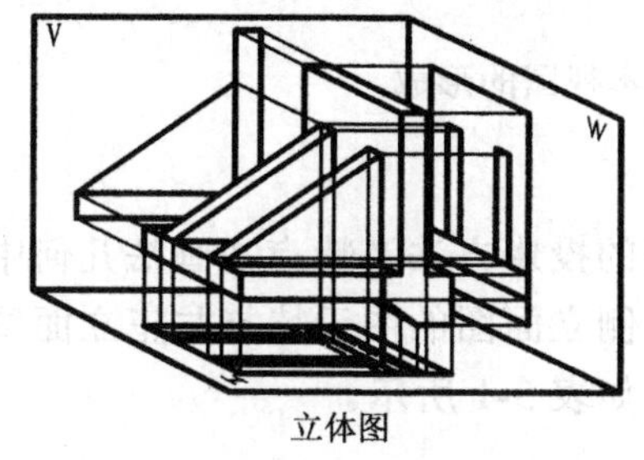

立体图

正立面图

左侧立面图

平面图

图 3-3 三面视图

3.2 基 本 视 图

观察者也可位于形体的下部，仰视形体。这与将投影面置于形体上方的投影图是一致的。从正投影的角度看，将投影面置于形体的下方与置于上方所得到的都是H面投影。然而，这两种情况的视觉效果、清晰程度是不一样的。因此，视图更适合表达工程形体某一方位的形状特征，如图3-4所示。

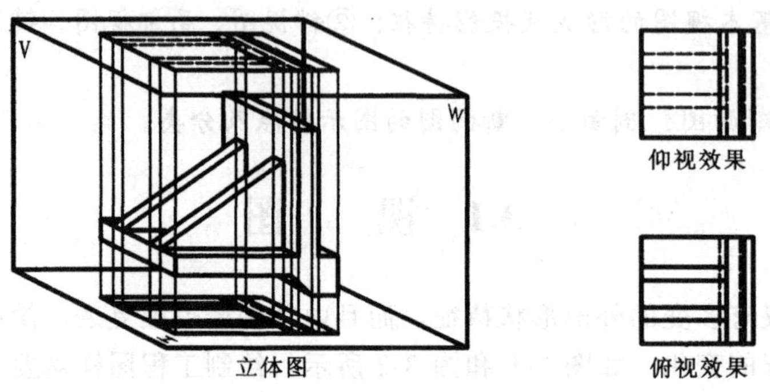

图3-4 俯视与仰视效果

观察者不仅可以从下向上观测形体，而且还可以从后向前、从右向左观测形体，从而获得形体的底面图、背立面图、右侧立面图。这三个视图与正立面图、平面图、左侧立面图统称为基本视图，如图3-5所示。

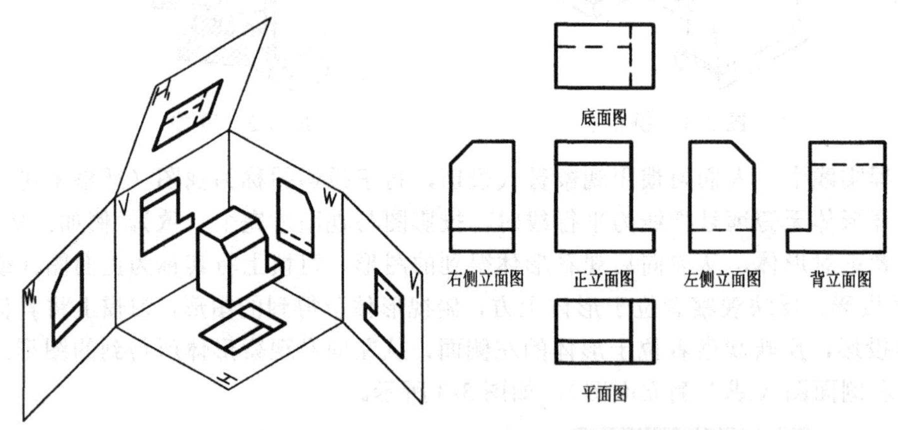

图3-5 基本视图的形成

3.2.1 基本视图的图示特点

形体的正立面图、平面图和左侧立面图的投影方法及特点在画法几何中已讲述清楚，这里仅将一般情况下背立面图、底面图和右侧立面图的图示特点与正立面图、平面图和左侧立面图之间的相互关系加以比较、说明，如表3-1所示。

表 3-1　　基本视图的图示特点

基本视图	形状特征	线形变化	图例	
正立面图与背立面图	两图形以垂线为对称轴左右对称	轮廓内的线及线框可能有虚实变化	正立面图	背立面图
平面图与底面图	两图形以水平线为对称轴上下对称	轮廓内的线及线框可能有虚实变化	平面图	底面图
左侧立面图与右侧立面图	两图形以垂线为对称轴左右对称	轮廓内的线及线框可能有虚实变化	左侧立面图	右侧立面图

3.2.2 基本视图的选择与配置

并不是每一个工程形体都需要用六个基本视图来表达的，绘图时可根据形体的形状和结构特点，在基本视图中选用其中几个必要的视图。图 3-5 所示的形体用正立面图、平面图和右侧立面图表示最佳。

注意 当所有视图绘制在同一幅图纸上并按图 3-5 的布局排列时，无需注写图名；否则，必须注写图名，并在图名下加画粗短线，如图 3-6 所示。

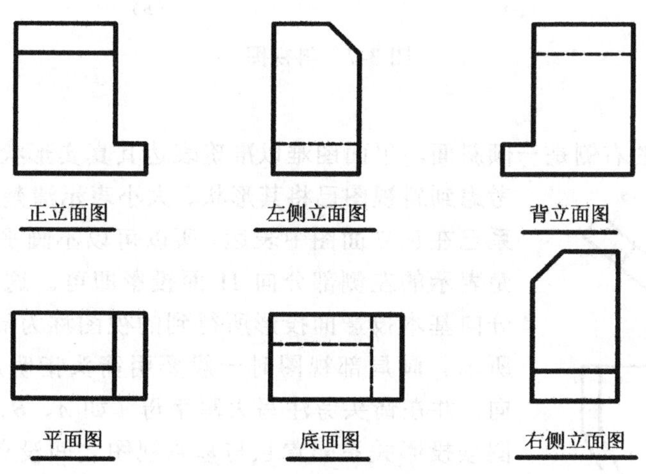

图 3-6 视图配置

3.3 辅 助 视 图

3.3.1 斜视图

当工程形体的某一个面倾斜于基本投影面时，如果要得到倾斜部分的实形，可用画法几何中的辅助投影面法，即设置一个平行于倾斜部分的辅助投影面并进行投影，得到的倾斜部分的视图就是斜视图。在表达上，斜视图比辅助投影更为简单、直观一些，如图 3-7（*a*）所示。斜视图无需画辅助投影面的位置，仅在倾斜面为积聚投影的视图中用垂直于倾斜面的箭头指明斜视图的观察方向，并在箭头旁注写大写字母（如 *A*、*B*、…）即可。斜视图最好按投影关系配置在与箭头所指方向一致的位置上，并在斜视图的下方用与箭头旁一致的大写字母注写视图名称，如图 3-7（*a*）所示。斜视图也可以配置在其他适当的位置或旋转为水平位置。如需将图形旋转为水平位置画出，应在斜视图的名称旁加注表示旋转方向的箭头"↶"或"↷"如图 3-7（*b*）所示。斜视图只需要表达倾斜部分的图形，边界用波浪线或折断线断开，其他部分则在基本视图中表示，如图 3-7 所示。

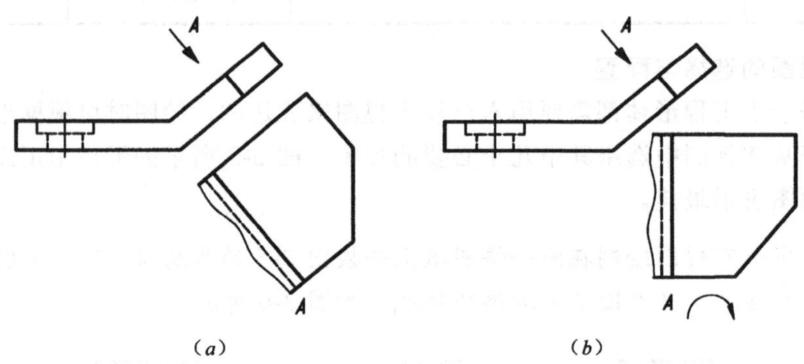

图 3-7 斜视图

3.3.2 局部视图

图 3-7 中形体的右侧是一倾斜面，平面图难以准确表达其真实形状，如图 3-8 所示。

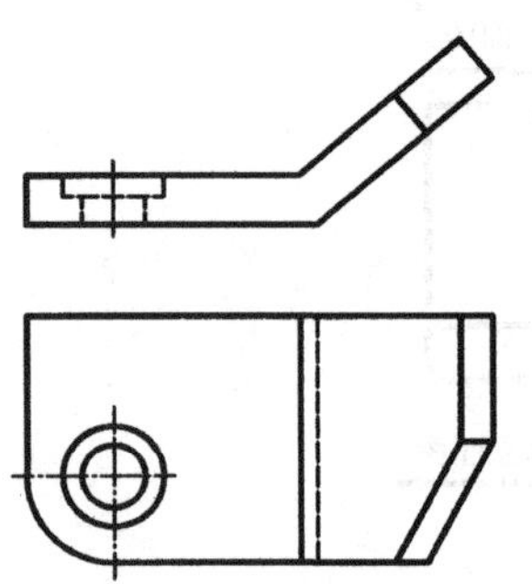
图 3-8 带倾斜面形体的平面图

考虑到斜视图已将其形状、大小表示清楚，且左右部分的联系已在正立面图中表达，所以可以不画平面图，只将没有清楚表示的左侧部分向 H 面投影即可。这种只把形体某一部分向基本投影面投影所得到的视图称为局部视图，如图 3-9 所示。画局部视图时一般要用箭头指明局部视图的观察方向，并在箭头旁注写大写字母（如 *A*、*B*、…）。如果局部视图按投影关系配置且与基本视图之间没有其他视图隔开，则无需注写图名；否则，应在局部视图的下方用与箭头旁一致的大写字母注写视图名称。局部视图的边界用波浪线或折断线表示。当局部视图所示的局部结构形状完整且轮廓线又封闭时，则无需画波浪线或折断线，如图 3-10 所示。

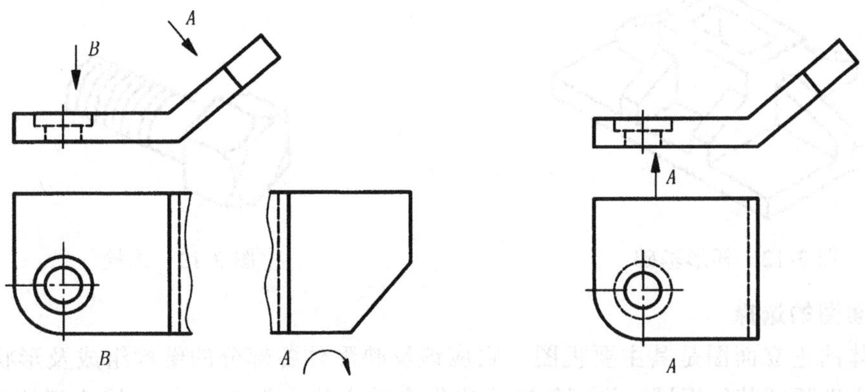

图 3-9 局部视图　　图 3-10 局部轮廓线封闭的局部视图

3.3.3 镜像视图

把平面镜放在形体的下面替代水平投影面，从镜中反射得到图像称为镜像视图。某些工程形体用平面图表达不清晰时，就可以用镜像视图表示。镜像视图需在图名后注写“(镜像)”。与平面图相比，它们的视图形状是完全相同的，所不同的是轮廓内的线出现了虚实变化（见图 3-11)，平面图轮廓线内的虚线到平面图（镜像）中就变成了实线。

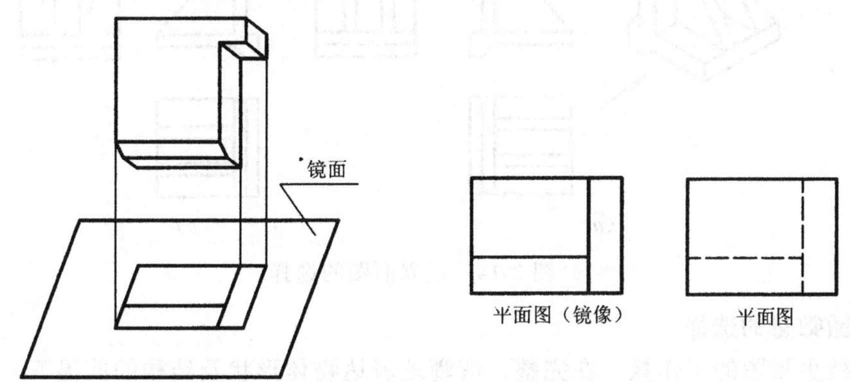

图 3-11 镜像成图原理及镜像视图与平面图的区别

3.4 视 图 选 择

如前所述，对工程形体的观察方向不同，视图的表达效果及所需视图的数量是不一样的。视图选择的目的就是要用较少的视图把工程形体的形状、结构组成特点准确、清晰地表达出来。视图选择包括工程形体的安放位置、正立面图的选择及视图数量的选择三个问题。

3.4.1 工程形体的安放位置

工程形体通常按其正常状态及工作位置放置，一般保持基面在下并处于水平位置，如图 3-12 所示。此外，还有一些工程形体习惯按其加工位置放置，如图 3-13 所示。

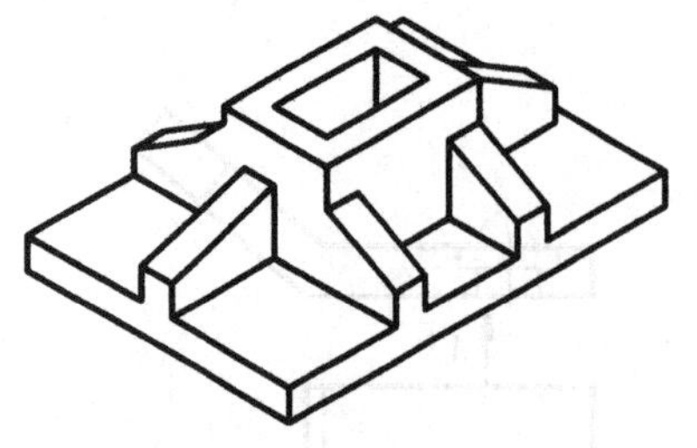

图 3-12 杯形基础

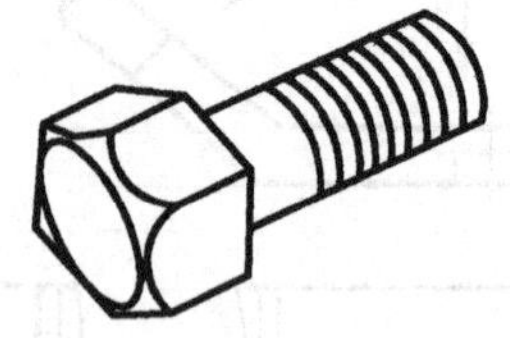

图 3-13 螺栓

3.4.2 正立面图的选择

工程形体的正立面图是其主要视图，它应该反映形体各部分的结构组成及形状特征；此外，还应适当照顾其他视图，尽可能减少它们中的虚线。图 3-14 是比较典型的例子，选择 1 或 2 方向作为正立面图的观察方向，所得正立面图的效果是一样的，但比较其他视图就会发现，选择 1 方向比较合适［见图 3-14（*a*）］，而选择 2 方向会造成侧面图虚线较多［见图 3-14（*b*）］。

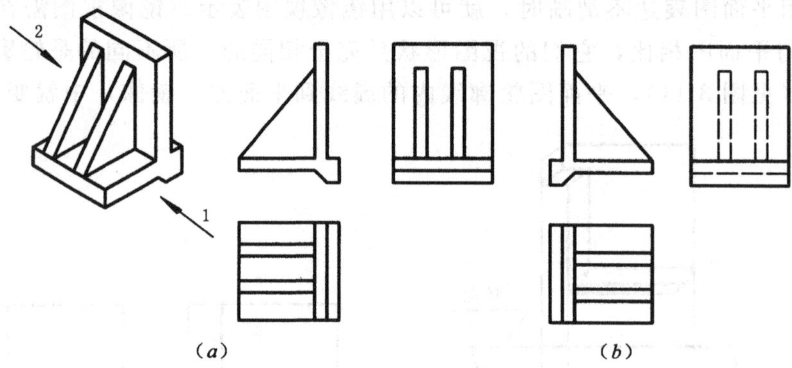

图 3-14 正立面图的选择

3.4.3 视图数量的选择

为了减少画图的工作量，在完整、清晰地表达物体形状及结构的前提下，应尽量减少视图的数量。图 3-15（*a*）为杯形基础视图，图 3-15（*b*）为省去左侧立面图的杯形基础视图。显然，省去左侧立面图既不影响视图的清晰、完整，又节省了绘图时间和图纸空间。

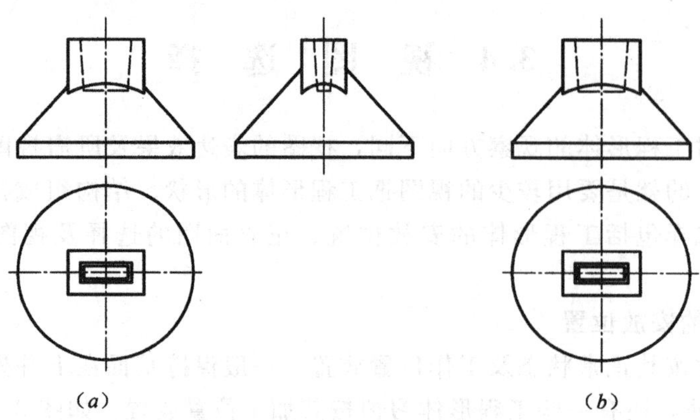

图 3-15 杯形基础的视图

3.5　剖面图与断面图

3.5.1　剖面图与断面图的形成及有关概念

视图是用虚线来表达形体不可见部分的形状及大小的，例如被遮挡部分、内部构造等。当形体的内部构造复杂时，视图上的虚线就比较多，往往虚线与实线交叉重叠。这样不仅影响画图、尺寸标注，而且还给读图带来很大的不便。工程上专门用一种表达内部构造的投影图——剖面图、断面图——来解决这一问题。其中涉及的有关概念如下：

（1）剖面图、断面图：假想用一平面将形体切开，把遮挡视线的这一部分移去，剩下的部分，如果仅画截口部分的称为断面图，如果不仅画截口也全部画出其他可见部分的称为剖面图，如图 3-16 所示。

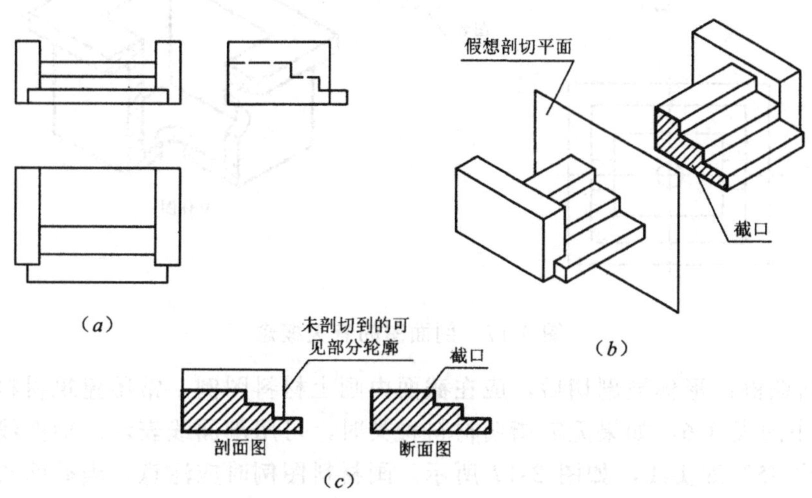

图 3-16　剖面图与断面图的形成

（a）三视图；（b）假想剖切情况；（c）剖面图与断面图比较

（2）剖切面：假想平面，一般与基本投影面平行或垂直。剖切面只在所垂直的某一投影面的视图上有所表示，而在其他视图上则不作任何表示。剖切面在所垂直的投影面的视图上积聚成一条直线，简称为剖切线。为了清晰并避免误解，剖切线用长度为 6～10mm 的粗短线画在形体轮廓线的外侧且不与轮廓线相交。剖切线位于形体内部构造有变化的地方，如果内部构造为旋转体，剖切面则应经过旋转体的轴线位置，如图 3-17 所示。

（3）剖视方向：剖面图与断面图的表示不同，剖面图在剖切线两端的同一侧画与之相垂直的长度为 4～6mm 的粗短线以表示剖切后的投影方向（见图 3-17）。断面图的剖视方向不画粗短线，以编号注写在剖切线的一侧表示剖切后的投影方向，如图 3-17 所示。

（4）编号：通常用阿拉伯数字注写在剖视方向线端部，与投影方向一致。如果没有剖视方向线则注写在剖切线的两端与投影方向一致的一侧。编号应水平注写，如图 3-17

所示。

（5）图名：剖面图或断面图应注写图名，图名注写在图的下方，名称与编号对应并采用相同的两个数字，中间加一短划线表示，在图名下还需加画一粗实线，如图 3-17 所示。

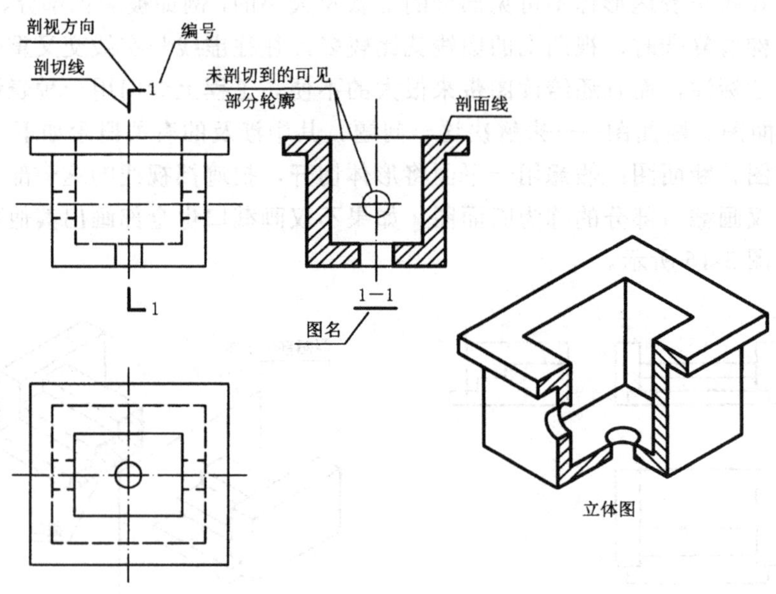

图 3-17 剖面图的有关概念

（6）材料图例：形体被剖切后，应在截面内画上材料图例，常用建筑材料图例可参见本书第 1 章中的表 1-6。如果无需指明材料种类时，可用剖面线表示。剖面线是一种等间距、同方向的 45° 细实线，如图 3-17 所示。画材料图例时应注意，当截面狭小无法表示时，可在截面上涂黑处理。相邻形体被剖切后，如果材料图例相同则图例线宜错开或倾斜方向相反表示，如图 3-18 所示。

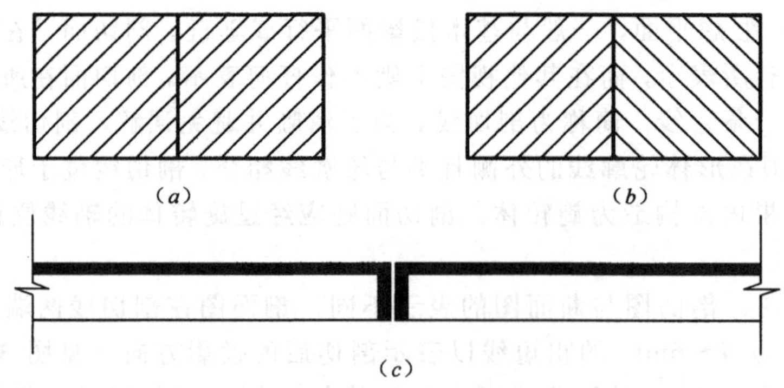

图 3-18 特殊情况下图例及剖面线的表示

(a) 不同形体的相邻面剖面线错开；(b) 不同形体的相邻面剖面线倾斜方向相反；
(c) 窄小截面涂黑，相邻窄小截面涂黑时其间应留有间隙

（7）有关图线规定：根据国家制图标准的有关规定，截口（即剖切面切到的轮廓线）画粗实线，材料图例线、剖面线画细实线。在剖面图中，除截口外还有一些未剖切到的而沿观察方向可以看到的轮廓线，这些线用中实线表示，如图 3-17 所示。

3.5.2　剖面图分类

按剖面表达范围，剖面图可分为全剖面图、半剖面图和局部剖面图等。

1. 全剖面图

沿剖切面把形体全部切开，移去遮挡视线的部分后，将剩余部分全部画出的剖面图称为全剖面图。全剖面图无法表达形体的外部形状特征，一般适合表达外形简单或外形已知而内部构造复杂的形体。根据剖切面的数量和剖切面的位置情况，全剖面图可分为用一个剖切面剖切、用一组平行的剖切面剖切及用两个相交剖切面剖切等多种类型。

（1）用一个剖切面剖切：用一个剖切面把形体完全切开后所画出的剖面图，如图 3-19（*a*）、（*b*）的 1—1 剖面所示。

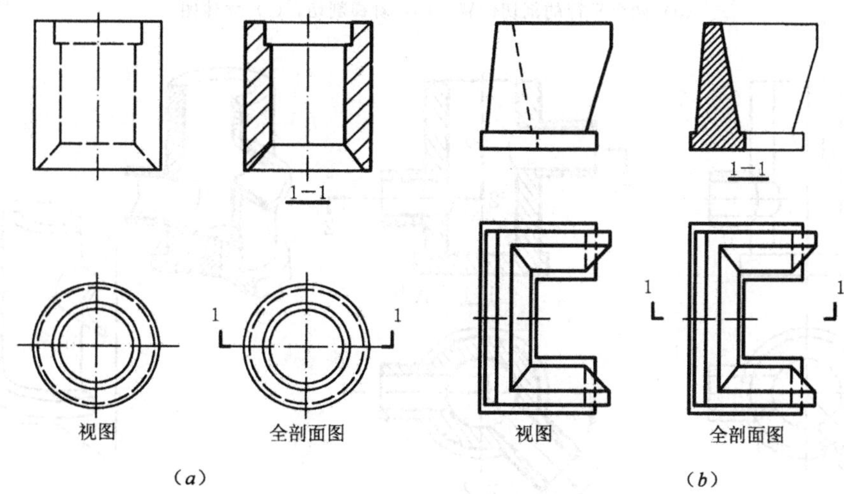

图 3-19　全剖面图

（2）两个及两个以上平行剖切面的剖切情况：当几个剖切面相互平行时，为了减少剖切次数和画图的工作量，可以将剖切面垂直转折构成一组，即用一组带转折的平行剖切面将形体全部切开，就像用一个剖切面剖切的情况一样画出全剖面图。

注意　转折是一种假想，并不存在，画剖面图时不能画出来，以免误解。工程实践上转折为一次即两个平行剖面为一组的情况最为普遍，一般转折不超过两次。一组这样的剖切面很像土木工程中的楼梯、踏步，所以常将其称为阶梯剖面。图 3-20 所示形体，只有分别用经过正面圆孔的圆心和底面圆孔的圆心且平行于 W 面的两个剖切面将其切开才能得到所需表达的内部结构，如图 3-20（*b*）所示。

（3）两个剖切面相交的剖切情况：对于图 3-21（*a*）所示形体，如果需要完整表达其内部结构，需用两个相交剖切面剖切。两剖切面中一个与基本投影面平行，另一个位于倾斜的位置，两剖切面交线与基本投影面垂直。遮挡视线部分移开后［见图 3-21（*c*）］，将倾斜位置剖切面产生的剖面绕交线旋转到与平行剖切面重合的位置［见图 3-21（*b*）］，形成一个完整的剖面再投影绘制剖面图。这种剖面图称为旋转剖面图。

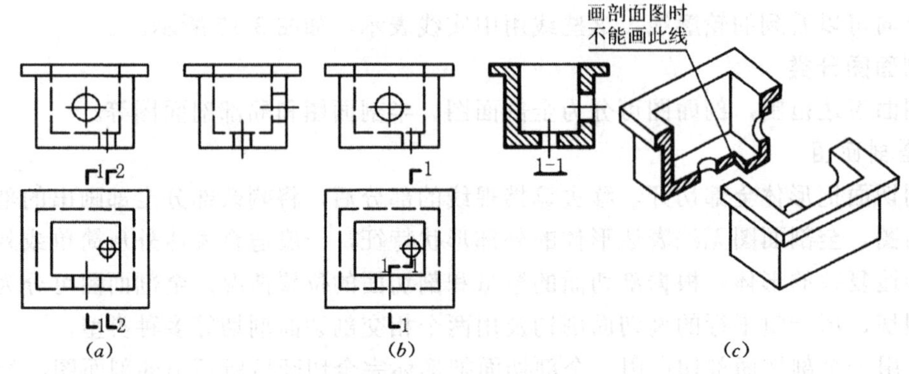

图 3-20 阶梯剖面图

(*a*) 两个平行的剖切位置；(*b*) 阶梯剖切；(*c*) 立体图

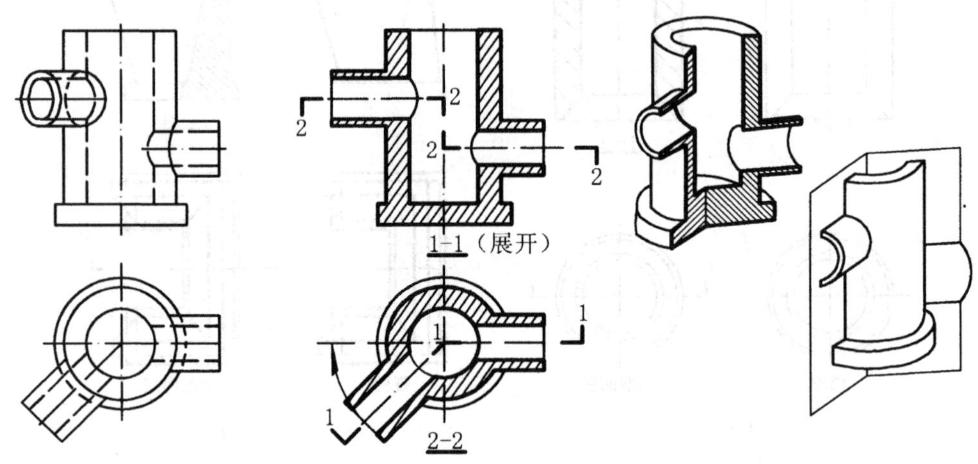

图 3-21 旋转剖面图

(*a*) 视图情况；(*b*) 旋转剖切情况；(*c*) 立体图

2. 半剖面图

如果形体的外部形状和内部结构都很复杂，既要表达外部形状特征又要表达内部构造变化，全剖面图就不合适了。当形体具有对称面时，可考虑采用一种特殊方法来满足这种要求，即在垂直于对称面的视图上，以对称轴为界，一半画剖面图（内部构造），另一半画视图（外形），这种由半个剖面图和半个视图拼合而成的图称为半剖面图，如图 3-22（*b*）所示。

图中因为形体有两个对称面且垂直于 V、W 面，所以正立面图、左侧立面图都画成半剖面图。画半剖面图时需注意以下几点：

（1）在半剖面图中，剖面图部分和视图部分以对称轴（单点长划线）分界，无论因何种原因（如轮廓线与对称轴重叠等），半剖面图的对称轴的位置都不能为其他非单点长划线所替代，如图 3-22（*b*）所示。

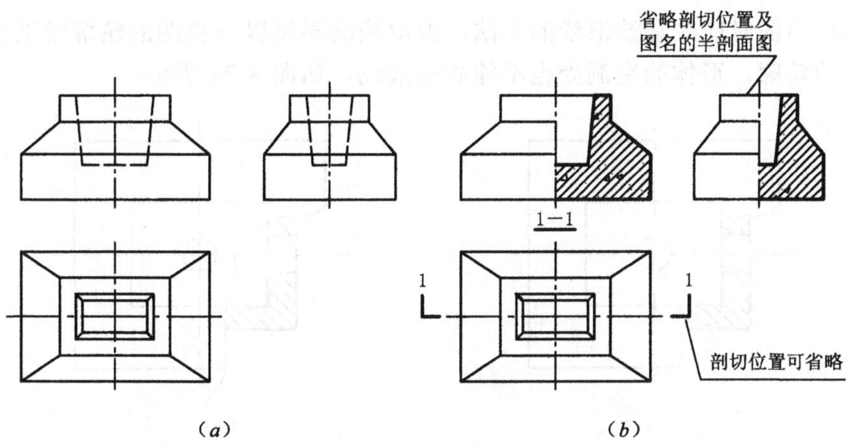

图 3-22 半剖面图

(a) 视图；(b) 半剖面图

(2) 在半剖面图中，为了清晰地表达形体的外部形状特征且方便读图，除在剖面图部分上也未能清楚表达而必须画出的虚线外，视图部分一般是不画虚线的，见图 3-22 (b) 中 1—1 剖面。

(3) 为了避免造成剖切位置、观看方向等标注上的困惑，我们强调半剖面图只是一种表达方法，而并非是将形体剖开一半的特殊手段。半剖面图的标注方法与全剖面图完全相同。

(4) 当剖切位置经过对称面，剖面图按投影关系配置且中间没有其他图形隔开时，可不标注剖切位置和图名，所以图 3-22 (b) 中 1—1 剖面的剖切位置及图名可以省略。左侧面图就是按照这项约定画的半剖面图。

3. 局部剖面图

如果只需表达物体某一局部内部构造，可用局部剖面图表达。局部剖面图图示比较简单：因为剖切位置明确，一般无需画出剖切符号；表达范围也很随意，在视图上用波浪线将所需表达部分隔出来并将其画成剖面图即可，如图 3-23 所示。

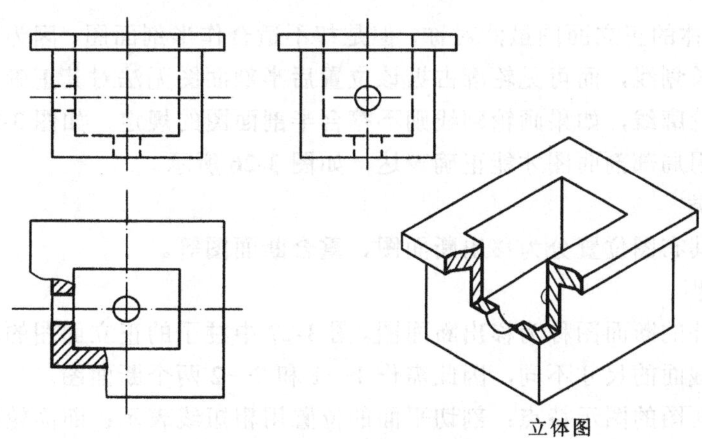

图 3-23 局部剖面图

画局部剖面图时应注意波浪线的画法，波浪线既不可以与视图的轮廓线重合，也不可以超出视图的轮廓。形体的空洞处也不能画波浪线，如图 3-24 所示。

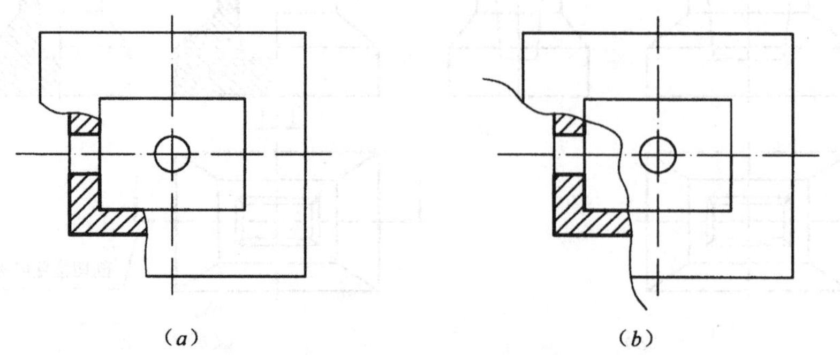

图 3-24 局部剖面图波浪线的画法

(*a*) 局部剖面图波浪线的正确画法；(*b*) 局部剖面图波浪线的错误画法

局部剖面图多用于形体外形及内部构造复杂而不对称的情况，或有对称面但对称轴位置有轮廓及构造线的全剖面图、半剖面图都不适合表达的情况。现举例说明，如图 3-25 所示。

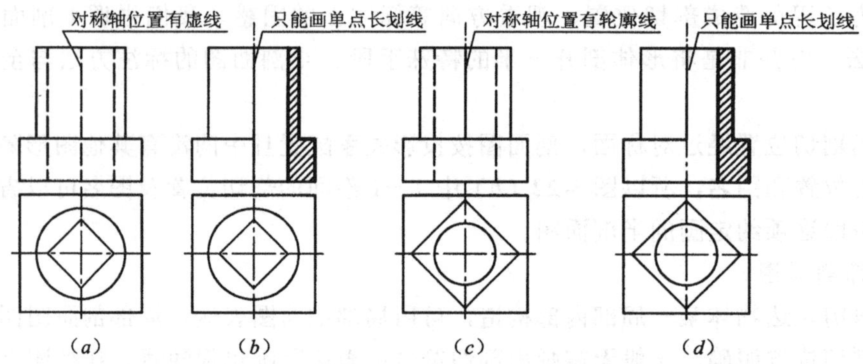

图 3-25 对称轴位置有轮廓或构造线而不适合画半剖面图的情况

图 3-25 中形体的正立面图虽然对称，但是却不适合作半剖面图，因为半剖面图的对称位置必须是单点长划线，而可见轮廓占据该位置后半剖面图无法对其正确表示，如果画单点长划线则遗漏轮廓线，如果画轮廓线则不符合半剖面图的规定，如图 3-25 (*b*)、(*d*) 所示。因此，只有用局部剖面图才能正确表达，如图 3-26 所示。

3.5.3 断面图分类

断面图可按其布图位置分为移出断面图、重合断面图等。

1. 移出断面图

位于视图以外的断面图称为移出断面图。图 3-27 中柱子的正立面图的右侧是移出断面图，柱子的上下截面的尺寸不同，因此需作 1—1 和 2—2 两个断面图。

(1) 移出断面图的图示特点：剖切平面的位置用粗短线表示；断面轮廓画粗实线；不画投影方向而用编号在剖切面位置的一侧来表达，例如图 3-27 中编号 1—1 在剖切位置线的下方则表示投影方向由上至下。一般情况下，移出断面图应标注剖切平面位置、断面编号及断面图名称，如图 3-27 所示。

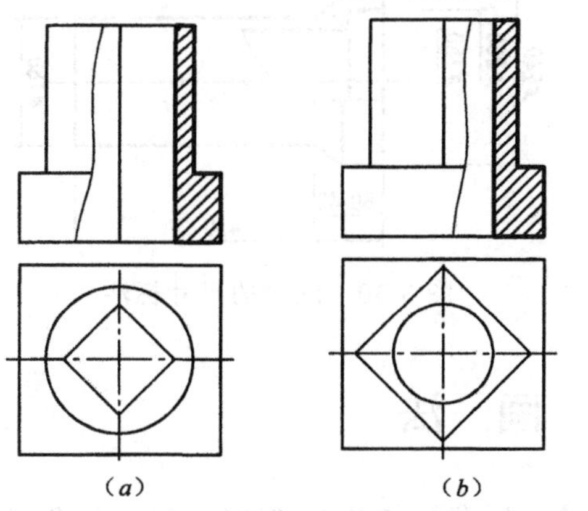

图 3-26 局部剖面图的正确画法图

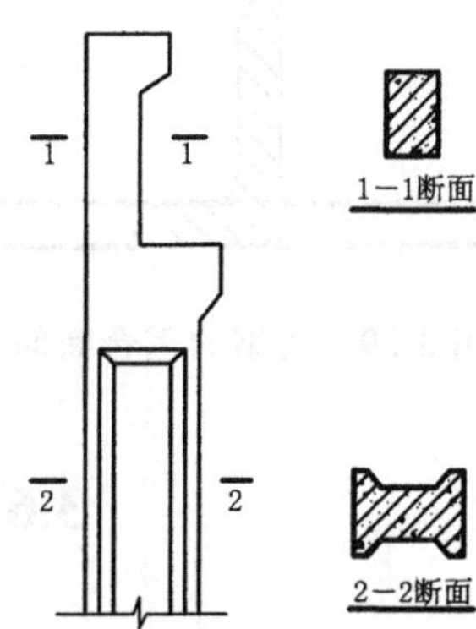

图 3-27 钢筋混凝土柱的移出断面图

(2) 移出断面图的布图位置：移出断面图一般画在视图外侧靠近剖切面位置的适当地方（见图 3-27），也可以画在剖切平面位置的延长线上或视图轮廓的中断处。但当移出断面图位于剖切平面位置的延长线上时，可不标注断面编号及断面图名称，如图 3-28（*a*）所示。当移出断面图位于剖切平面位置的延长线上且对称时，剖切平面位置可用细单点长划线表示，无需标注断面编号及断面名称，如图 3-28（*b*）所示。当移出断面图位于视图轮廓的中断处时，不加任何标注，如图 3-28（*c*）所示。

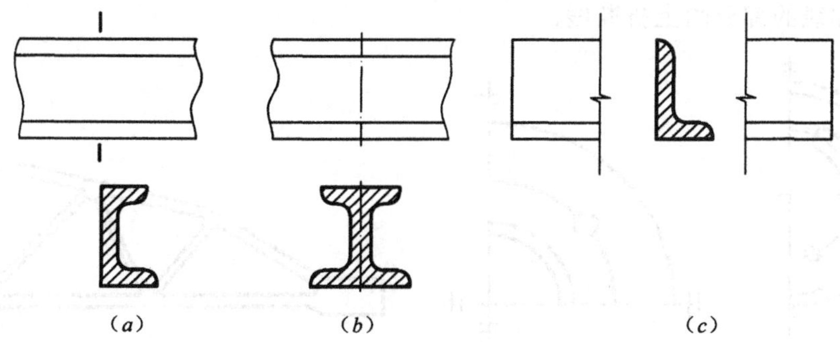

图 3-28 槽钢、工字钢和角钢的移出断面画法

2. 重合断面图

位于视图轮廓线内的断面图称为重合断面图。图 3-29 是在角钢的正立面图上用同一比例画的重合断面图。这种重合断面图是用一个剖切平面垂直于角钢轮廓将其剖开，然后将断面向右旋转与正立面图重合后画出来的。为了避免与视图的轮廓线混淆，视图轮廓线应画粗实线，断面图的轮廓线应画细实线。重合处视图的轮廓不受断面图的影响应完整画出。

3.5.4 剖面图和断面图的尺寸标注

剖面图的尺寸标注与组合体的尺寸标注相同，但为了尺寸标注清晰，习惯上把结构与外形尺寸分开标注，如图 3-30 所示。应特别注意半剖面图和局部剖面图的某些尺寸的标注，因为在半剖面图和局部剖面图上对称部分的虚线是省略不画的，其构造尺寸只能画出一边的尺寸界线和尺寸起止符号，见图 3-30 中孔尺寸ϕ200 和ϕ150。

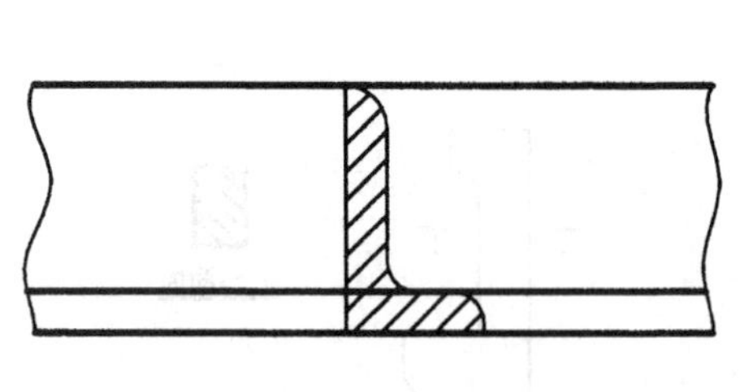

图 3-29 角钢的重合断面

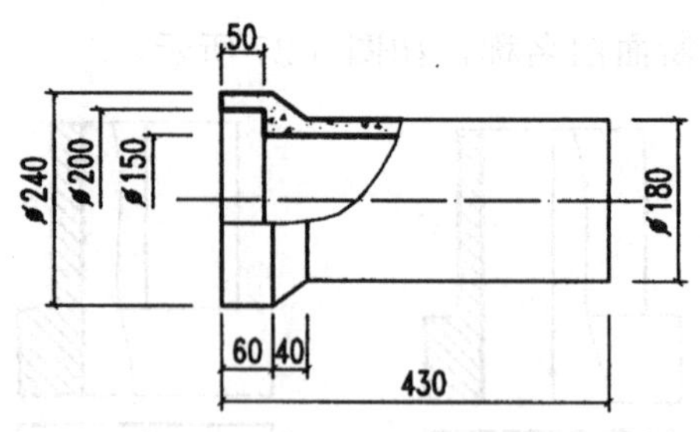

图 3-30 涵管的尺寸标注

3.6 简化画法

为了节省时间，精简画图，《房屋建筑制图统一标准》（GB/T 50001—2001）允许作如下简化画法。

3.6.1 对称省略画法

当图形对称时，可以只画图形的一半，并加画对称线和对称符号。

对称符号用一对平行的短细实线表示，其长度为 6～10mm，间距为 2～3mm。对称符号位于对称线的两端，到图形的距离应相等，如图 3-31（*a*）所示。当图形既左右对称又上下对称时，可进一步简化，只画出其 1/4，但同时要增加一条水平的对称线和对称符号，如图 3-31（*b*）所示。图形也可以画出一半多，如图 3-31（*c*）所示。此时不宜画对称符号，应在超出对称线的部分画上折断线。

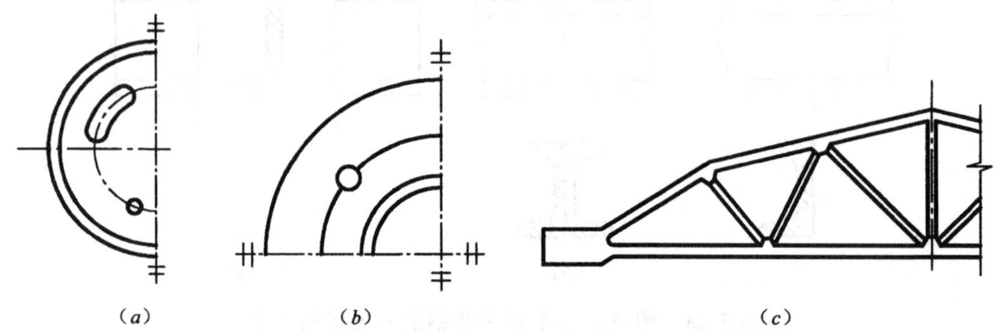

图 3-31 对称省略画法

3.6.2 相同构造要素省略画法

如果图上有多个完全相同的构造要素且按一定规律排列时，可以仅在两端或适当位置画出其完整的结构，其余部分以中心线或中心线交点表示，如图 3-32 所示。

3.6.3 折断省略画法

当形体很长、断面形状相同或按一定规律变化时，可以假想将该形体折断，省略其中间部分，而将两端靠拢画出，然后在断开处画上折断线，如图 3-33 所示。但要注意，标注尺寸时应注全长尺寸。

3.6.4 局部不同的省略画法

一个构件如果与另一个构件仅部分不相同，该构件可只画不同部分，但应在两个构件的相同部分与不同部分的分界线处，分别画上连接符号，两个连接符号应对准在同一位置上，如图 3-34 所示。连接符号用折断线表示，并标注出相同的大写字母。

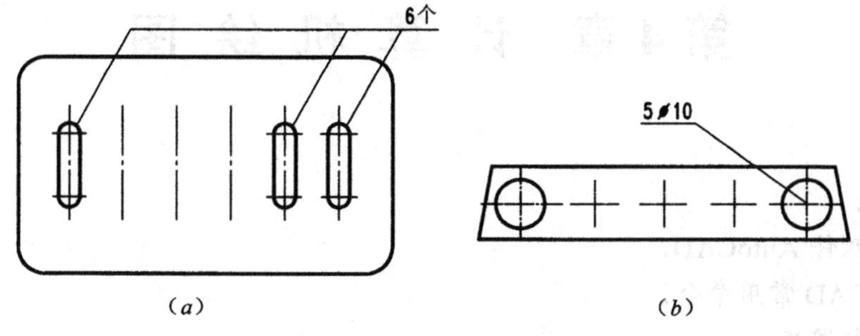

图 3-32　相同构造要素省略画法

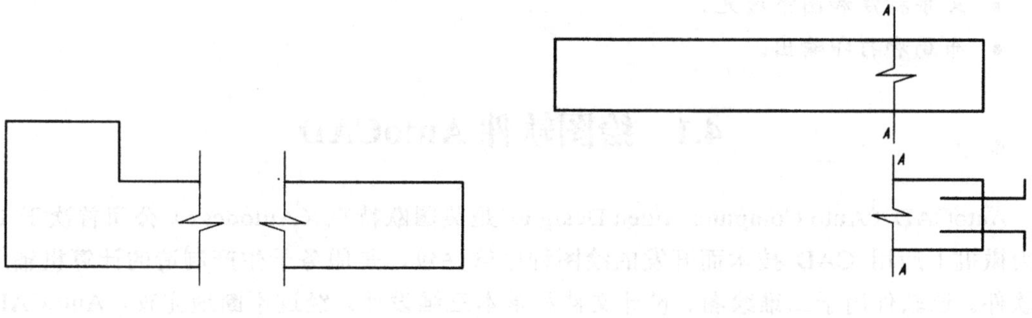

图 3-33　折断省略画法　　图 3-34　局部不同的省略画法

第4章 计算机绘图

本章要点

- 绘图软件 AutoCAD。
- AutoCAD 常用命令。
- 图块与图库。
- 图层与线型。
- 文字标注和图案填充。
- 布局和打印输出。

4.1 绘图软件 AutoCAD

AutoCAD（Auto Computer Aided Design）是美国欧特克（Autodesk）公司首次于 1982 年为微机上应用 CAD 技术而开发的绘图程序软件包，是服务于生产制造的计算机辅助设计软件。该软件用于二维绘图、设计文档和基本三维设计。经过不断地完善，AutoCAD 现已成为国际上广为流行的绘图工具，“.dwg”文件格式成为二维绘图的事实标准格式。

AutoCAD 具有良好的用户界面，通过交互菜单或命令行方式便可以进行各种操作。它的多文档设计环境，使非计算机专业人员也能很快地学会使用，并在不断实践的过程中更好地掌握它的各种应用和开发技巧，从而不断提高工作效率。

4.1.1 AutoCAD 的安装与启动

AutoCAD 的安装方法如下：

（1）将 AutoCAD 光盘插入计算机的 CD-ROM 驱动器中，在打开的资源管理器中，双击安装程序文件 setup.exe。选择“安装产品”，即开始安装。

（2）如图 4-1 所示，在安装 AutoCAD 之前，向导提示需安装几个支持部件。其中包括“.NET Framework Runtime”、“VBA”、“DirectX”、“MSXML”四种部件的支持。只有在安装完这些必需的部件后才能正式安装 AutoCAD 2009 的主程序。

（3）在安装向导的依次提示下完成安装工作。安装完成后需要重新启动计算机，使软件安装生效。

（4）重新启动计算机后，在程序组和桌面上都有启动图标。启动程序时选择启动图标即可启动 AutoCAD。

（5）第一次启动 AutoCAD 后，用软件提供的激活方式激活软件（电话、E-mail 或网络在线激活），如图 4-2 所示。如果不激活软件，可以试用 30 天。

4.1.2 用户主界面

AutoCAD2009 采用工作空间概念，不同的工作空间可以有不同的界面。

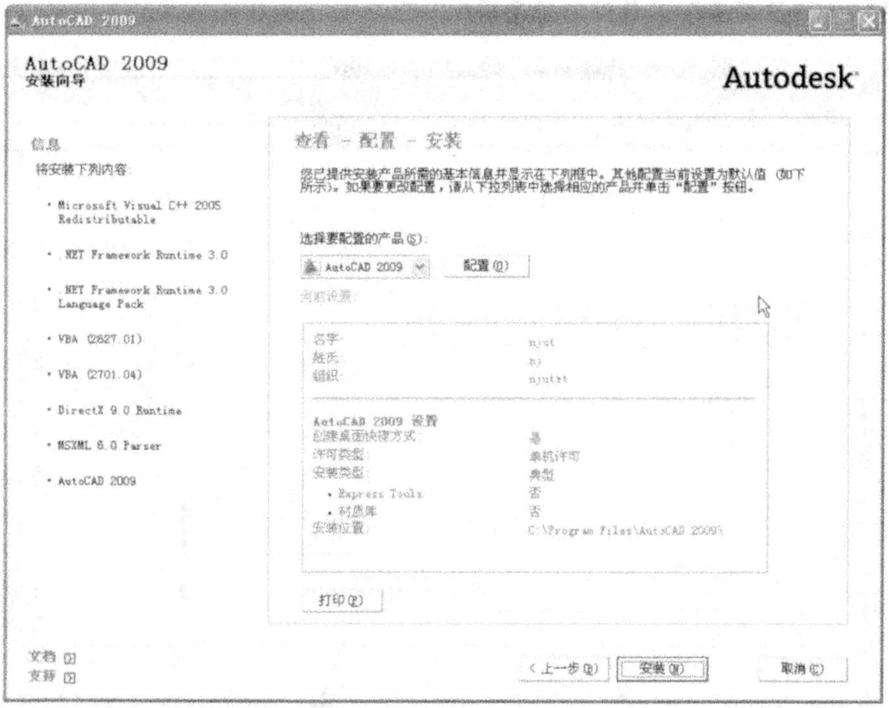

图 4-1　安装向导界面

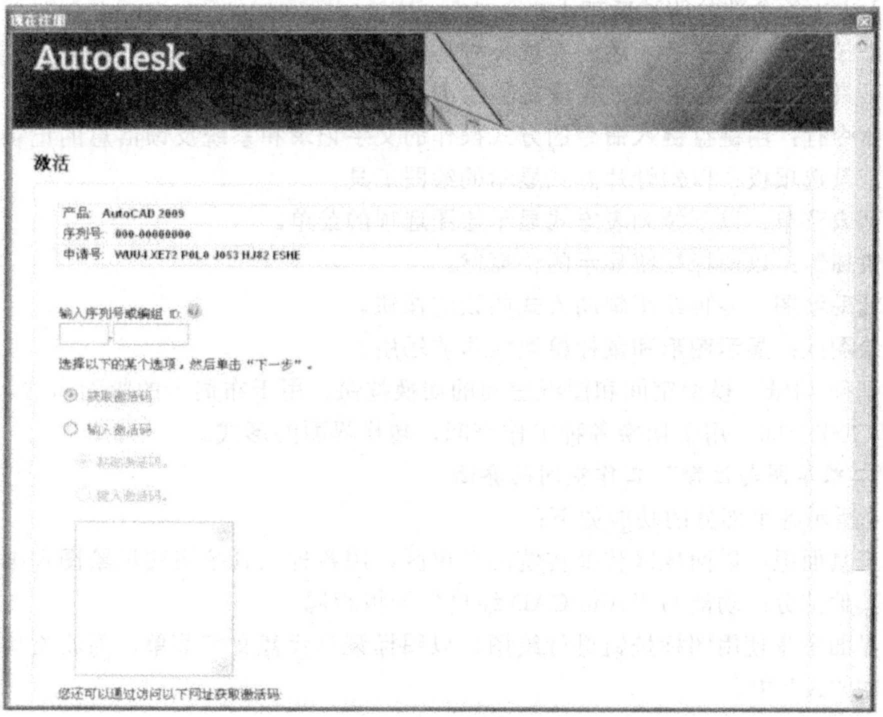

图 4-2　激活软件

4.1.2.1 “AutoCAD 经典”工作空间的界面

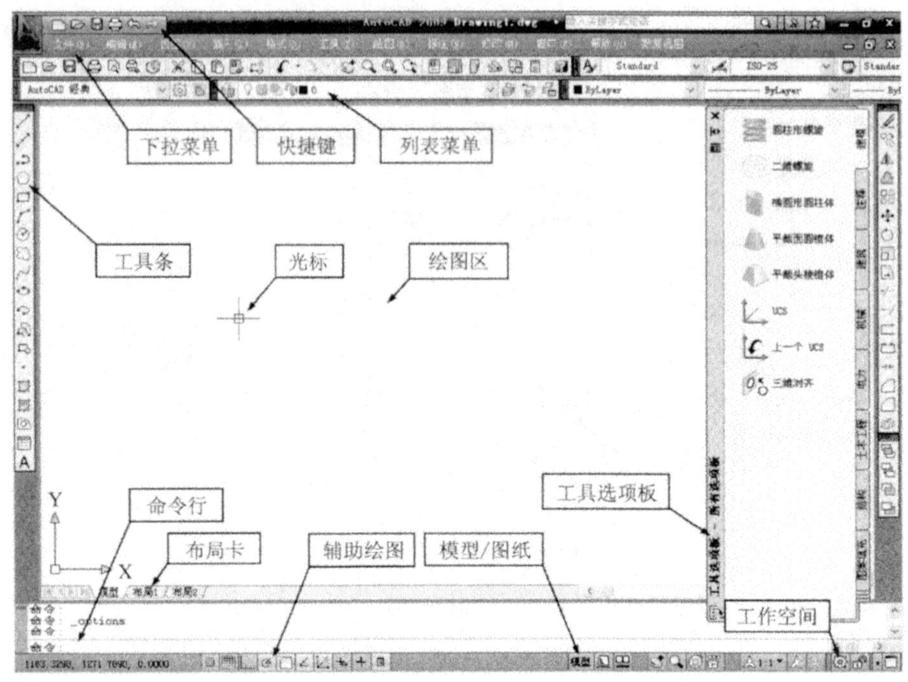

图 4-3 “AutoCAD 经典”工作空间界面

图 4-3 所示各个部分的功能如下：

（1）下拉菜单：用文字表述的实现各种功能的菜单。

（2）工具条：用图标表述的实现各种绘图和编辑功能的菜单。

（3）命令行：用键盘键入命令的方式操作的文字记录和系统反馈信息的记录窗口。

（4）工具选项板：以幻灯片方式显示的绘图工具。

（5）列表菜单：以下拉列表方式显示绘图选项的菜单。

（6）快捷键：以图标按钮显示的快捷键。

（7）辅助绘图：各种绘图辅助方式的设定按钮。

（8）绘图区：显示图形和鼠标拾取操作的场所。

（9）模型/图纸：模型空间和图纸空间的切换按钮，用于布局卡的版面布置。

（10）工作空间：用于切换各种工作空间，转换界面的形式。

4.1.2.2 “二维草图与注释”工作空间的界面

图 4-4 所示各个部分的功能如下：

（1）工具面板：以面板区代替传统的菜单区，用各种工具按钮实现绘图和编辑功能。

（2）其他部分：功能与“AutoCAD 经典”面板相同。

新的界面主张使用图标按钮进行绘图，以图标菜单代替文字菜单，而将文字菜单隐藏在左上角的“A”中。

4.1.3 系统设置界面

如图 4-5 所示，“选项”栏目用于修改系统的各种绘图参数。例如，系统文件的路径、支持文件的路径、开始菜单的设置、打印设备的设置、鼠标按键的设置等。

该选项的启动菜单在“工具”菜单中。或者将光标移至命令行窗口，单击鼠标右键，在弹出的光标菜单中选择该选项。

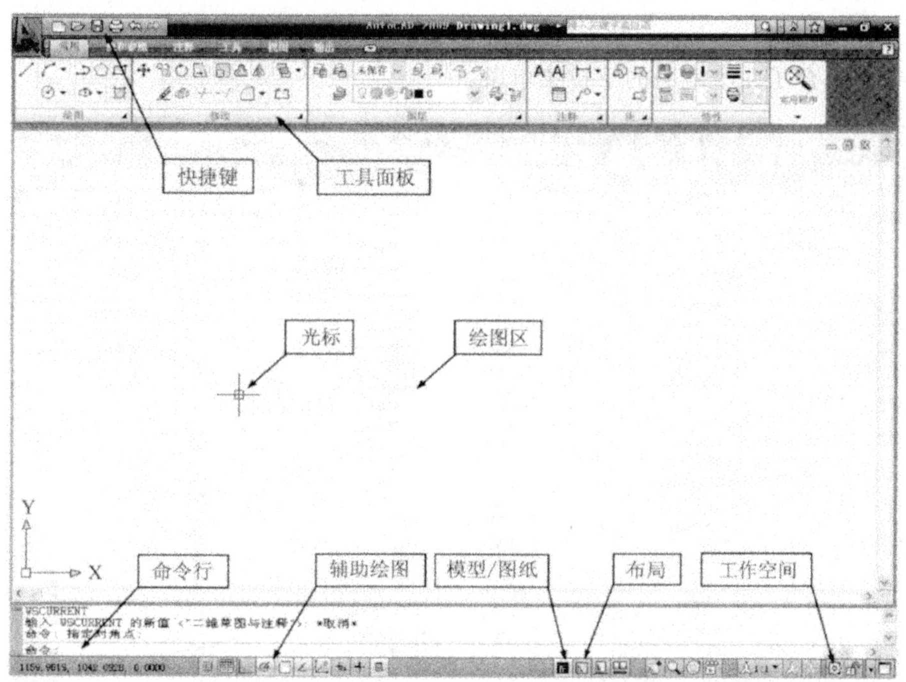

图 4-4 “二维草图与注释”工作空间界面

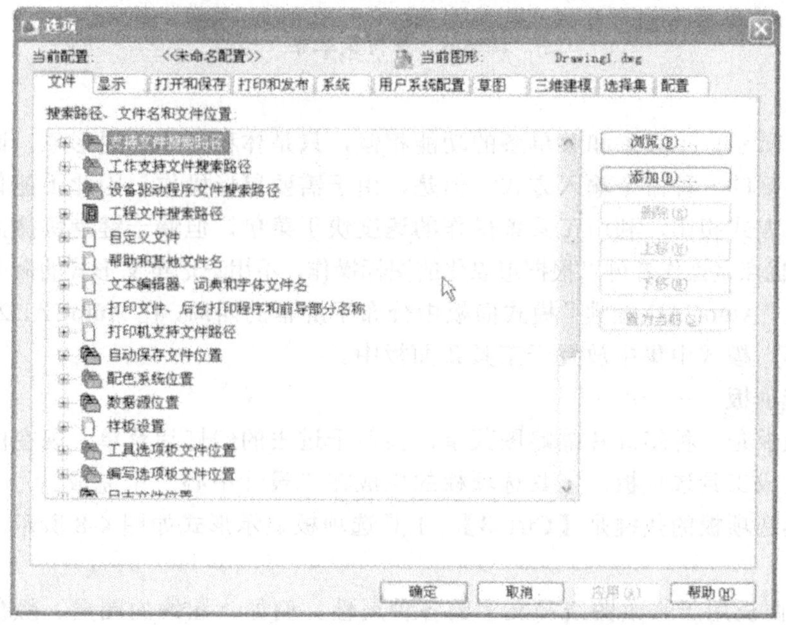

图 4-5 系统设置选项

4.1.4 菜单条

如图 4-6 所示，菜单条包括了 AutoCAD 所提供的最常用的命令。

注意 菜单中的各项并不全是 AutoCAD 的原始命令，有一部分是 AutoLISP 程序编制的命令。

图 4-6 中叠合了几个常用的下拉菜单条。

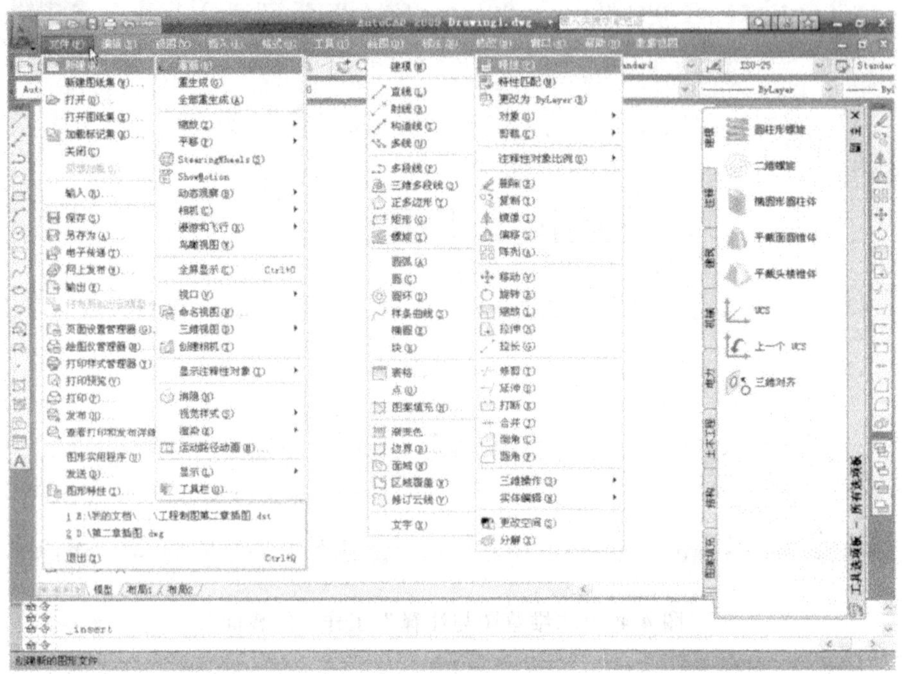

图 4-6 下拉菜单条

4.1.5 工具条

如图 4-7 所示，工具条和菜单条的功能相似，只是体积更小、更形象。通过工具条操作是初学者喜欢的一种命令输入方式。但是，由于需要鼠标操作，因此不能盲打操作。与其他几种输入方式相比，利用工具条操作的速度快于菜单，但慢于键盘快捷键。

工具条的优点是操作者可以根据形象化的图标操作，不用记忆英文形式的命令，易于掌握。

工具条在“AutoCAD 经典”模式面板中分布于屏幕的四周，在 AutoCAD2009 版的“二维草图与注释”模式中集中放置于工具条面板中。

4.1.6 工具选项板

工具选项板是一种幻灯片缩略图菜单，类似于过去的幻灯片菜单。现在的系统支持利用图块自动生成工具选项板。工具选项板的生成在“设计中心”中完成。

开关工具选项板的热键是【Ctrl+3】。工具选项板显示形式如图 4-8 所示。

4.1.7 特性

“特性”面板用于修改图线和文字的各种属性。例如，图线的图层、颜色、线宽、线型等属性，文字的字型、大小、宽窄等属性，以及尺寸的类型和相关的各种属性。不同的实体有不同的“特性”面板。

开关“特性”面板的热键是【Ctrl+1】。特性面板显示形式如图4-8所示。

(*a*)

(*b*)

图4-7 工具条

(*a*)“AutoCAD经典”格式；(*b*)“二维草图与注释”格式

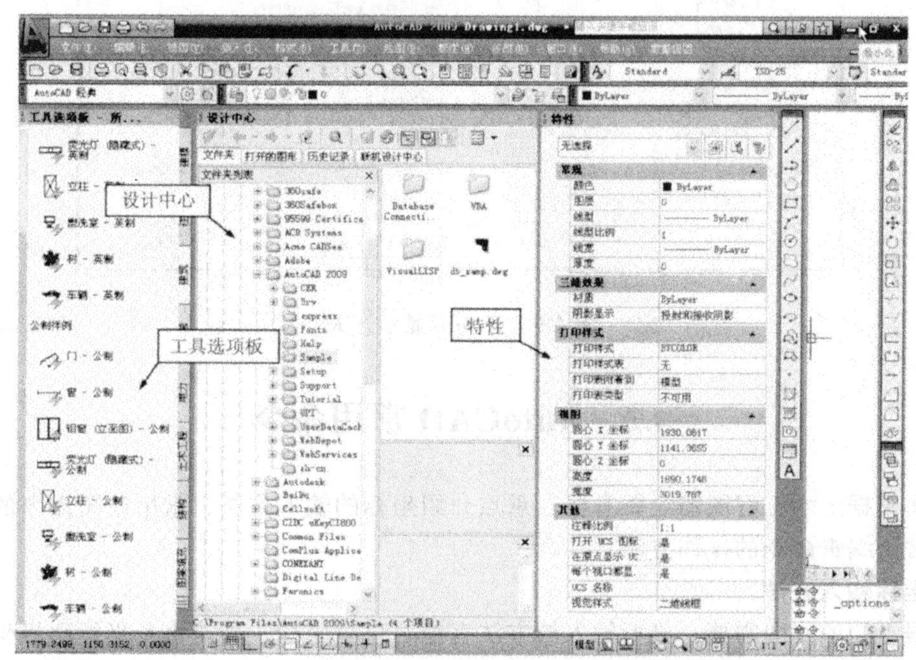

图4-8 工具选项板、特性和设计中心

4.1.8 设计中心

“设计中心”用于进行文件管理、资料查找、图库引用、字型引用、图案填充和建立工具选项板等。

开关“设计中心”的热键是【Ctrl+2】。设计中心面板的显示形式如图4-8所示。

4.1.9　布局卡

布局卡用于发布工程设计图。发布的方式由用户选择的打印程序类型决定。

用于桌面印刷目的，选择位图输出，例如“.JPG”格式的图片等。用于直接打印目的，选择系统打印机输出。

在布局卡中主要设定最终完成图形的布局、图纸尺寸的选用、打印比例的设定和笔形等。

布局卡显示位置如图 4-3 所示。

“布局卡”的开关设定在“工具”菜单的“选项”面板中，如图 4-9 所示。

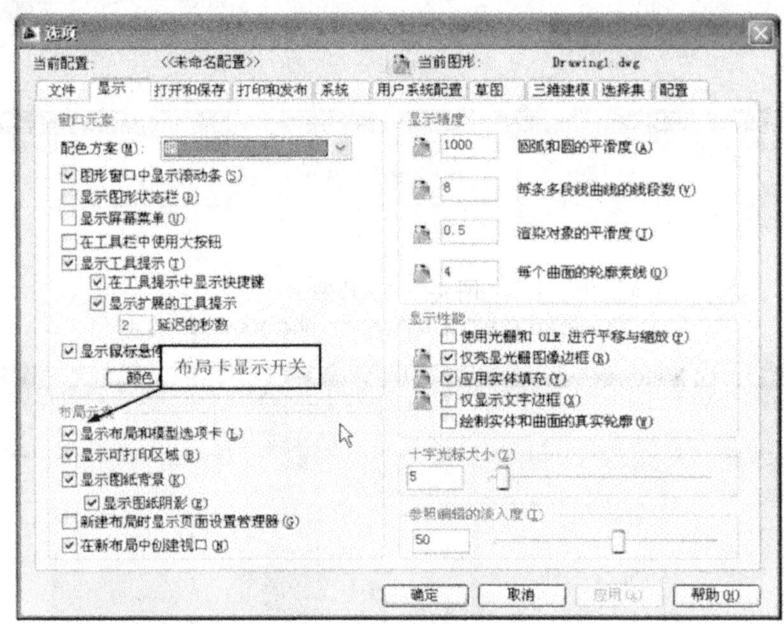

图 4-9　布局卡显示开关

4.2　AutoCAD 常用命令

下面根据土木工程图的绘图需要，重点介绍坐标的输入方法、常用绘图命令的操作方法以及常用编辑命令的操作方法。

4.2.1　坐标输入方法

根据不同的作图需要，坐标输入的方法有绝对直角坐标、相对直角坐标和极坐标等三种常用形式。

4.2.1.1　绝对直角坐标

绝对直角坐标是系统内定的坐标系，以 X, Y 表示。例如，420,297。

4.2.1.2　相对直角坐标

相对直角坐标是指当前输入点相对于上一个输入点的坐标差值，以@$\Delta X, \Delta Y$表示。例如，@420,297。

4.2.1.3　极坐标

极坐标一般使用相对值，是当前点相对于上一个输入点的距离和角度值，以@ρ<θ 表示。例如，@100<90 。

以上各种坐标输入方式只能在系统提示输入“点”时键入，不能在“命令”状态作为命令输入。命令行提示样式参见图 4-10。

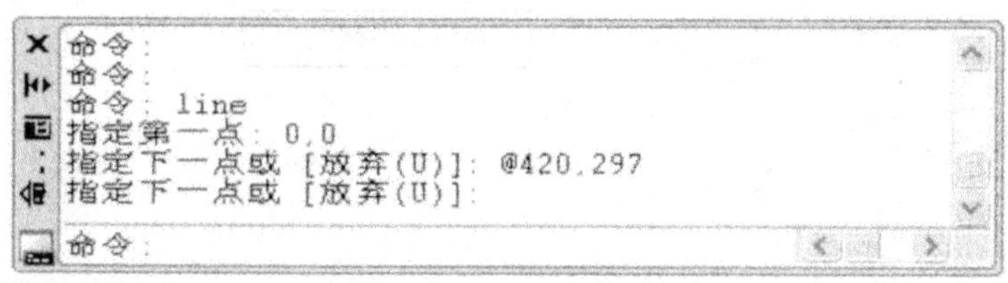

图 4-10　坐标输入

4.2.1.4　动态输入

从 AutoCAD 2006 版开始增加了动态输入功能，可以在鼠标指点处动态出现多种可能选项的输入框。

图 4-11 为命令动态输入提示，图 4-12 为动态绝对直角坐标输入提示，图 4-13 为动态相对极坐标输入提示。

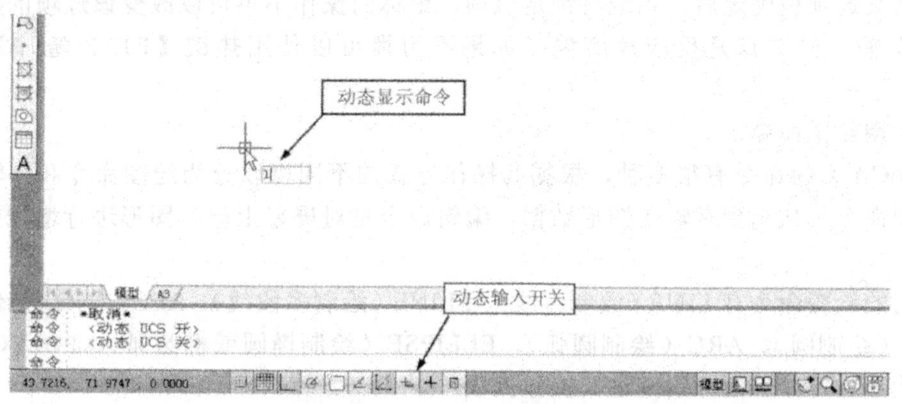

图 4-11　命令动态输入

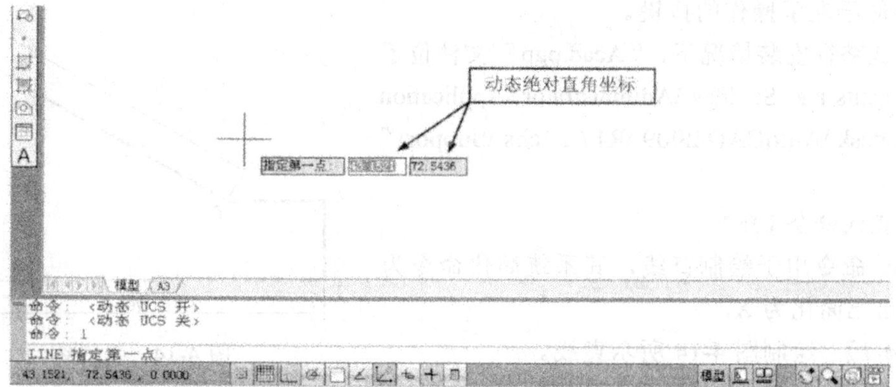

图 4-12　动态绝对直角坐标

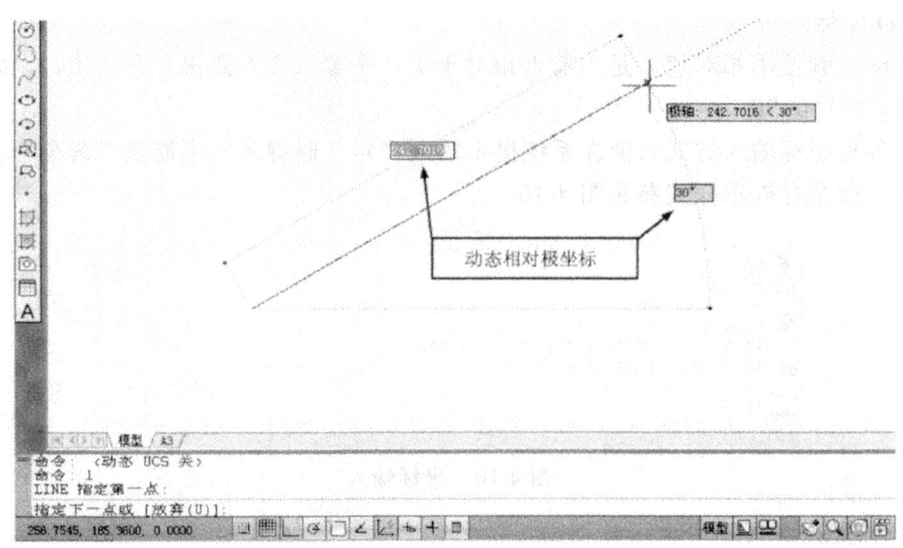

图 4-13 动态相对极坐标

开关“动态输入”的热键是【F12】。

如果屏幕上有多个可输入框，输入时采用【Tab】键在各输入框之间进行切换。

一旦某选项被确定后，系统将锁定该项，鼠标的操作不再可以改变该选项的数值。

动态输入的缺点是反应速度慢，如果不习惯可以使用热键【F12】随时关闭该项功能。

4.2.2 常用绘图命令

AutoCAD 的命令有很多种，根据其操作方式的不同可以分为绘图命令和编辑命令两种。绘图命令是从无到有输入图形数据，编辑命令是对屏幕上已有图形进行增减或变形的编辑操作。

常用的绘图命令有 LINE（绘制直线）、PLINE（绘制多段线）、RECTANG（绘制矩形）、CIRCLE（绘制圆）、ARC（绘制圆弧）、ELLIPSE（绘制椭圆或椭圆弧）、POLYGON（绘制正多边形）等。下面分别阐述其操作流程。

为了便于单手盲打操作键盘，本书建议大家修改系统的“Acad.pgp”文件，将常用命令简化为便于左手操作的按键。

在默认路径安装情况下，“Acad.pgp”文件位于“C:\Documents and Settings \Administrator \Application Data \Autodesk \AutoCAD 2009 \R17.2 \chs \Support”文件夹中。

4.2.2.1 直线命令 LINE

LINE 命令用于绘制直线，其系统简化命令为 L，建议自己简化为 X。

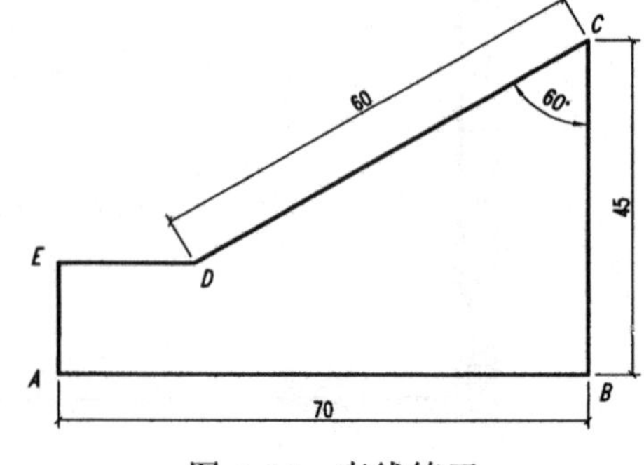

图 4-14 直线练习

【例 4-1】 绘制图 4-14 所示直线。

操作流程

命令:　1【回车】

LINE 指定第一点:　拾取 *A* 点

指定下一点或 [放弃（U）]:　光标水平向右，键入 70【回车】(画 *AB*)

指定下一点或 [放弃（U）]:　光标垂直向上，键入 45【回车】(画 *BC*)

指定下一点或 [闭合(C)/放弃(U)]:　光标斜向下 210°，键入 60【回车】(画 *CD*)

指定下一点或 [闭合（C）/放弃（U）]:　端点和极轴追踪交点捕捉 *E* 点（画 *DE*）

指定下一点或 [闭合（C）/放弃（U）]:　键入 c【回车】(闭合图形，画 *EA*)

命令:

说明　本书采用系统命令行中的提示作为流程的主线，其中楷体文字为系统的提示语，带下划线的仿宋体文字是用户的回应输入和操作，括号中不带下划线的仿宋体文字为简要说明。

上述流程中采用的是光标确定直线的方向角，长度由键盘输入决定。其中追踪是 AutoCAD 辅助绘图系统提供的功能。直线的角度可用极轴追踪，设置命令为“DSETTINGS”，对话框形式如图 4-15 所示。

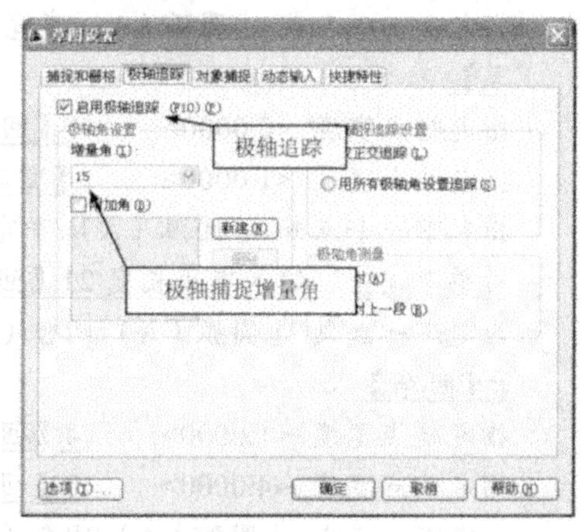

图 4-15　极轴设定

E 点和 *A* 点对齐，采用的是对象捕捉追踪，设置命令依然是“DSETTINGS”，只是位于对话框另一卡片栏中，其形式如图 4-16 所示。操作时只要将光标移到需对齐的端点处，系统会自动产生一条虚线样式的橡筋线，动态显示采用的点的类型，捕捉过程如图 4-17 所示。

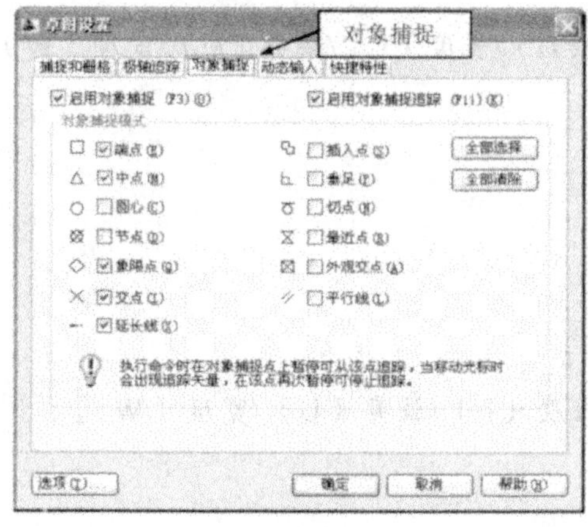

图 4-16　对象捕捉

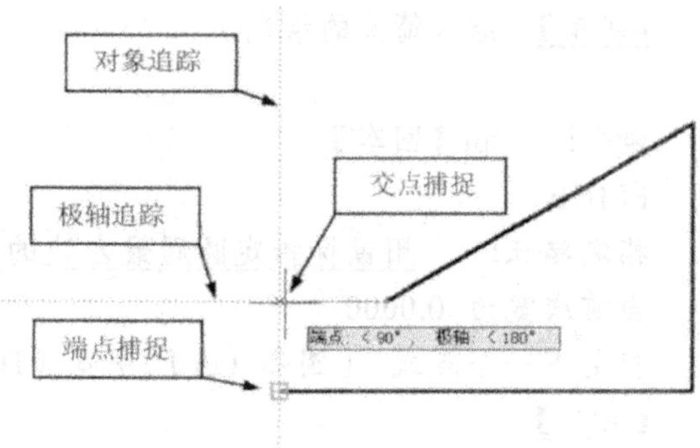

图 4-17　追踪捕捉点的坐标

4.2.2.2　多段线命令 PLINE

多段线命令与直线命令不同，同一个多段线命令绘制的所有线段都算一个实体。此外，

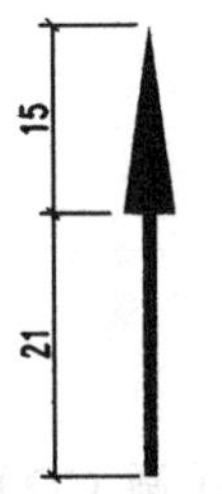

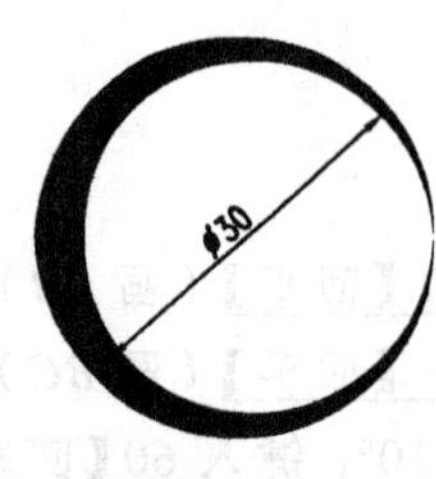

图 4-18 带宽度的图形

多段线还可以设定线宽，也可以用 PEDIT 命令对其属性重新定义。例如，改变线段的宽度、将直线段重定义为曲线段、将曲线段恢复成直线段等。

PLINE 命令的系统简化命令为 PL。

【例 4-2】 绘制图 4-18 所示的图形，其中直线宽度为 1，箭头尾宽为 4；圆的左边最粗处线宽为 4，右边最窄处线宽为 0；其余尺寸如该图所示。

操作流程

命令: pl【回车】

PLINE

指定起点: 用鼠标指定起点

当前线宽为 0.0000

指定下一个点或 [圆弧（A）/半宽（H）/长度（L）/放弃（U）/宽度（W）]: w【回车】

指定起点宽度 <0.0000>: 1【回车】

指定端点宽度 <1.0000>: 【回车】

指定下一个点或 [圆弧（A）/半宽（H）/长度（L）/放弃（U）/宽度（W）]: 光标垂直向上，键入直线长度 21【回车】

指定下一点或 [圆弧（A）/闭合（C）/半宽（H）/长度（L）/放弃（U）/宽度（W）]: w【回车】

指定起点宽度 <1.0000>: 4【回车】

指定端点宽度 <4.0000>: 0【回车】

指定下一点或 [圆弧（A）/闭合（C）/半宽（H）/长度（L）/放弃（U）/宽度（W）]: 光标垂直向上，键入箭头长度 15【回车】

指定下一点或 [圆弧（A）/闭合（C）/半宽（H）/长度（L）/放弃（U）/宽度（W）]: 【回车】（结束箭头的绘制）

命令: pl【回车】

PLINE

指定起点: 用鼠标指定圆周最左边的起点

当前线宽为 0.0000

指定下一个点或 [圆弧（A）/半宽（H）/长度（L）/放弃（U）/宽度（W）]: a【回车】

指定圆弧的端点或

[角度（A）/圆心（CE）/方向（D）/半宽（H）/直线（L）/半径（R）/第二个点（S）/放弃（U）/宽度（W）]: w【回车】

指定起点宽度 <0.0000>: 4【回车】

指定端点宽度 <4.0000>:　　0【回车】

指定圆弧的端点或

[角度（A）/圆心（CE）/方向（D）/半宽（H）/直线（L）/半径（R）/第二个点（S）/放弃（U）/宽度（W）]:　　光标水平指向正右方，键入圆的直径30【回车】

指定圆弧的端点或

[角度（A）/圆心（CE）/闭合（CL）/方向（D）/半宽（H）/直线（L）/半径（R）/第二个点（S）/放弃（U）/宽度（W）]:　　w【回车】

指定起点宽度 <0.0000>:　　【回车】（采用默认值0）

指定端点宽度 <0.0000>:　　4【回车】

指定圆弧的端点或

[角度（A）/圆心（CE）/闭合（CL）/方向（D）/半宽（H）/直线（L）/半径（R）/第二个点（S）/放弃（U）/宽度（W）]:　　cl【回车】（闭合圆周，结束变粗度圆周的绘制）

4.2.2.3 矩形命令RECTANG

矩形工具不是AutoCAD的内部原命令，是用AutoLISP程序编制的外部命令，在菜单文件中定义。它的类型属于PLINE实体。

RECTANG命令的系统简化命令为REC，建议自己简化为R。

【例4-3】 按图4-19中所标尺寸绘制线宽为1的圆角矩形。

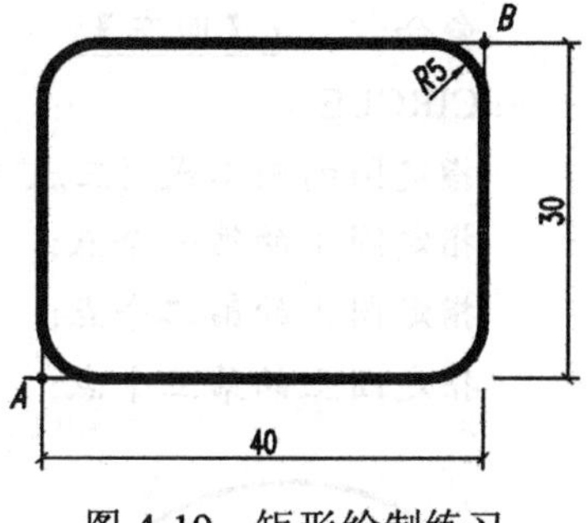

图4-19 矩形绘制练习

操作流程

命令:　　rec【回车】

RECTANG

指定第一个角点或 [倒角（C）/标高（E）/圆角（F）/厚度（T）/宽度（W）]:　　f【回车】（设置圆角半径）

指定矩形的圆角半径 <0.0000>:　　5【回车】

指定第一个角点或 [倒角（C）/标高（E）/圆角（F）/厚度（T）/宽度（W）]:　　w【回车】（设置线宽）

指定矩形的线宽 <0.0000>:　　1【回车】

指定第一个角点或 [倒角（C）/标高（E）/圆角（F）/厚度（T）/宽度（W）]:　　鼠标指*A*点位置

指定另一个角点或 [面积（A）/尺寸（D）/旋转（R）]:　　@40,30【回车】（相对直角坐标给定*B*点位置）

技巧　如果矩形放置的位置与水平方向呈一定的夹角，可以使用其中的“R”选项，旋转整个矩形。

4.2.2.4 圆命令 CIRCLE

根据给定参数的不同，绘制圆形有多种方法。其中圆弧连接画法比较特别。

CIRCLE 命令的系统简化命令为 C。

【例 4-4】 绘制图 4-20 所示的圆，该圆直径为 40。

操作流程

命令: c【回车】

CIRCLE

指定圆的圆心或 [三点（3P）/两点（2P）/切点、切点、半径（T）]: 鼠标点取圆心

指定圆的半径或 [直径（D）] <10>: 20【回车】（输入半径）

【例 4-5】 按照图 4-21，根据已知三角形的三个顶点 *A*、*B*、*C*，画出三角形的外接圆，该圆直径为 44。

操作流程

命令: c【回车】

CIRCLE

指定圆的圆心或 [三点（3P）/两点（2P）/切点、切点、半径（T）]: 3p【回车】

指定圆上的第一个点: 鼠标点取 *A* 点

指定圆上的第二个点: 鼠标点取 *B* 点

指定圆上的第三个点: 鼠标点取 *C* 点

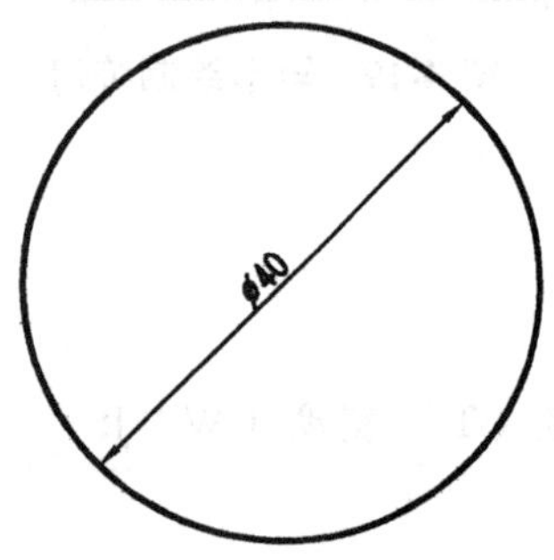

图 4-20 给定圆心和半径画圆

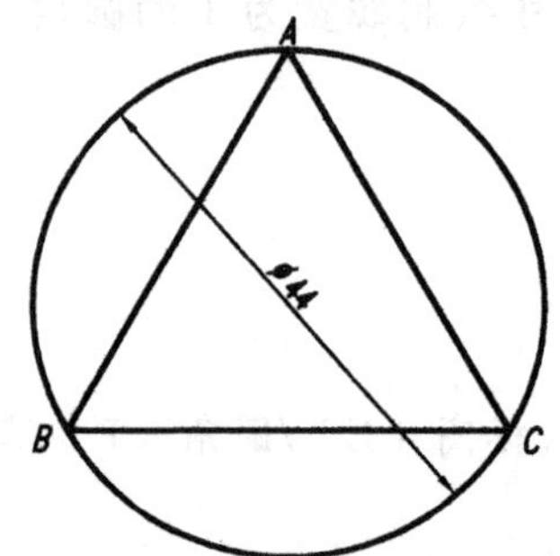

图 4-21 给定三点画圆

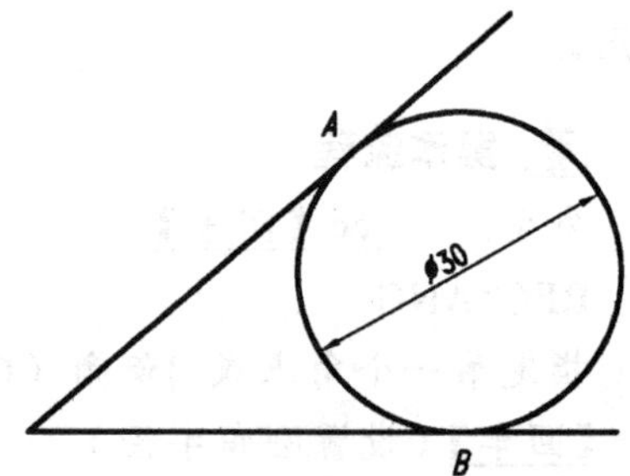

图 4-22 与两线相切并给定半径画圆

【例 4-6】 绘制图 4-22 所示的圆，该圆分别与两直线上的 *A*、*B* 两点相切，半径为 15。

操作流程

命令: c【回车】

CIRCLE

指定圆的圆心或 [三点（3P）/两点（2P）/切点、切点、半径（T）]: t【回车】

指定对象与圆的第一个切点: 鼠标点取切点 *A*

指定对象与圆的第二个切点: 鼠标点取切点 *B*

指定圆的半径 <10.0000>: 15【回车】（输入半径）

4.2.2.5　圆弧命令 ARC

绘制圆弧时，根据给定的参数不同，有不同的操作流程。更方便地绘制圆弧的方法是通过剪切圆来获得。

ARC 命令的系统简化命令为 A。

【例 4-7】 如图 4-23 所示，根据矩形顶点 *A*、*B* 以及 *CD* 边中点 *E*，过此三点画弧（见图 4-24）。

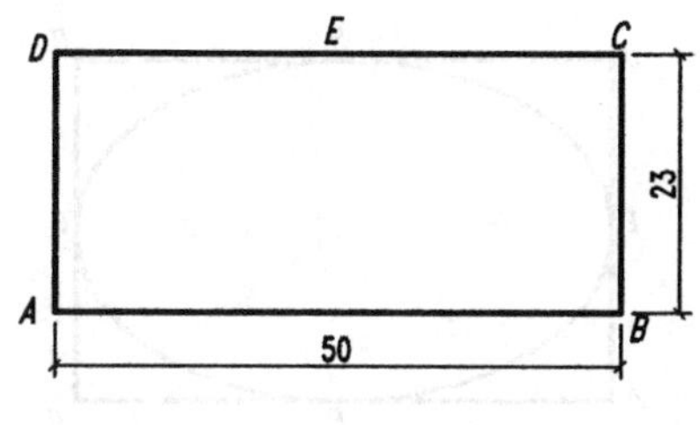

图 4-23　已知条件

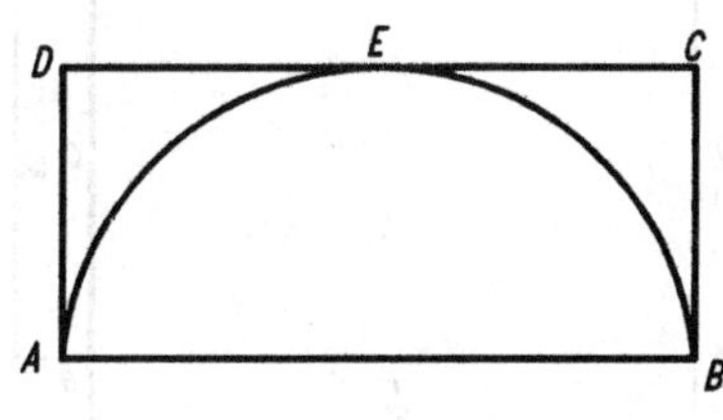

图 4-24　作图结果

操作流程

命令:　<u>a【回车】</u>

ARC

指定圆弧的起点或 [圆心（C）]:　<u>鼠标点取 *A* 点</u>

指定圆弧的第二个点或 [圆心（C）/端点（E）]:　<u>鼠标点取 *E* 点</u>

指定圆弧的端点:　<u>鼠标点取 *C* 点</u>

【例 4-8】 如图 4-25 所示，绘制圆心在 *A* 点，起点为 *B* 点，末点为 *D* 点的圆弧（见图 4-26）。

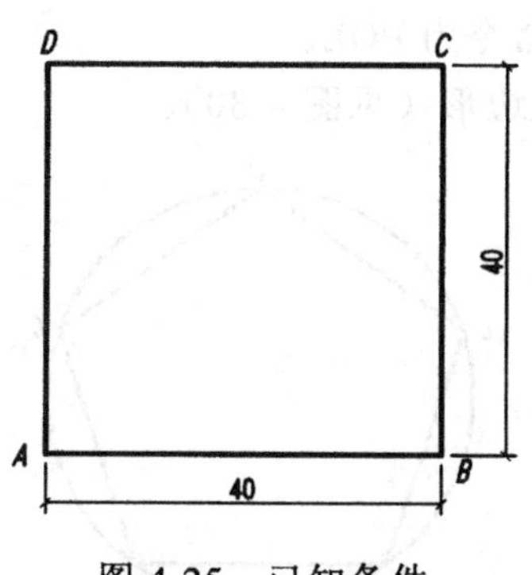

图 4-25　已知条件

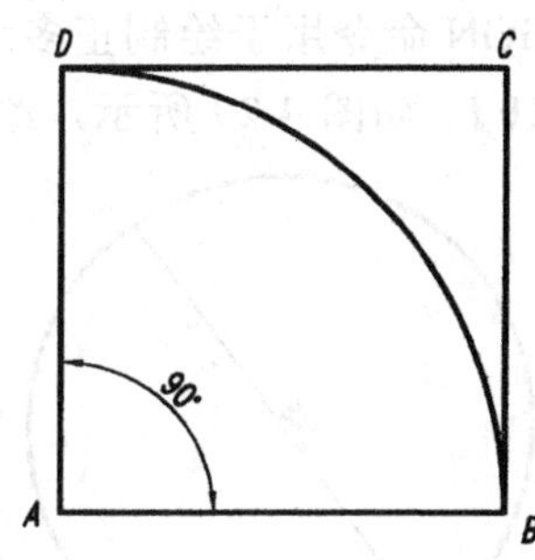

图 4-26　作图结果

操作流程

命令:　<u>a【回车】</u>

ARC

指定圆弧的起点或 [圆心（C）]:　<u>鼠标点取起点 *B*</u>

指定圆弧的第二个点或 [圆心（C）/端点（E）]:　<u>c【回车】</u>（鼠标点取圆心）

指定圆弧的圆心:　<u>鼠标点取圆心 *A*</u>

指定圆弧的端点或 [角度（A）/弦长（L）]: a【回车】(指定圆心夹角)

指定包含角: 90【回车】

4.2.2.6 椭圆或椭圆弧命令 ELLIPSE

ELLIPSE 命令的系统简化命令为 EL。

【例 4-9】 如图 4-27 所示，根据矩形 *ABCD* 的边长中点 *E*、*F*、*G* 绘制椭圆（见图 4-28）。

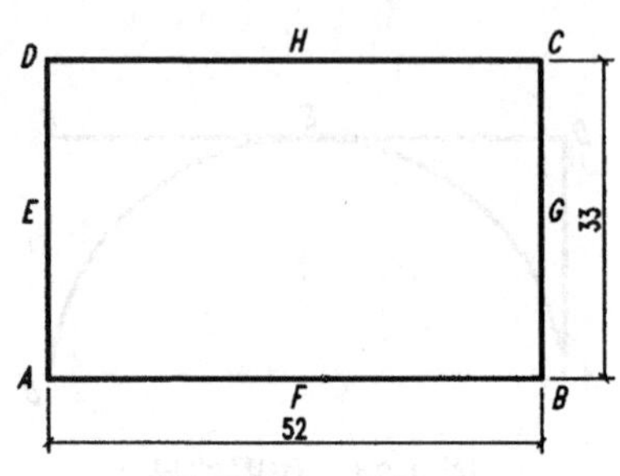

图 4-27 已知条件

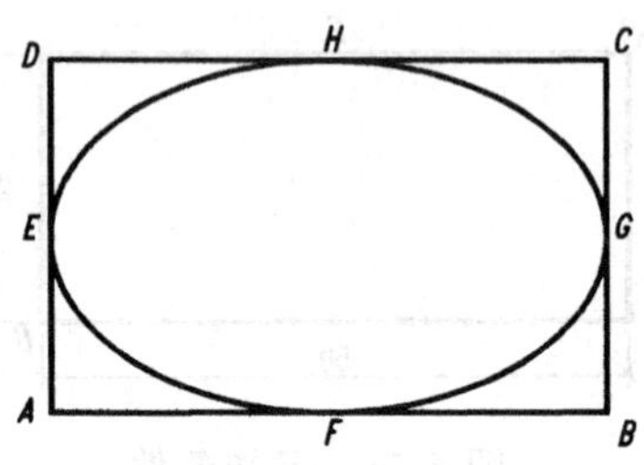

图 4-28 作图结果

操作流程

命令: el【回车】

ELLIPSE

指定椭圆的轴端点或 [圆弧（A）/中心点（C）]: 鼠标点取起点 *E*

指定轴的另一个端点: 鼠标点取起点 *G*

指定另一条半轴长度或 [旋转（R）]: 鼠标点取起点 *F*

4.2.2.7 正多边形命令 POLYGON

POLYGON 命令用于绘制正多边形，其系统简化命令为 POL。

【例 4-10】 如图 4-29 所示，绘制已知圆内接正五边形（见图 4-30）。

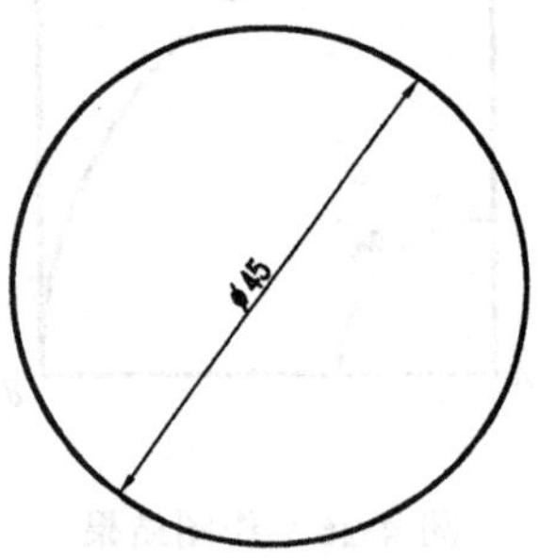

图 4-29 已知条件

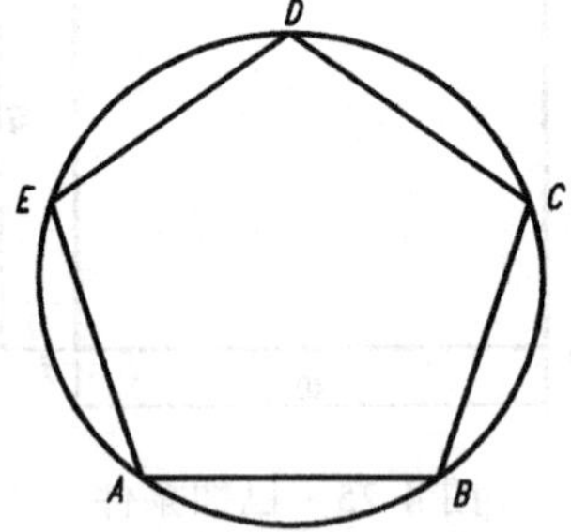

图 4-30 作图结果

操作流程

命令: pol【回车】

POLYGON

输入边的数目 <0>: 5【回车】(正多边形边数)

指定正多边形的中心点或 [边（E）]: 鼠标点取圆心

输入选项 [内接于圆（I）/外切于圆（C）] <I>: i【回车】(正多边形内接于圆)
指定圆的半径: 鼠标点取 *D* 点，确定圆的半径

4.2.3 常用编辑命令

编辑命令是对屏幕上已有图形进行增减或变形的编辑操作。

常用的编辑命令有 ERASE（删除）、OFFSET（偏移）、FILLET（圆角）、COPY（复制）、MIRROR（镜像）、TRIM（修剪）、EXTEND（延伸）、ARRAY（阵列）、STRETCH（拉伸）、MOVE（移动）、BREAK（打断）、SCALE（缩放）、ROTATE（旋转）、CHAMFER（倒角）、EXPLODE（分解）、JOIN（合并）。下面分别阐述其操作流程。

4.2.3.1 删除命令 ERASE

ERASE 命令的系统简化命令为 E。

技巧 可以使用键盘功能键【Delete】完成同样的工作。

【例 4-11】 删除如图 4-31 所示同心圆的小圆（见图 4-32）。

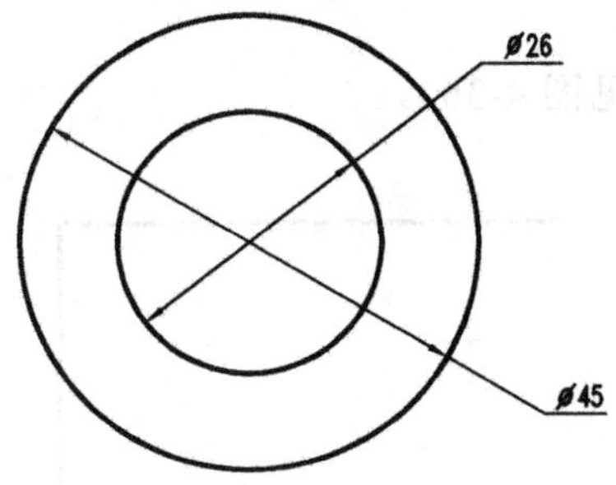

图 4-31 已知条件

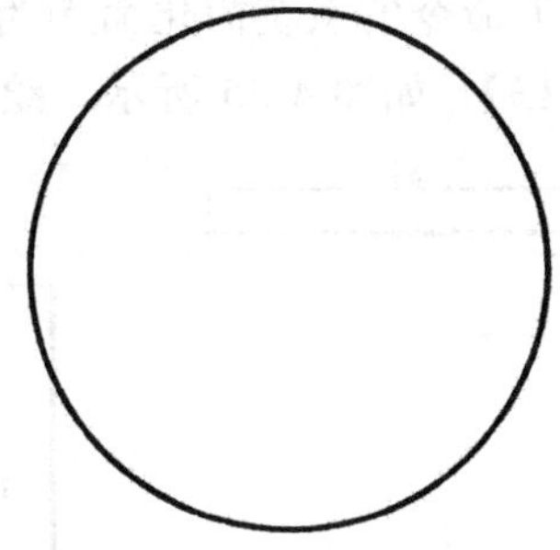

图 4-32 删除结果

操作流程

命令: e【回车】
ERASE
选择对象: 鼠标点取要删除的对象【回车】

4.2.3.2 偏移命令 OFFSET

偏移命令用于复制直线、圆或圆弧等图形实体。

OFFSET 命令的系统简化命令为 O，建议自己简化为 FF。

【例 4-12】 如图 4-33 所示，向内创建间距为 5 的等间距矩形（见图 4-34）。

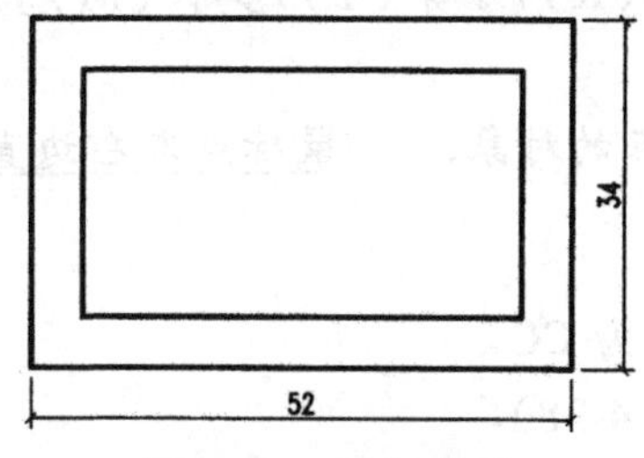

图 4-33 已知条件

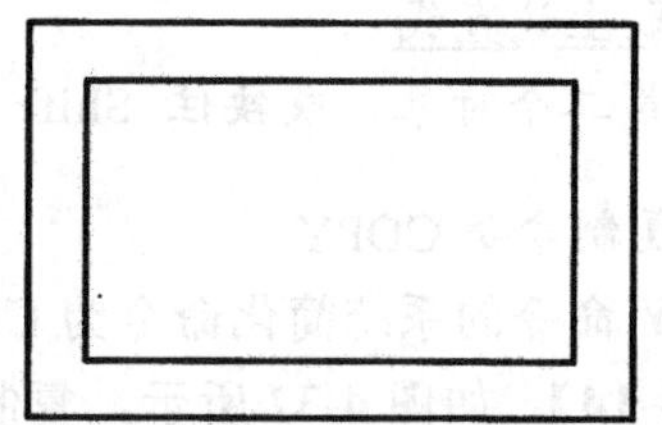

图 4-34 偏移结果

操作流程

命令: o【回车】

OFFSET

指定偏移距离或 [通过（T）/删除（E）/图层（L）]: 5【回车】

选择要偏移的对象，或 [退出（E）/放弃（U）] <退出>: 鼠标选择要偏移的矩形

指定要偏移的那一侧上的点，或 [退出（E）/多个（M）/放弃（U）] <退出>: 鼠标向内指定偏移的方向

选择要偏移的对象，或 [退出（E）/放弃（U）] <退出>: 【回车】

4.2.3.3 圆角命令 FILLET

当给定半径为非零数值时，可以用圆角连接两个图线。

技巧 当给定半径为零时，可以让两线相交。绘图时经常使用该命令让两直线或其他非闭合类型的两图线相交。

FILLET 命令的系统简化命令为 F 。

【例 4-13】 如图 4-35 所示，绘制两直线相交（见图 4-36）。

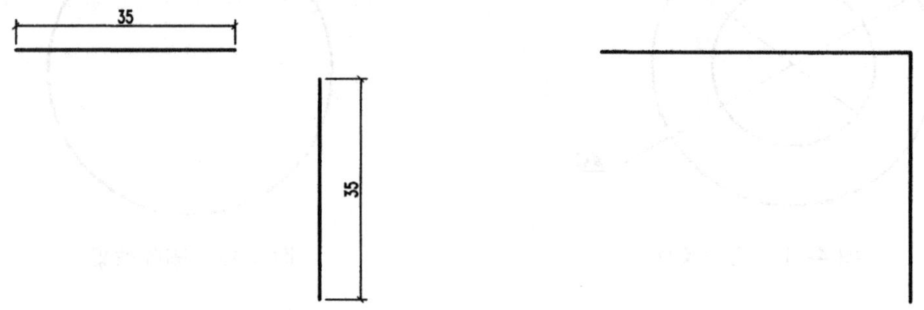

图 4-35 已知条件　　图 4-36 直线相交

操作流程

命令: f【回车】

FILLET

选择第一个对象或 [放弃（U）/多段线（P）/半径（R）/修剪（T）/多个（M）]: r【回车】

指定圆角半径 <20.000>: 0【回车】（给定半径为 0）

选择第一个对象或 [放弃（U）/多段线（P）/半径（R）/修剪（T）/多个（M）]: 鼠标点取上边直线

选择第二个对象，或按住 Shift 键选择要应用角点的对象: 鼠标点取右边直线

4.2.3.4 复制命令 COPY

COPY 命令的系统简化命令为 CO，建议自己简化为 CC。

【例 4-14】 如图 4-37 所示，复制已知图形（见图 4-38）。

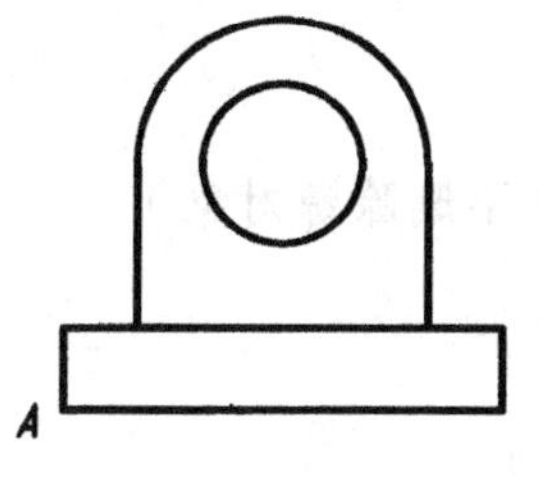

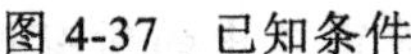
图 4-37 已知条件

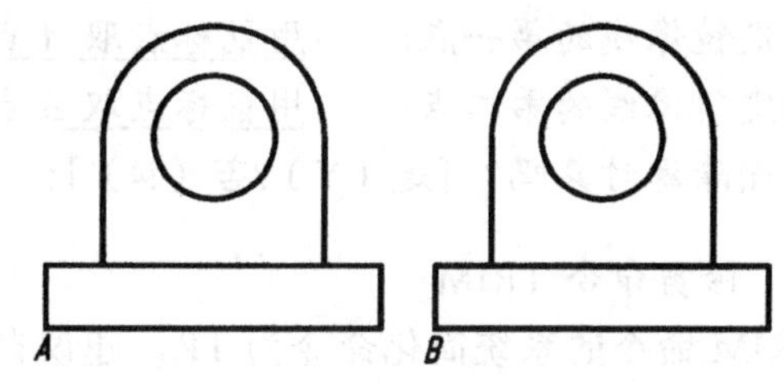

图 4-38 复制结果

操作流程

命令: co【回车】

COPY

选择对象: 鼠标选择需复制的图形【回车】

指定基点或 [位移（D）/模式（O）] <位移>: 鼠标点取 *A* 点作为基点

指定第二个点或 <使用第一个点作为位移>: 鼠标点取 *B* 点作为基点【回车】(结束复制命令）

4.2.3.5 镜像命令 MIRROR

镜像命令既可以对称复制图形对象，也可以镜像移动图形对象。其操作的不同在于最后回答：“N”，复制；“Y”，移动。

当镜像操作的对象为文字时，可以通过修改“MIRRTEXT”系统变量的值来决定文字本身是否镜像。数值为“0”不镜像，数值为“1”镜像。修改的方法是直接键入“MIRRTEXT”。

MIRROR 命令的系统简化命令为 MI，建议自己简化为 RR。

【例 4-15】 如图 4-39 所示，镜像已知三角形（见图 4-40）。

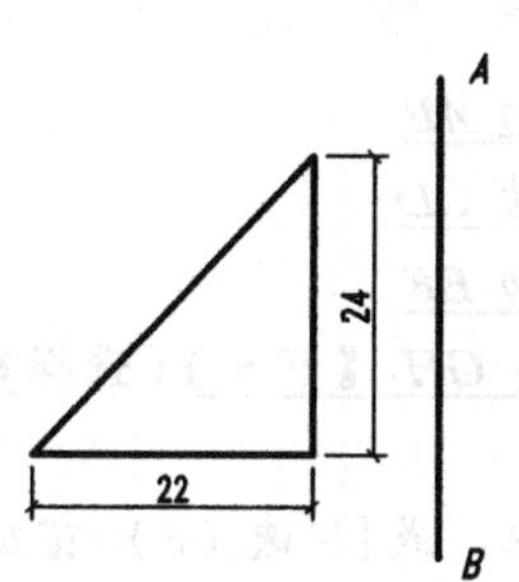

图 4-39 已知条件

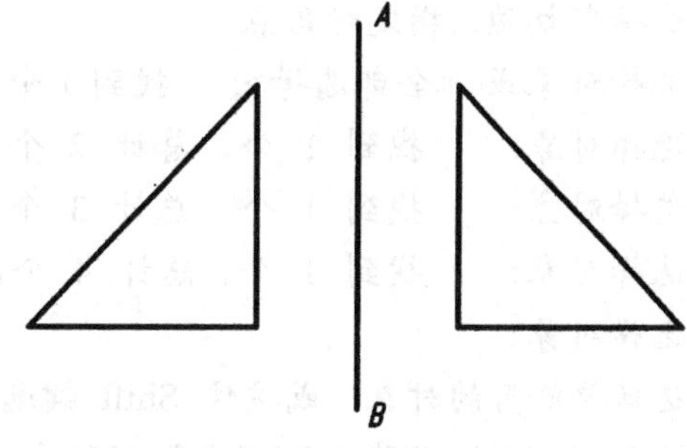

图 4-40 镜像结果

操作流程

命令: mi【回车】

MIRROR

选择对象: 用鼠标选择要复制的三角形的左下角

指定对角点: 用鼠标窗选要复制的三角形的右上角

选择对象: 【回车】

指定镜像线的第一点：　用鼠标点取 *A* 点
指定镜像线的第二点：　用鼠标点取 *B* 点
要删除源对象吗？[是（Y）/否（N）]：　N【回车】（不删除源对象）

4.2.3.6　修剪命令 TRIM

TRIM 命令的系统简化命令为 TR，建议自己简化为 T。

技巧　当系统询问剪切边时直接回车，系统会选择当前窗口中的所有图线为剪切边。方便用户多重剪切。当系统询问被剪切边时，按住【Shift】键再选择图线，会延伸直线到剪切边。

【例 4-16】 如图 4-41 所示，将该图修剪为图 4-42 所示样式。

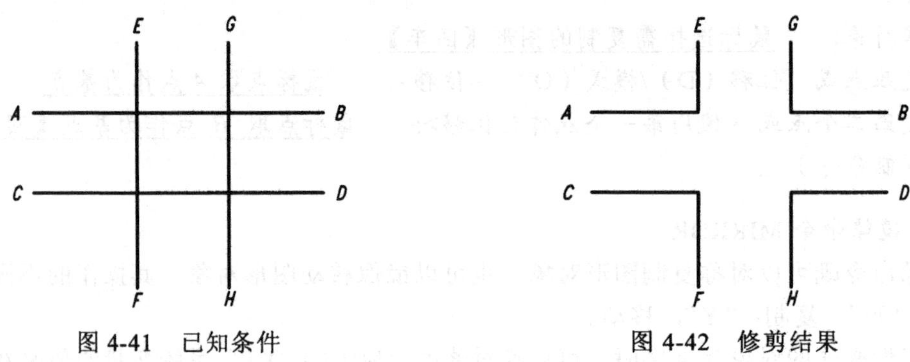

图 4-41　已知条件　　图 4-42　修剪结果

操作流程

命令：　tr【回车】
TRIM
选择剪切边...指定对角点：
选择对象或 <全部选择>：　找到 1 个，　选择剪切边 *AB*
选择对象：　找到 1 个，总计 2 个，　选择剪切边 *CD*
选择对象：　找到 1 个，总计 3 个，　选择剪切边 *EF*
选择对象：　找到 1 个，总计 4 个，　选择剪切边 *GH*，【回车】（选择剪切边结束）
选择对象：
选择要修剪的对象，或按住 Shift 键选择要延伸的对象，或[栏选（F）/窗交（C）/投影（P）/边（E）/删除（R）/放弃（U）]：　选择需要剪切的线（选择部分将被去除）
选择要修剪的对象，或按住 Shift 键选择要延伸的对象，或[栏选（F）/窗交（C）/投影（P）/边（E）/删除（R）/放弃（U）]：　【回车】（可一直选择需剪切的线，直到回车结束）

4.2.3.7　延伸命令 EXTEND

EXTEND 命令的系统简化命令为 EX。

技巧　当系统询问延伸边时直接回车，系统会选择当前窗口中的所有图线为延伸边。方便用户多次延伸。当系统询问被延伸边时，按住【Shift】键再选择图线，会用延伸边剪切被选图线。

【例 4-17】 如图 4-43 所示，延伸楼梯栏杆到楼梯扶手（见图 4-44）。

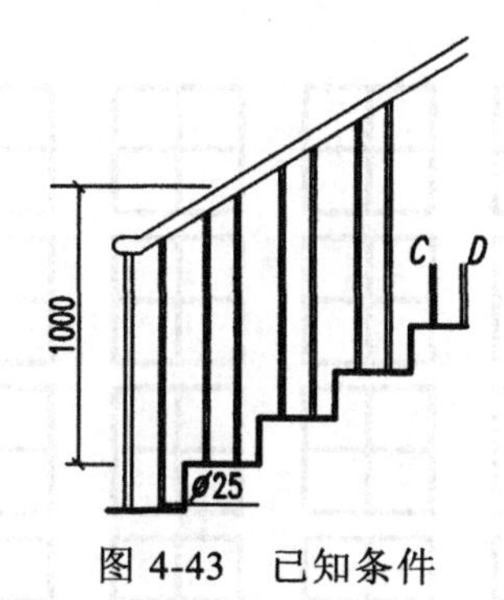

图 4-43 已知条件

图 4-44 延伸结果

操作流程

命令: ex【回车】

EXTEND

选择边界的边...

选择对象或 <全部选择>: 鼠标选择楼梯扶手作为延伸边界

选择对象: 【回车】(结束延伸边界选择)

选择要延伸的对象，或按住 Shift 键选择要修剪的对象，或[栏选（F）/窗交（C）/投影（P）/边（E）/放弃（U）]: f【回车】(一次性地延伸全部需要延伸的楼梯栏杆)

选择要延伸的对象，或按住 Shift 键选择要修剪的对象，或[栏选（F）/窗交（C）/投影（P）/边（E）/放弃（U）]: 鼠标选择需延长的直线 *CD*

选择要延伸的对象，或按住 Shift 键选择要修剪的对象，或[栏选（F）/窗交（C）/投影（P）/边（E）/放弃（U）]: 【回车】(结束延伸命令)

指定第一个栏选点: 鼠标点取第一个栏选点

指定下一个栏选点或 [放弃（U）]: 鼠标点取第二个栏选点，【回车】(延伸所有选中直线)

指定下一个栏选点或 [放弃（U）]: 【回车】(结束延伸命令)

4.2.3.8 阵列命令 ARRAY

阵列命令有两种阵列模式：一种模式是矩形阵列，另一种模式是环形阵列。

ARRAY 命令的系统简化命令为 AR。

【例 4-18】 如图 4-45 所示，使用矩形阵列对窗户进行阵列操作（见图 4-46）。

操作流程

命令: ar【回车】

ARRAY

此时弹出阵列对话框，如图 4-47 所示

选择对象: 鼠标选择需阵列的对象

指定对角点:　　选择对角点,（见图 4-48）

选择对象:　　【回车】(回到图 4-47 所示界面)

鼠标点击确定按钮结束阵列命令

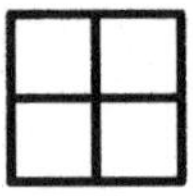

图 4-45　已知条件

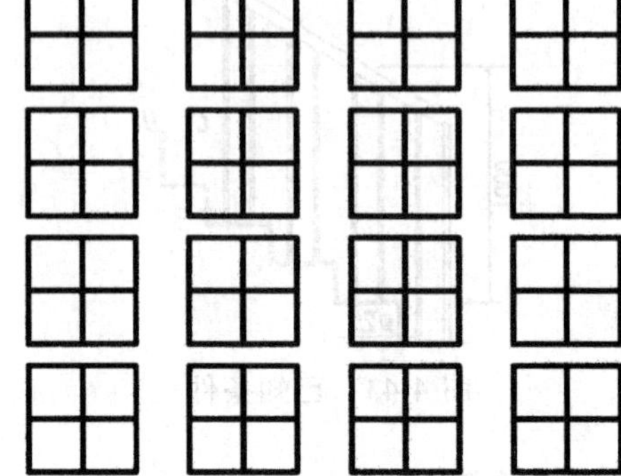

图 4-46　阵列结果

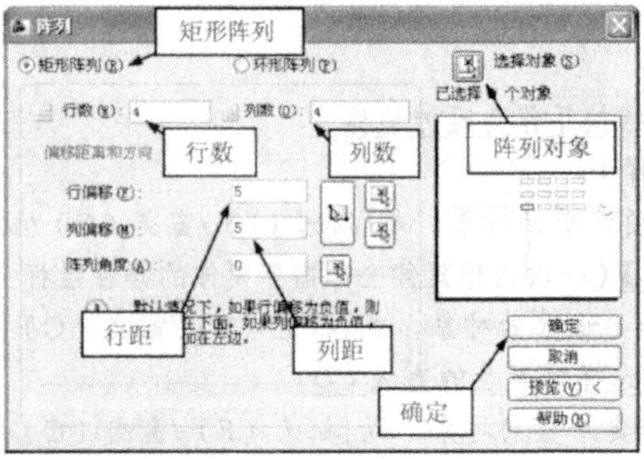

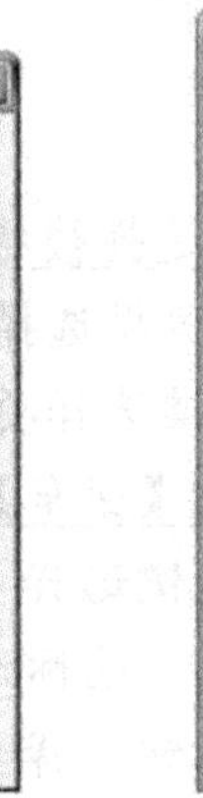

图 4-47　阵列对话框

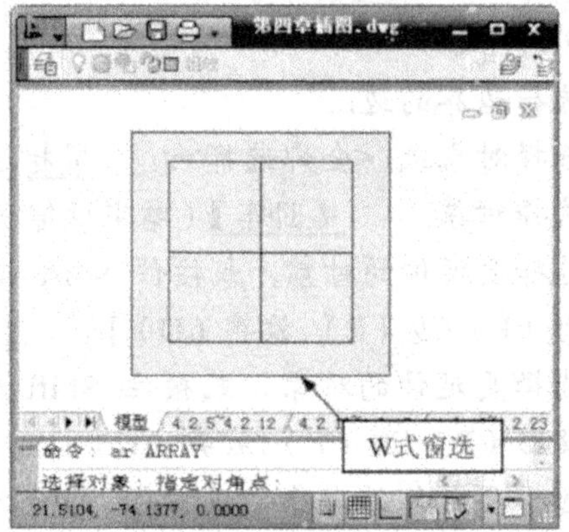

图 4-48　选择阵列对象

4.2.3.9　拉伸命令 STRETCH

拉伸命令用于伸缩除文字和图块以外其他的图形实体。该命令要求选择图形时，最终必须使用一个窗口类型的选择法选择图形，系统以该窗口作为移动对象的选择依据。窗口内的实体随窗口移动，窗口外的实体保持原状不变。

一般用“C”式窗口作变形拉伸编辑。

STRETCH 命令的系统简化命令为 S。

【例 4-19】 如图 4-49 所示，拉伸如图所示的形体（见图 4-50）。

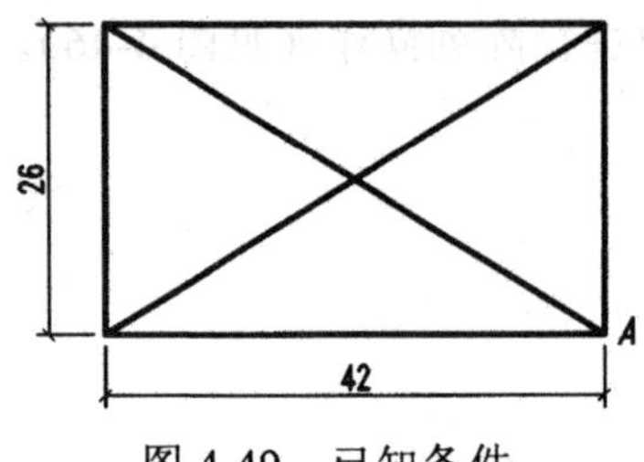

图 4-49　已知条件

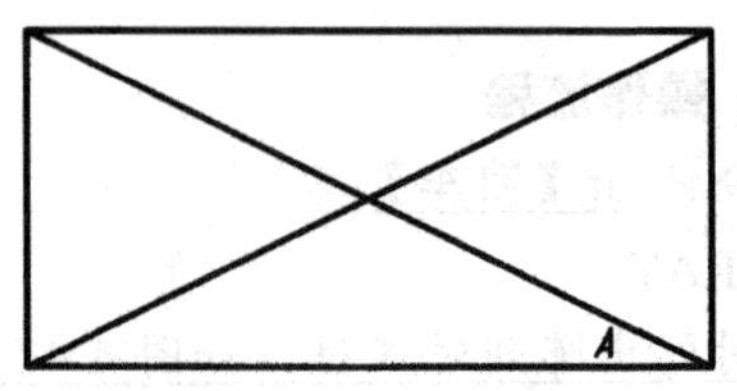

图 4-50　拉伸结果

操作流程

命令: s【回车】

STRETCH

以交叉窗口或交叉多边形选择要拉伸的对象...

选择对象: 指定对角点: 找到 3 个　　用"C"式窗选选择需拉伸的对象【回车】

指定基点或 [位移(D)] <位移>:　　用鼠标点取 *A* 点作为基点

指定第二个点或 <使用第一个点作为位移>:　　鼠标向右跟踪，键入 10【回车】

4.2.3.10 移动命令 MOVE

MOVE 命令的系统简化命令为 M，建议自己简化为 V。

【例 4-20】 如图 4-51 所示，用移动命令将该图中汽车进行位移（见图 4-52）。

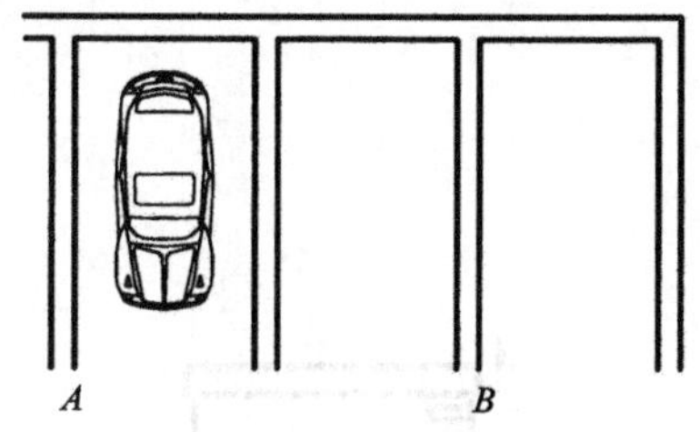

图 4-51 已知条件

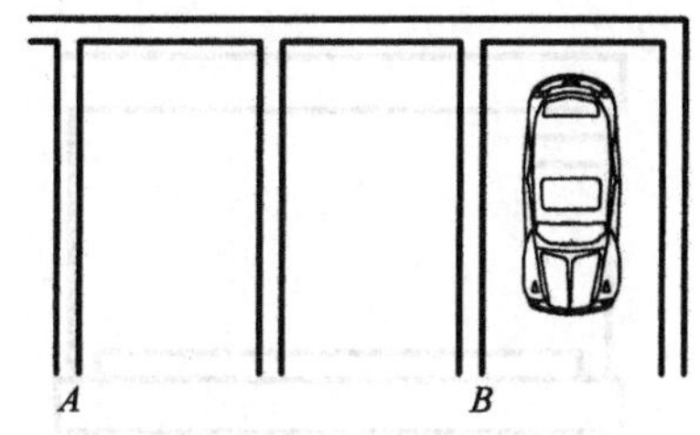

图 4-52 移动结果

操作流程

命令: m【回车】

MOVE

选择对象:　　鼠标选择需要移动的对象【回车】

找到 1 个

选择对象:　　【回车】

指定基点或 [位移(D)] <位移>:　　用鼠标点取 *A* 点作为基点

指定第二个点或 <使用第一个点作为位移>:　　鼠标向右移动，指定 *B* 点

4.2.3.11 打断命令 BREAK

BREAK 命令的系统简化命令为 BR。打断于点建议使用工具条或自己自定义命令 BB。

技巧 当系统询问第二断点时，键入"F"，可以重新选择第一断点（系统默认选择图线时的输入点为第一断点）。绘图时经常利用这种方法在某处分断一直线或一条不封闭的图线。

【例 4-21】 如图 4-53 所示，使用打断命令删除圆的一部分（见图 4-54）。

操作流程

命令: br【回车】

BREAK

选择对象:　　鼠标点取 *A* 点

指定第二个打断点或[第一点(F)]:　　用鼠标点取 *B* 点

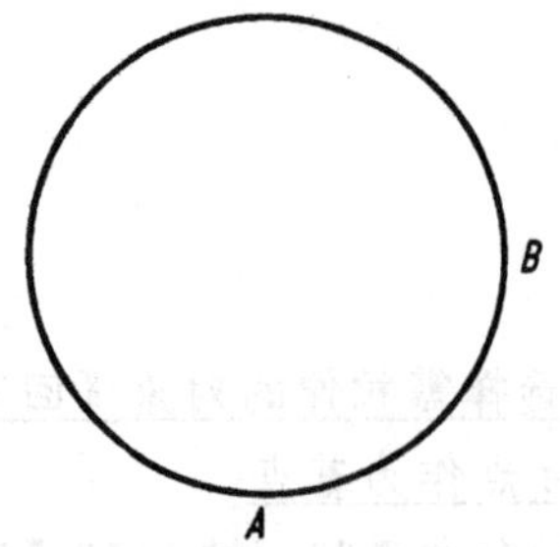

图 4-53　已知条件

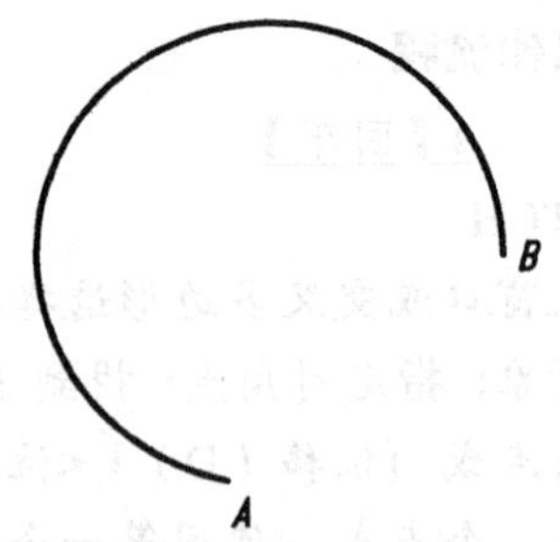

图 4-54　打断结果

4.2.3.12　缩放命令 SCALE

SCALE 命令的系统简化命令为 SC 。

【例 4-22】 如图 4-55 所示，使用缩放命令对所示形体进行缩放操作（见图 4-56）。

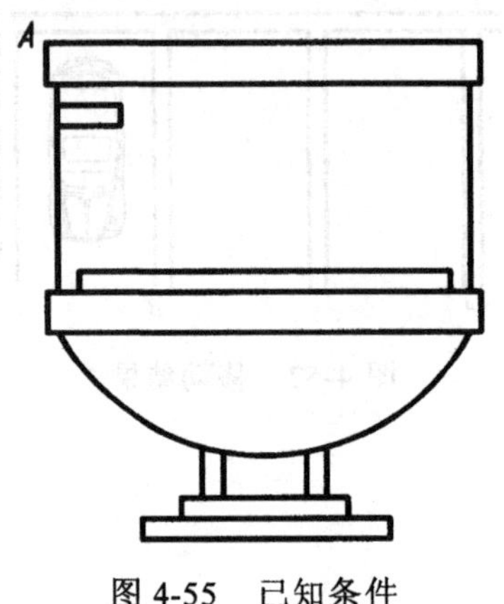

图 4-55　已知条件

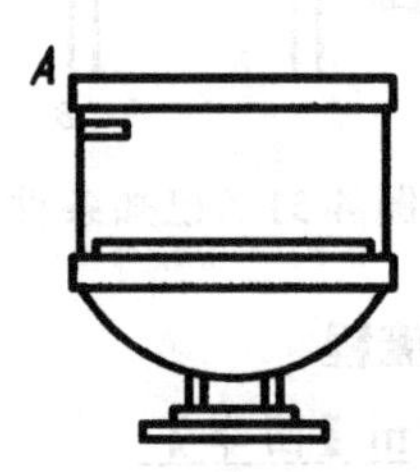

图 4-56　缩放结果

操作流程

命令:　sc【回车】

SCALE

选择对象:　鼠标选取需要缩放的对象

指定基点:　用鼠标点取 *A* 点作为基点

指定比例因子或 [复制（C）/参照（R）] <0.1>:　0.5【回车】

4.2.3.13　旋转命令 ROTATE

ROTATE 命令的系统简化命令为 RO。

【例 4-23】 如图 4-57 所示，使用旋转命令对所示形体进行旋转操作（见图 4-58）。

操作流程

命令:　ro【回车】

ROTATE

选择对象:　鼠标选取需要旋转的对象

找到 1 个

选择对象:　【回车】

指定基点： 用鼠标点取 *A* 点作为基点

指定旋转角度，或 [复制（C）/参照（R）] <0>： 90【回车】

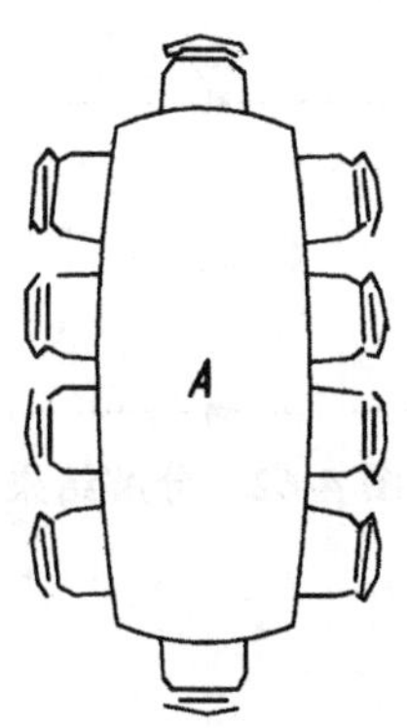

图 4-57 已知条件

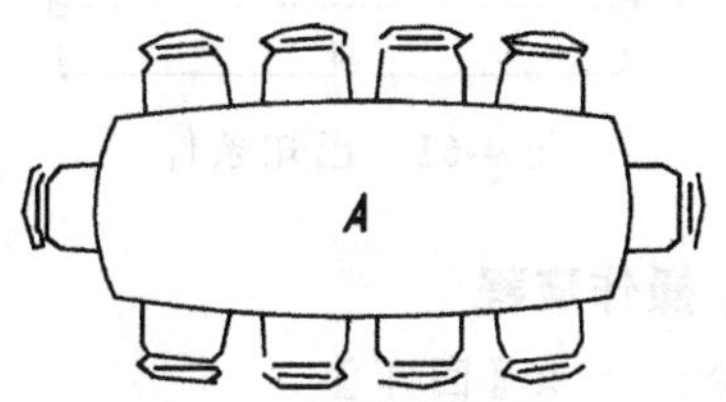

图 4-58 旋转结果

4.2.3.14 倒角命令 CHAMFER

倒角命令是用用户给定的两个倒角距离切角，用一倾斜直线连接两直线。

CHAMFER 命令的系统简化命令为 CHA。

【例 4-24】 如图 4-59 所示，对两条相交的直线作倒角（见图 4-60）。

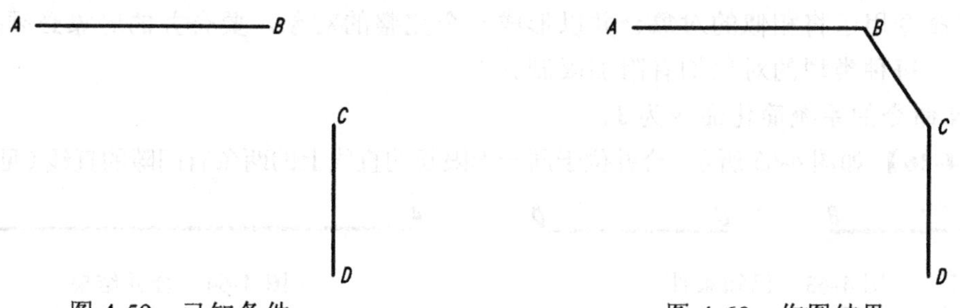

图 4-59 已知条件　　　　图 4-60 作图结果

操作流程

命令： cha【回车】

CHAMFER

（“修剪”模式） 当前倒角距离 1=0.0000，距离 2=0.0000

选择第一条直线或 [放弃（U）/多段线（P）/距离（D）/角度（A）/修剪（T）/方式（E）/多个（M）]： d【回车】

指定第一个倒角距离 <0.0000>： 10【回车】

指定第二个倒角距离 <10.0000>： 15【回车】

选择第一条直线或 [放弃（U）/多段线（P）/距离（D）/角度（A）/修剪（T）/方式（E）/多个（M）]： 鼠标点取直线 *AB*

选择第二条直线，或按住 Shift 键选择要应用角点的直线： 鼠标点取直线 *CD*

4.2.3.15 分解命令 EXPLODE

分解命令用于分解图块、多线和多行文本等实体。

EXPLODE 命令的系统简化命令为 X，建议自己简化为 XX。

【例 4-25】 如图 4-61 所示，使用分解命令分解矩形（见图 4-62）。

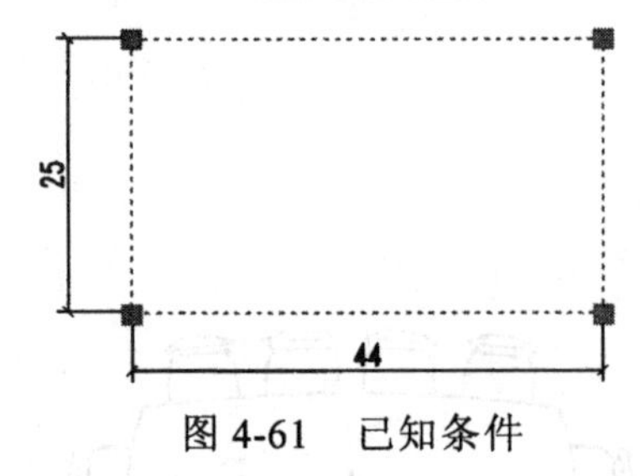

图 4-61 已知条件

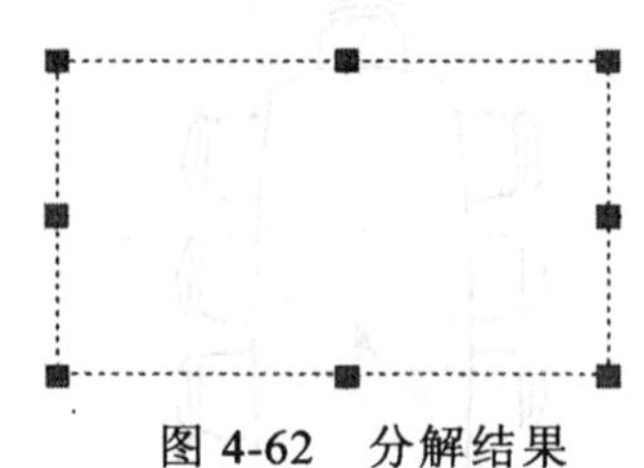

图 4-62 分解结果

操作流程

命令: x【回车】

EXPLODE

选择对象: 鼠标点取需要分解的对象

找到 1 个

选择对象: 可以急需选择需要分解的对象，直到按【回车】结束

4.2.3.16 合并命令 JOIN

合并命令用于将相似的对象合并以形成一个完整的对象。要合并的对象必须位于相同的平面上。每种类型的对象均有附加限制。

JOIN 命令的系统简化命令为 J。

【例 4-26】 如图 4-63 所示，合并位于同一无限长的直线上的两条有间隙的直线（见图 4-64）。

图 4-63 已知条件

图 4-64 合并结果

操作流程

命令: j【回车】

JOIN

选择要合并到源的直线: 鼠标点取直线 *AB*

找到 1 个

选择要合并到源的直线: 鼠标点取直线 *CD*【回车】

已将 1 条直线合并到源

4.3 图块与图库

4.3.1 图块

图块既可以是绘制在几个图层上的不同特性对象的组合，也可以是绘制在几个图层上的不同颜色、线型和线宽特性对象的组合。尽管图块总是在当前图层上，但图块参照保存了有关包含在该图块中的对象的原图层、颜色和线型特性的信息。因此，可以控制图块中

的对象保留其原特性或者继承当前的图层、颜色、线型、线宽设置。

可以使用以下多种方法创建块：

（1）合并对象以在当前图形中创建块定义。

（2）使用“块编辑器”功能区上下文选项卡（当功能区处于活动状态时）或“块编辑器”（当功能区未处于活动状态时），将动态行为添加到当前图形中的块定义。

（3）创建一个图形文件，随后将它作为块插入到其他图形中。

（4）使用若干种相关块定义创建一个图形文件以用作块库。

图块使用时需要事先定义。定义图块有以下多种途径：

（1）将需要的图形先用绘图命令画好，再使用 BLOCK 命令定义成图块。

（2）利用已有图形，选择其中的一部分再使用 BLOCK 命令定义成图块。

（3）使用 INSERT 命令将外部文件直接插入，插入后文件自动转换成图块。

（4）同时打开两个文件窗口，将其中一个文件中的图块或图形选中后用鼠标右键拖放至另一个文件中。此时，系统将弹出菜单提问，选择转换成图块。块名由系统自动命名。

（5）同时打开两个文件窗口，将其中一个文件窗口中的图块或图形选中后按下【Ctrl+C】组合键复制，在另一个文件窗口中按下【Ctrl+Shift+V】组合键粘贴成块，块名由系统自动命名。

4.3.2 “BLOCK”块定义

4.3.2.1 创建块

如图 4-65 所示，选择“绘图”→“块”→“创建”命令，打开“块定义”对话框，可以将已绘制的对象创建为块。

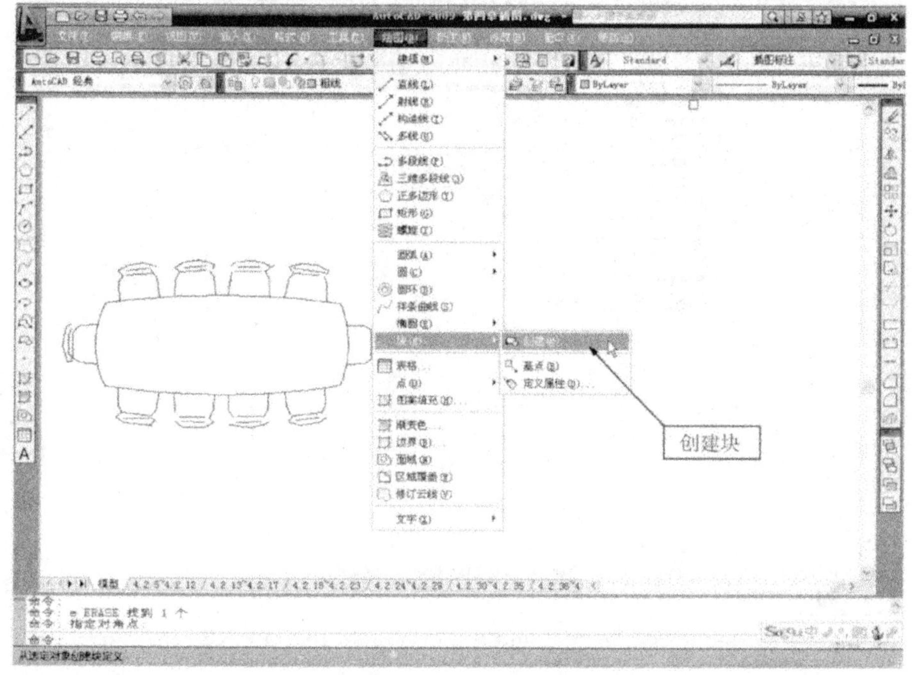

图 4-65 打开“创建块”命令

如图 4-66 所示，分别输入块的名称、插入时的参照基点、选择组成块的对象、选择原始母线的处理方式（保留、转换为块或删除）。

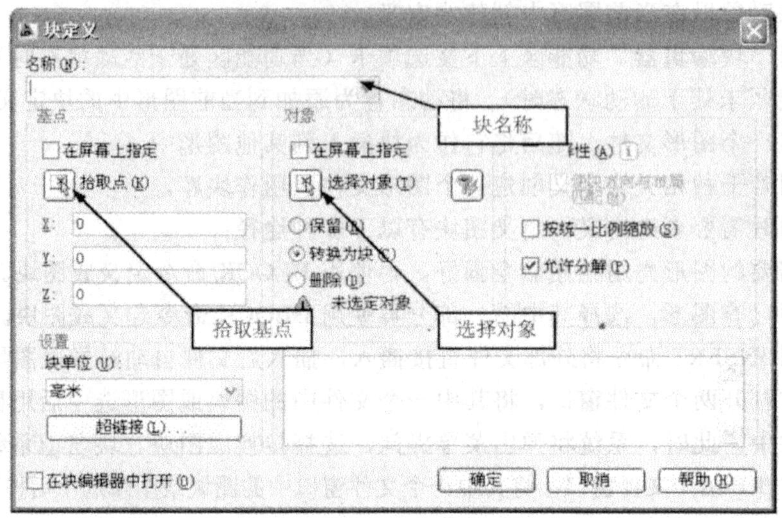

图 4-66 “块定义”对话框

4.3.2.2 插入块

如图 4-67 所示，选择“插入”→“块”命令，打开“插入”对话框，用户可以利用它在图形中插入块或其他图形，并且在插入块的同时还可以改变所插入块和图形的比例与旋转角度。

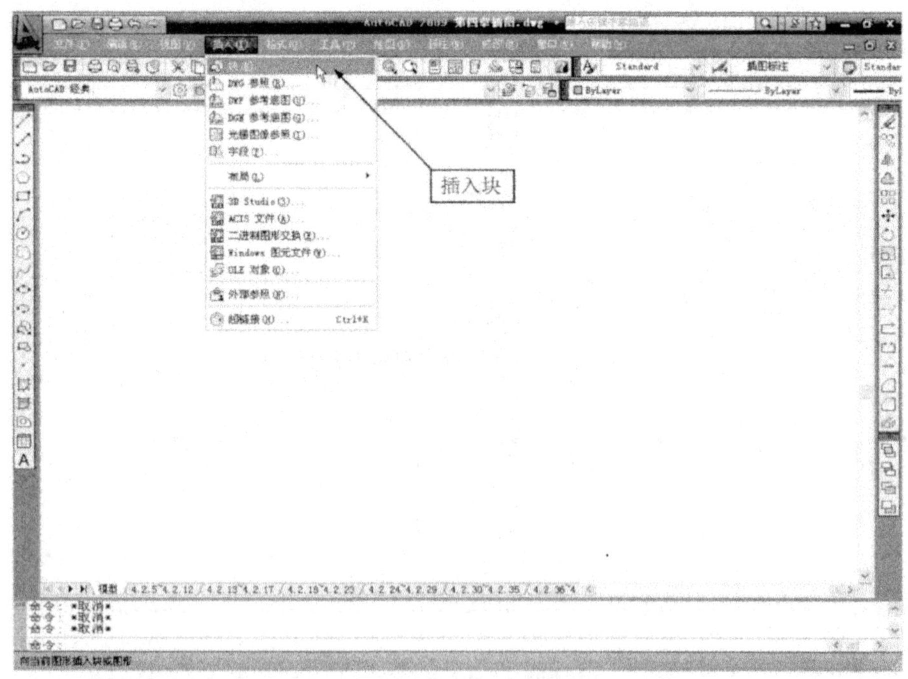

图 4-67 打开“插入块”命令

如图 4-68 所示，分别输入块的名称、显示比例和旋转角度。

4.3.2.3 保存块为文件

保存块为文件的操作步骤如下：

（1）打开现有图形或创建新图形。

（2）在命令提示下，输入 wblock。

（3）在“写块”对话框中选择“对象”（见图 4-69）。要在图形中保留用于创建新图形的原对象，需确保未选中“从图形中删除”选项。如果选择了该选项，将从图形中删除原对象。如果必要，可使用 OOPS 恢复它们。

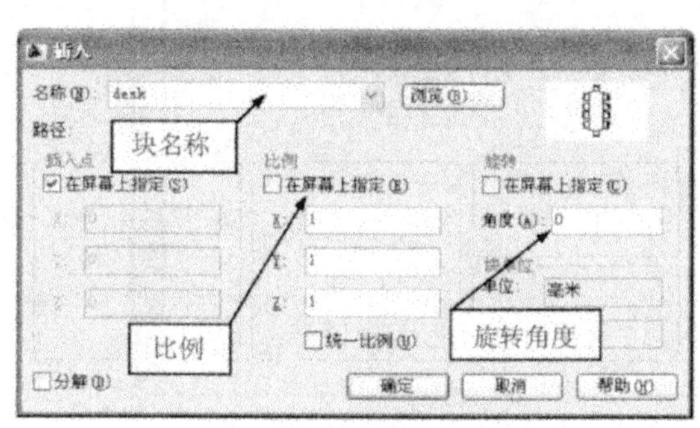

图 4-68 “插入”对话框

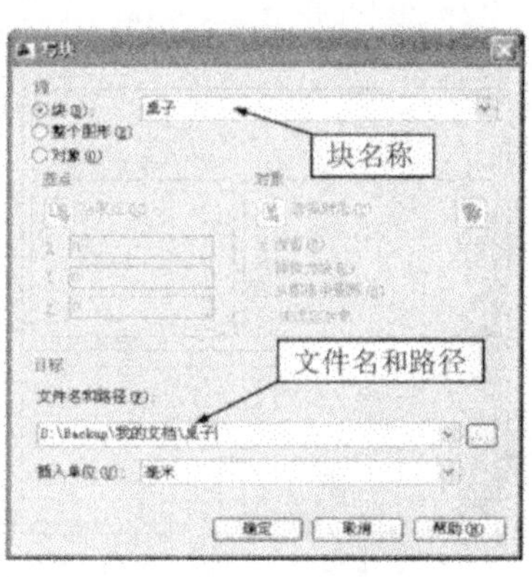

图 4-69 “写块”对话框

（4）单击“选择对象”。

（5）使用定点设备选择要包括在新图形中的对象，按【回车】键完成对象选择。

（6）在“写块”对话框中的“基点”下，任选以下两种方法之一指定该点为新图形的原点（0，0，0）：一种方法是单击“拾取点”，使用定点设备指定一个点；另一种方法是输入该点的 X、Y、Z 坐标值。

（7）在“目标”下，输入新图形的文件名称和路径，或单击“...”按钮显示标准的文件选择对话框。

（8）单击“确定”按钮。

4.4 图 层 与 线 型

4.4.1 图层

图层主要用于对绘图实体进行分类。图层可以管理的实体属性有颜色、线型、线宽等。

使用图层的目的主要有两种：一种是表达所绘图线的线型和线宽（如粗线、细线、虚线、点划线等），另一种是辨别图线所构成实体的种类（如门、窗、楼梯、墙体等）。前一种是为了绘图，后一种是为了统计计算。这里主要讨论前一种情况。

4.4.2 定义图层

如图 4-70 所示，点击“图层特性”按钮打开“图层特性管理器”选项板。如图 4-71 所示，AutoCAD 将自动创建一个名为 0 的特殊图层。默认情况下，图层 0 将被指定使用 7

号颜色（白色或黑色，由背景色决定）、Continuous 线型、“默认”线宽及 NORMAL 打印样式。

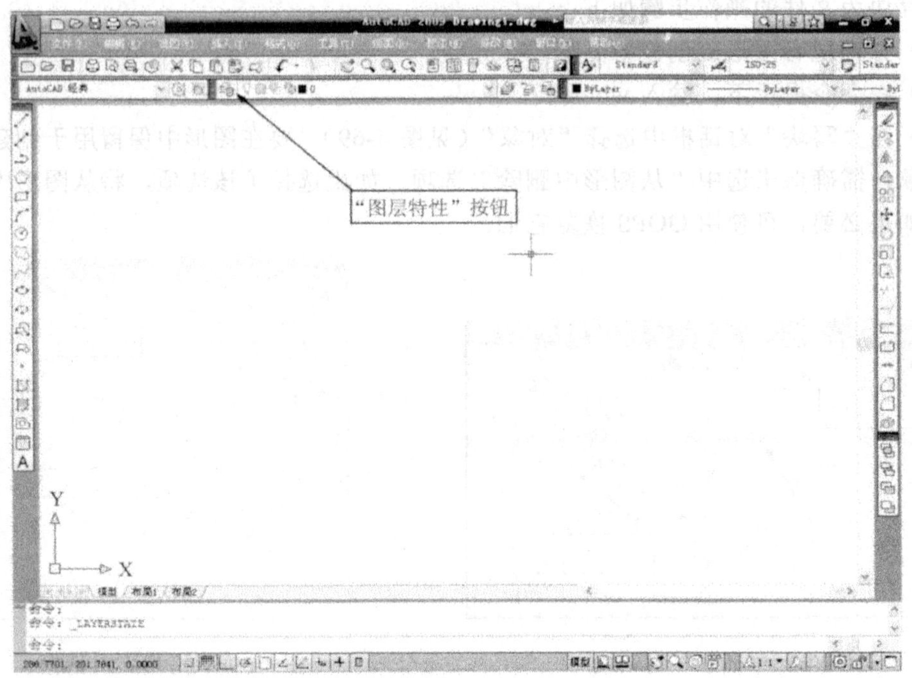

图 4-70 “图层特性”按钮

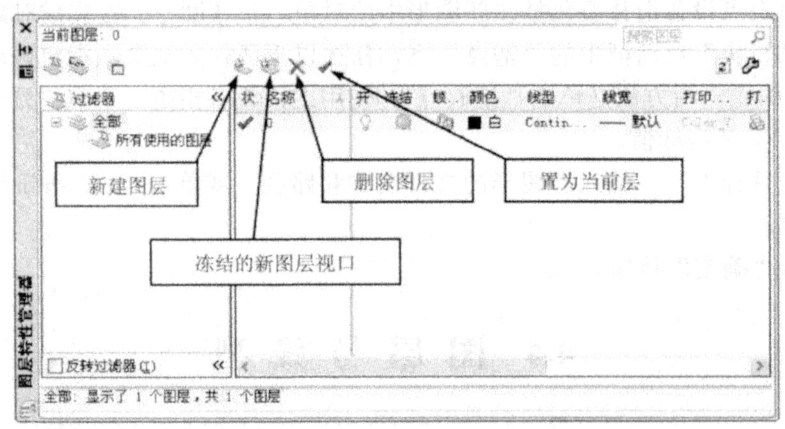

图 4-71 “图层特性管理器”选项板

在“图层特性管理器”选项板中单击“新建图层”按钮，可以创建一个名为“图层 1”的新图层。默认情况下，新建图层与当前图层的状态、颜色、线型、线宽等设置相同。当创建了图层后，图层的名称将显示在图层列表中，如果要更改图层名称，可单击该图层名，然后输入一个新的图层名并按【回车】键确认。

新建图层后，要改变图层的颜色，可在“图层特性管理器”选项板中单击图层的“颜色”列对应的图标，打开“选择颜色”对话框，如图 4-72 所示。

4.4.3 图层管理

在 AutoCAD 2009 中，使用“图层特性管理器”选项板不仅可以创建图层、线型和线宽，还可以对图层进行更多的设置与管理，例如图层的切换、重命名、删除及图层的显示控制等。

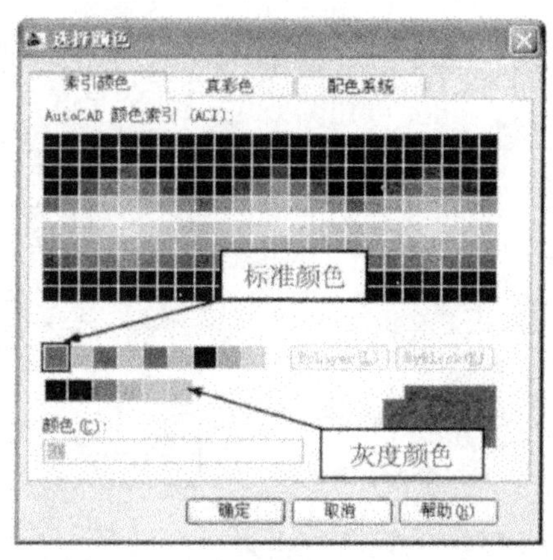

图 4-72 “选择颜色”对话框

4.4.3.1 设置图层特性

使用图层绘制图形时，新对象的各种特性将默认为随层，由当前图层的默认设置决定；此外，也可以单独设置对象的特性，新设置的特性将覆盖原来随层的特性。在“图层特性管理器”选项板中，每个图层都包含状态、名称、打开/关闭、冻结/解冻、锁定/解锁、颜色、线型、线宽和打印样式等特性。

4.4.3.2 设置为当前层

在“图层特性管理器”选项板的图层列表中，选择某一图层后，单击“置为当前”按钮，即可将该图层设置为当前层。在实际绘图时，为了便于操作，主要通过“图层”工具栏来实现图层切换（见图 4-73)，这时只要选择将其设置为当前层的图层名即可。此外，“图层”工具栏中的主要选项与“图层特性管理器”选项板中的内容相对应。

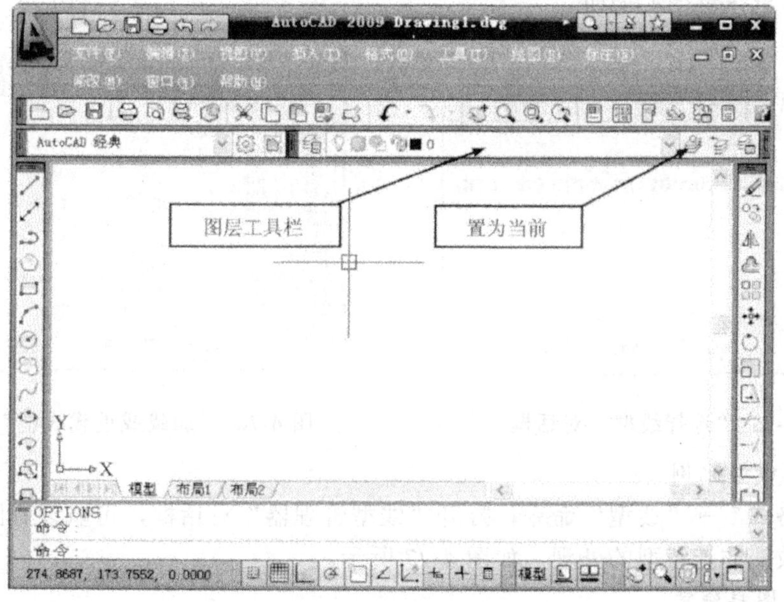

图 4-73 “图层”工具栏

4.4.3.3 保存与恢复图层状态

图层设置包括图层状态和图层特性。图层状态包括图层是否打开、冻结、锁定、打印和在新视口中自动冻结。图层特性包括颜色、线型、线宽和打印样式。可以选择要保存的图层状态和图层特性。在 AutoCAD 2009 中，可以使用“图层状态管理器”对话框来管理所有图层的状态，如图 4-74 所示，既可以保存某个图层的设置，还可以恢复图层原来的状态。

4.4.4 线型

线型是指图形基本元素中线条的组成和显示方式，如虚线和实线等。AutoCAD 中既有简单线型，也有由一些特殊符号组成的复杂线型，以满足不同的国家标准或行业标准的要求。

4.4.4.1 设置图层线型

在绘制图形时要使用线型来区分图形元素，这就需要对线型进行设置。默认情况下，图层的线型为 Continuous。要改变线型，可在图层列表中单击“线型”列的 Continuous，打开“选择线型”对话框（见图 4-75），在“已加载的线型”列表框中选择一种线型，然后单击“确定”按钮。

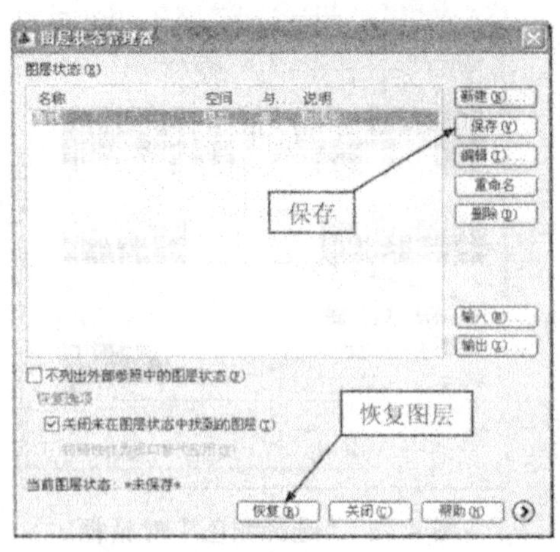

图 4-74 “图层状态管理器”对话框

4.4.4.2 加载线型

默认情况下，在“选择线型”对话框的“已加载的线型”列表框中只有 Continuous 一种线型，如果要使用其他线型，必须将其添加到“已加载的线型”列表框中。可单击“加载”按钮打开“加载或重载线型”对话框（见图 4-76），从当前线型库中选择需要加载的线型，然后单击“确定”按钮。

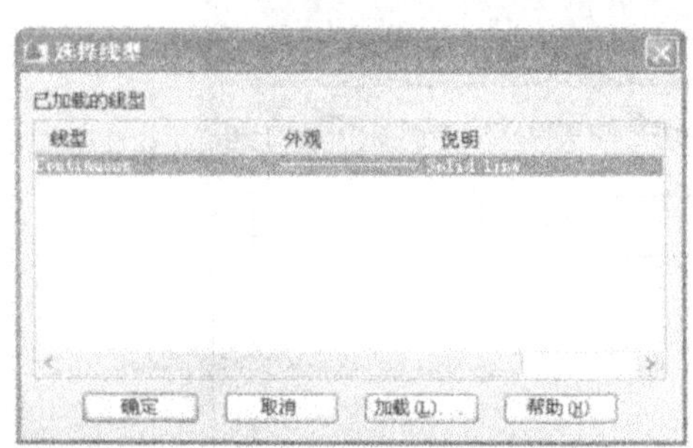

图 4-75 “选择线型”对话框

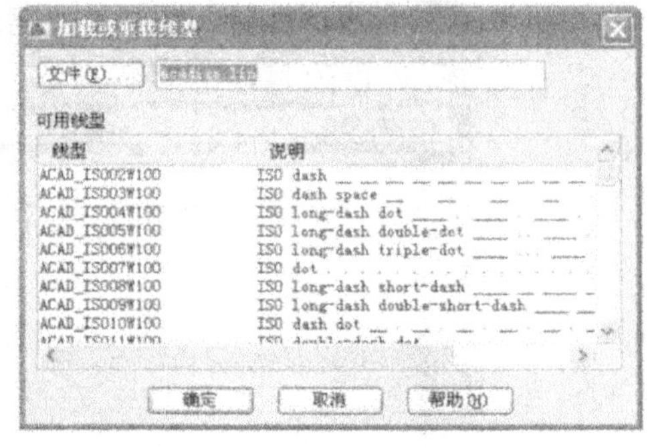

图 4-76 “加载或重载线型”对话框

4.4.4.3 设置线型比例

选择“格式”→“线型”命令，打开“线型管理器”对话框，可以设置图形中的线型比例，从而改变非连续型的外观，如图 4-77 所示。

4.4.4.4 设置图层线宽

线宽设置就是改变线条的宽度。在 AutoCAD 中，使用不同宽度的线条表现对象的大小或类型，可以提高图形的表达能力和可读性。要设置图层的线宽，可以在“图层特性管理器”选项板的“线宽”列中单击该图层对应的线宽“——默认”，打开“线宽”对话框（见图 4-78），其中有 20 多种线宽可供选择；也可以选择“格式”→“线宽”命令，打开“线宽设置”对话框（见图 4-79），通过调整线宽比例使图形中的线宽显示得更宽或更窄。

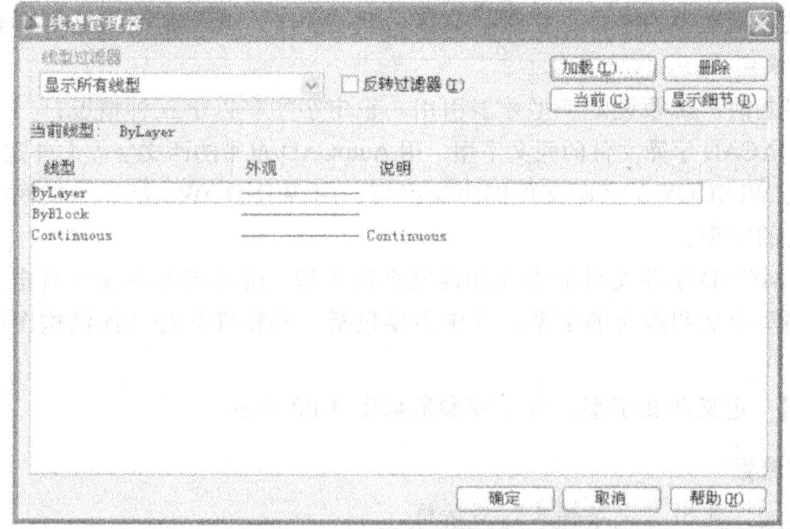

图 4-77 “线型管理器”对话框

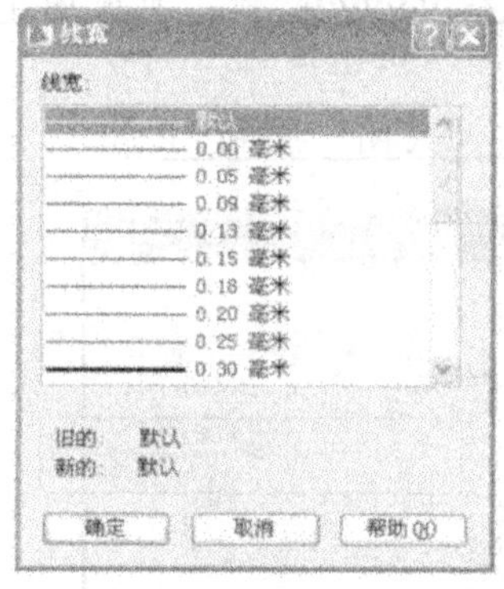

图 4-78 “线宽”对话框

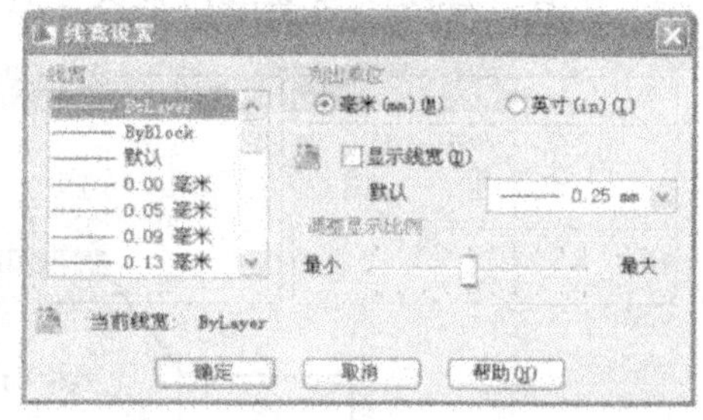

图 4-79 “线宽设置”对话框

这里主要提供一种实现绘图图线线型的方法：

（1）将实体的颜色、线型、线宽等属性交给图层来管理，即设置所有这些属性值为“BYLAYER”。

（2）建立代表各种线型的图层，用颜色来区分。

（3）将不同的线型放置于对应的图层。

（4）打印时通过打印样式表将屏幕颜色重新指定为打印时所用的颜色、线型、线宽（打印样式表文件为 PLOT STYLES 文件夹中的 ACAD.CTB），从而实现各种不同类型线型的表达。

4.5 文字标注和图案填充

4.5.1 文字标注

在 AutoCAD 中，所有文字都有之相关联的文字样式。在创建文字注释和尺寸标注时，AutoCAD 通常使用当前的文字样式，也可以根据具体要求重新设置文字样式或创建新的样式。文字样式包括文字的字体、字型、高度、宽度因子、倾斜角度等主要参数。

4.5.1.1 字型设定

书写文字之前，必须设定字型才能引用。设定字型有以下三种情况：

（1）定义 ACAD 字库文件的西文字型：用 AutoCAD 自带的西文字库文件定义西文字型。

（2）定义 WINDOWS 字库文件的中文字型：用 WINDOWS 字库中的汉字字体文件定义能书写中文的字型。

（3）定义 ACAD 字库文件的中文和西文合用字型：用我国专业软件自定义的字库文件定义能同时书写中文和西文的字型，其中主要包括一些特殊字符（如结构图中常用的二级钢筋符号等）。

【例 4-27】 定义西文字型，各主要参数如图 4-80 所示。

操作流程

（1）输入 st，弹出"文字样式"对话框。

（2）在样式列表中选择"Standard"样式（默认样式名），在"字体名"下拉列表框中选择"romanc.shx"字体，在"高度"文本框中输入 0.0000，在"宽度因子"文本框中输入 0.7000，在"倾斜角度"文本框中输入 0。

（3）单击"应用"按钮应用该文字样式，然后单击"关闭"按钮。

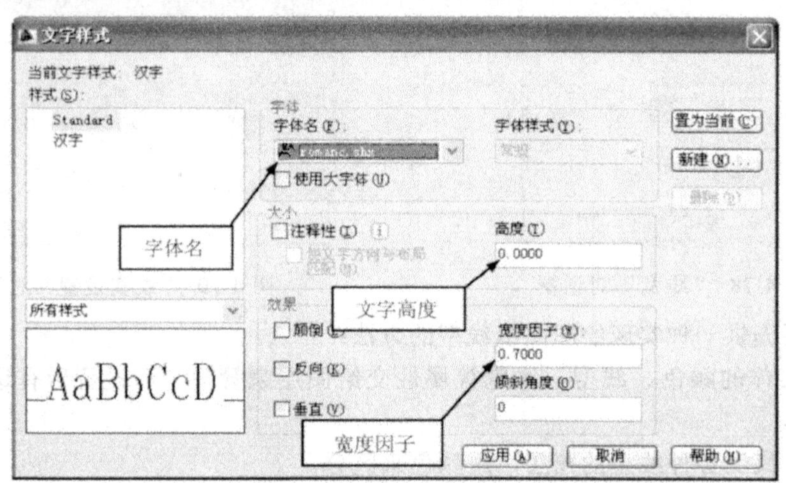

图 4-80 西文字型设定

【例 4-28】 定义中文字型，各主要参数如图 4-81 所示。

操作流程

（1）输入 st，弹出"文字样式"对话框（见图 4-81）。

（2）在"文字样式"对话框上单击"新建"按钮，打开"新建文字样式"对话框（见图 4-82），在"样式名"文本框中输入"汉字"，然后单击"确定"按钮，AutoCAD 返回到"文字演示"对话框。

（3）在"字体名"下拉列表框中选择"仿宋_GB2312"字体，在"高度"文本框中输入0.0000，在“宽度因子”文本框中输入0.7000，在“倾斜角度”文本框中输入0。

（4）单击“应用”按钮应用该文字样式，然后单击“关闭”按钮。

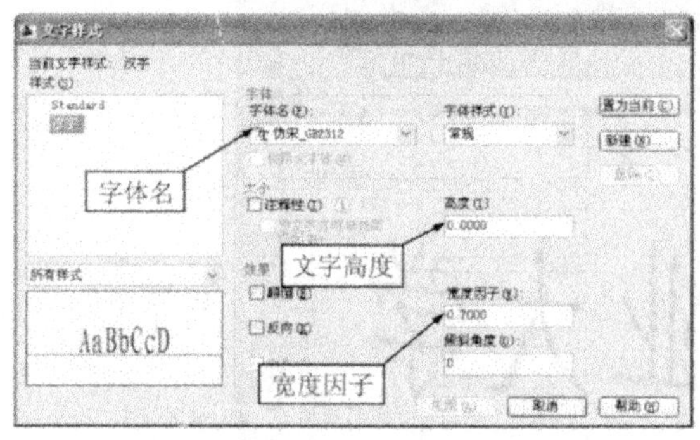

图4-81 中文字型设定

图4-82 文字样式名设定

【例4-29】 定义中、西文字型，各主要参数如图4-83所示。

操作流程

（1）输入st，弹出“文字样式”对话框。

（2）在“文字样式”对话框上单击“新建”按钮，打开“新建文字样式”对话框，在“样式名”文本框中输入“西文汉字一体”，然后单击“确定”按钮，AutoCAD返回到“文字演示”对话框。

（3）在“字体名”下拉列表框中选择“tssdeng.shx”字体，在“大字体”下拉列表框中选择“tssdchn.shx”，在“高度”文本框中输入0.0000，在“宽度因子”文本框中输入0.7000，在“倾斜角度”文本框中输入0。

（4）单击“应用”按钮应用该文字样式，然后单击“关闭”按钮。

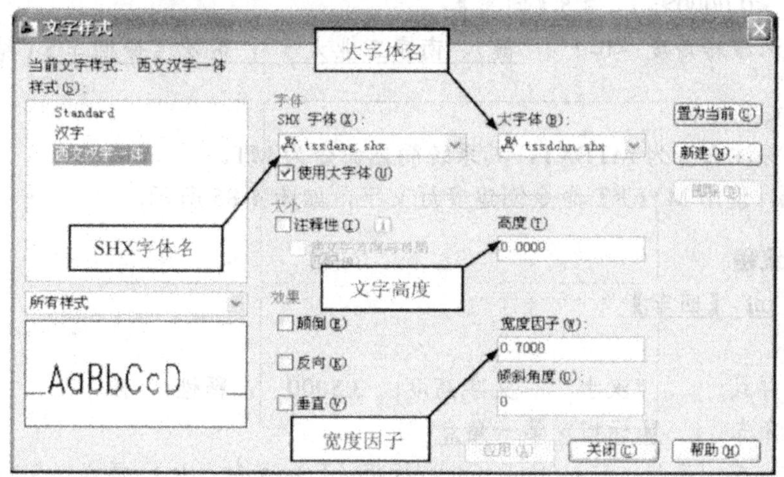

图4-83 中、西文字型设定

4.5.1.2 单行文字标注

单行文字标注命令为DTEXT，其系统简化命令为DT。

【例 4-30】 使用 DTEXT 命令创建单行文字，如图 4-84 所示。

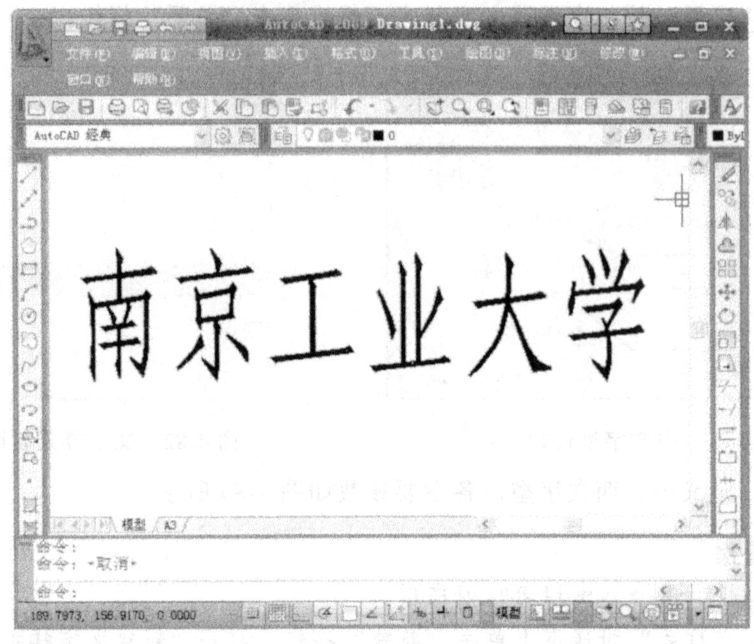

图 4-84 单行文字标注

操作流程

命令: dt 【回车】

DTEXT

当前文字样式: "汉字" 文字高度: 0.0000 注释性: 否

指定文字的起点或 [对正（J）/样式（S）]: 鼠标指定文字起点

指定高度 <0.0000>: 3.5【回车】

指定文字的旋转角度 <0>: 键入"南京工业大学"，两次【硬回车】(结束命令)

4.5.1.3 多行文字标注

多行文字标注命令为 MTEXT，其系统简化命令为 MT。

【例 4-31】 使用 MTEXT 命令创建多行文字，如图 4-85 所示。

操作流程

命令: mt 【回车】

MTEXT

当前文字样式: "汉字" 文字高度: 3.5000 注释性: 否

指定第一角点: 鼠标指定第一角点

指定对角点或 [高度（H）/对正（J）/行距（L）/旋转（R）/样式（S）/宽度（W）/栏（C）]: 鼠标指定另一角点位置（AutoCAD 弹出如图 4-86 所示文字编辑器）

在文字编辑器里输入"南京工业大学"，【硬回车】后继续输入"土木工程学院"，最后按"确定"按钮结束

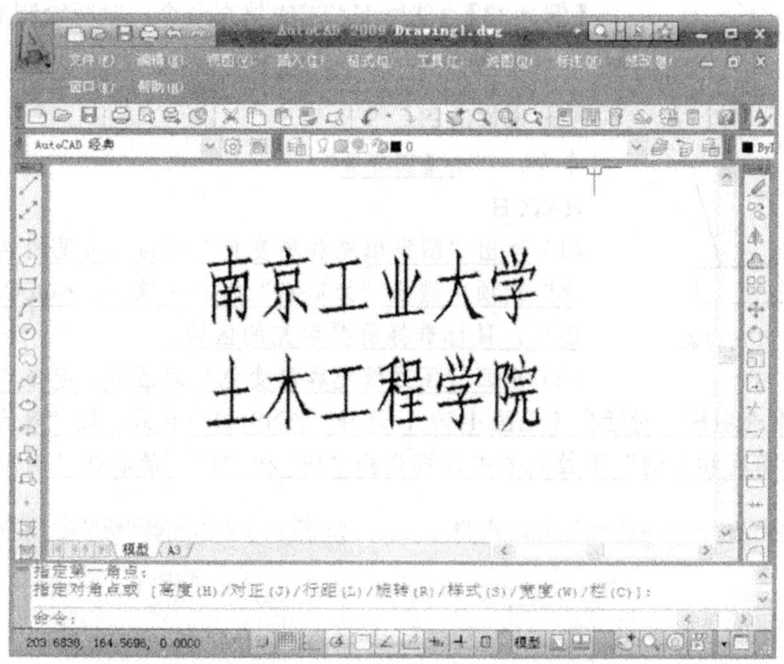

图 4-85　多行文字标注

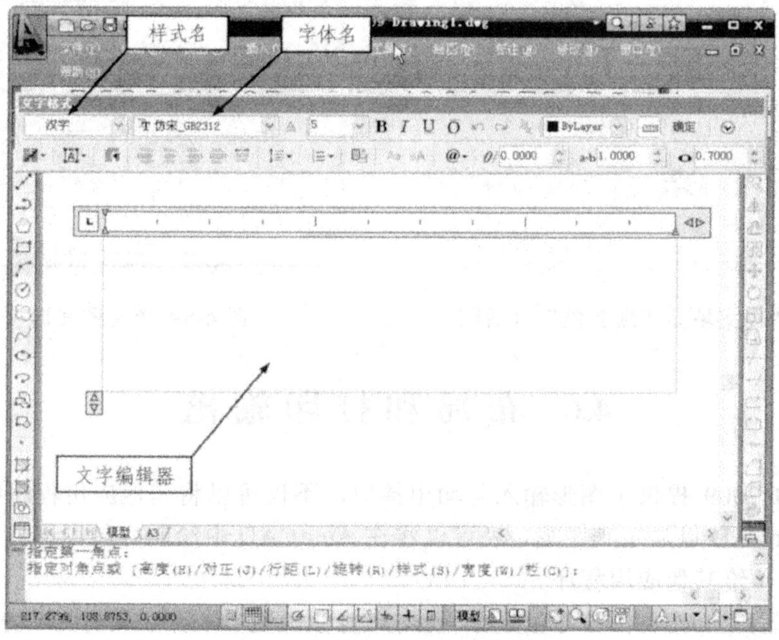

图 4-86　在位文字编辑器

4.5.2　图案填充

图案填充用于表达各种专业图例，如建筑工程制图中的材料图例等。图案填充有两种填充边界选择法：一种是“点选”，另一种是“实体选择”。闭合的边界可以使用“点选”或“实体选择”两种方法；开口的边界或有缺陷的边界，只能使用“实体选择”这一种选择法。

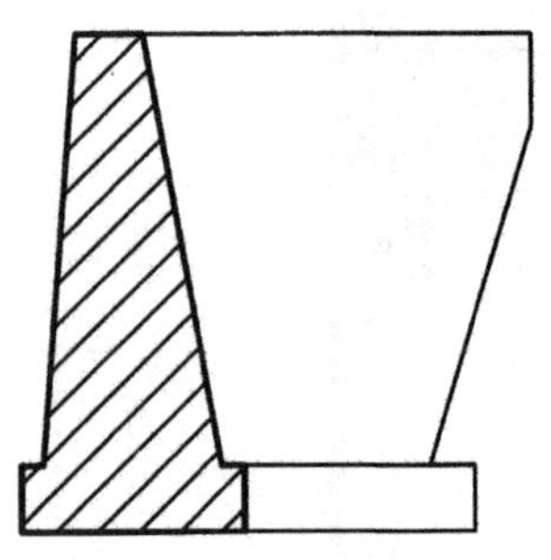

图 4-87 图案填充对象

【例 4-32】 使用 HATCH 填充命令，对所绘制的图形进行图案填充，如图 4-87 所示。

操作流程

命令: h【回车】

HATCH

（1）弹出“图案填充和渐变色”对话框（见图 4-88），在“边界”选项中选择“拾取点”的方式填充，AutoCAD 将回到绘图区，鼠标选择需要填充的区域。

（2）返回“图案填充和渐变色”对话框，选择“样例”，弹出“填充图案选项板”对话框（见图 4-89），选择“ANSI31”样式，按“确定”按钮返回。

（3）在“角度和比例”下拉列表中分别选择“0”和“1”，最后按“确定”按钮结束。

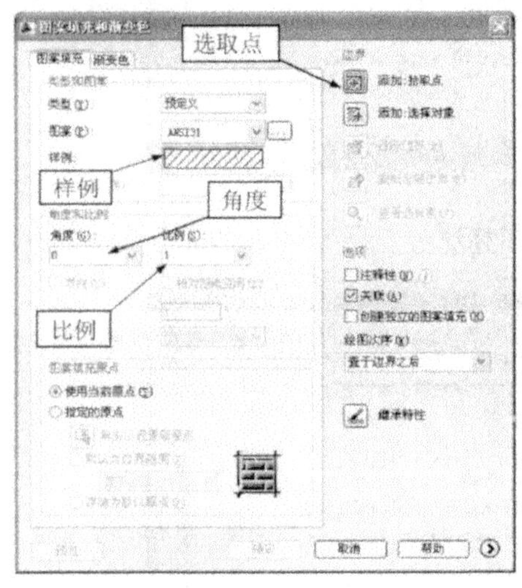

图 4-88 “图案填充和渐变色”对话框

图 4-89 填充图案选项板

4.6 布局和打印输出

AutoCAD 2009 提供了图形输入与输出接口。不仅可以将其他应用程序中处理好的数据传送给 AutoCAD 以显示其图形，还可以将在 AutoCAD 中绘制好的图形打印出来，或者把它们的信息传给其他应用程序。

此外，为适应互联网络的快速发展，使用户能够快速、有效地共享设计信息，AutoCAD 2009 强化了其 Internet 功能，使其与互联网相关的操作更加方便、高效，可以创建 Web 格式的文件（DWF）以及发布 AutoCAD 图形文件到 Web 网页。

4.6.1 模型空间与图形空间

模型空间是完成绘图和设计工作的工作空间。使用在模型空间中建立的模型可以完成二维或三维物体的造型，并且可以根据需求用多个二维或三维视图来表示物体，同时配有必要的尺寸标注和注释等来完成所需要的全部绘图工作。在模型空间中，用户可以创建多个不重叠的（平铺）视口以展示图形的不同视图。

图纸空间用于图形排列、绘制局部放大图及绘制视图。通过移动或改变视口的尺寸，可在图纸空间中排列视图。在图纸空间中，视口被作为对象来看待，并且可用 AutoCAD 的标准编辑命令对其进行编辑。这样就可以在同一绘图页进行不同视图的放置和绘制（在模型空间中，只能在当前活动的视口中绘制）。每个视口能展现模型不同部分的视图或不同视点的视图。每个视口中的视图可以独立编辑、画成不同的比例、冻结和解冻特定的图层、给出不同的标注或注释。在图纸空间中，还可以用 MSPACE 和 PSPACE 命令在模型空间与图形空间之间切换。这样，在图纸空间中就可以更灵活、方便地编辑、安排及标注视图，以得到一幅内容详尽的图。

4.6.2 布局卡的用途

布局卡主要用于图形的后期处理，具有打印出图和转成其他格式的图形文件等用途。对于打印出图和转成其他格式的图形文件，这两种用途唯一的区别在于选择打印驱动时，是选择真实打印机，还是选择虚拟打印机。

使用布局卡时需要按以下步骤操作：

（1）新建布局卡，或复制已有的布局卡。

（2）打开页面设置中的打印设备卡片：选择打印机，如果需要自定义图纸的尺寸，则编辑打印机的特性。

（3）设置打印样式表，根据实体颜色编辑线型和线宽。

（4）打开页面设置中的布局设置卡片：选择图纸尺寸和单位，选择打印比例、图形方向。

（5）在布局卡的图纸模式下，建立所需的图形窗口。如果需要多窗口则使用“VPORTS”命令新建窗口。

（6）在布局卡的模型模式下，使用“ZOOM”命令，并以类似“0.01XP”的方式给定缩放图形所需的出图比例；如果是多窗口的情况，则需要分别设置各窗口的显示比例。

（7）单击“打印”按钮。如果是虚拟打印（打印至文件），则还需要输入文件名。

4.6.3 页面设置

页面设置是打印设备和其他影响最终输出外观和格式的设置的集合，可以修改这些设置并将其应用到其他布局中。

在“模型”选项卡中完成图形之后，可以通过单击布局选项卡开始创建要打印的布局。首次单击布局选项卡时，页面上将显示单一视口。虚线表示图纸中当前配置的图纸尺寸和绘图仪的可打印区域，如图 4-90 所示。

设置了布局之后，就可以为布局的页面设置指定各项设置，其中包括打印设备设置以及其他影响输出外观和格式的设置。页面设置中指定的各种设置和布局一起存储在图形文件中，可以随时修改页面设置中的设置。

默认情况下，每个初始化的布局都有一个与其关联的页面设置。可以通过单击先前未使用的布局的选项卡激活布局，从而初始化该布局。初始化之前，布局中不包含任何打印设置。必须先初始化布局（可在页面设置中将其图纸尺寸定义为除 0×0 之外的其他值），然后才能将其发布。初始化完成后，可以对布局进行绘制、发布以及将布局作为图纸添加到图纸集中（在保存图形后）。也可以将某个布局中保存的命名页面设置应用到另一个布局中，这项操作将创建与第一个页面设置具有相同设置的新页面设置。

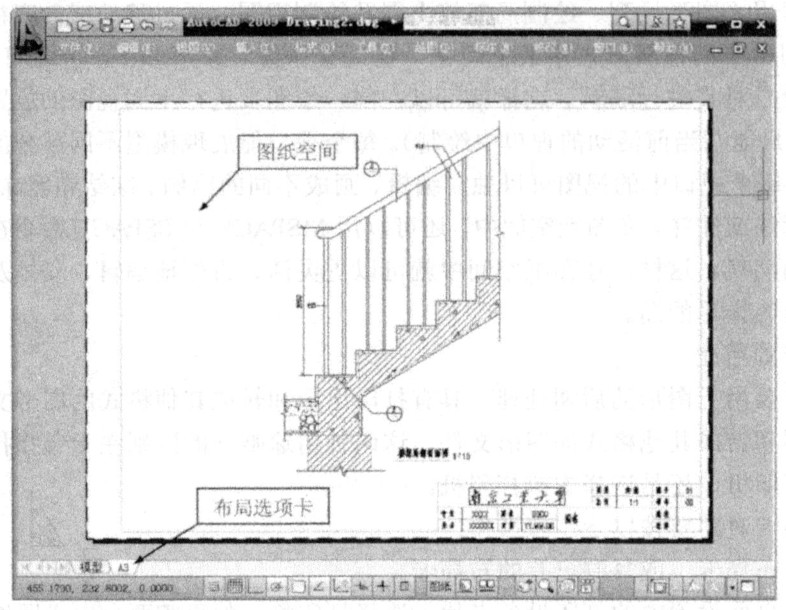

图 4-90 图纸空间

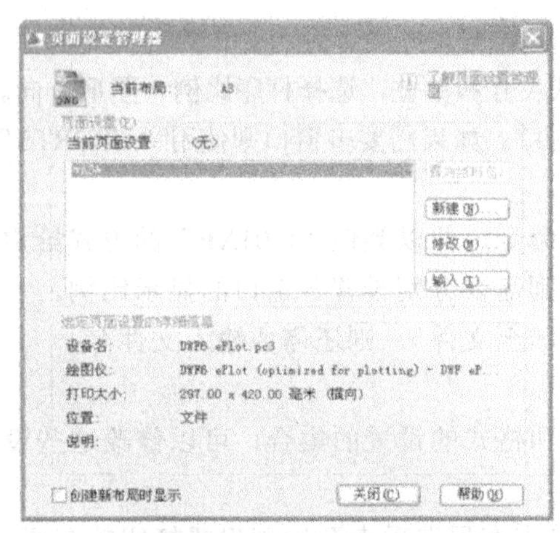

图 4-91 页面设置管理器

如图 4-91 所示，利用“文件”→“页面设置管理器”，打开“页面设置管理器”，新建名为“A3”的布局卡，单击“修改”按钮，打开“页面设置”对话框。如图 4-92 所示，在“打印机/绘图仪”选项指定打印机的名称，在“名称”下拉列表框中选择“DWF6 ePlot.pc3”虚拟打印机，如果要查看或修改打印机的配置信息，可以单击“特性”按钮，在打开的“绘图仪配置编辑器”中进行设置，如图 4-93 所示。

打印样式表是为当前布局指定打印样式的。当在下拉列表框中选择一个打印样式后，单击“编辑”按钮，可以使用“打印样式表编辑器”查看或修改打印样式，如图 4-94 所示。

这里主要提供一种实现绘图图线线型的方法：

（1）将实体的颜色、线型、线宽等属性交给图层来管理，即设置所有这些属性值为“BYLAYER”。

（2）建立代表各种线型的图层，用颜色来区分。

（3）将不同的线型放置于对应的图层。

（4）打印时通过打印样式表将屏幕颜色重新指定为打印时所用的颜色、线型、线宽（打印样式表文件为 PLOT STYLES 文件夹中的 ACAD.CTB），从而实现各种不同类型线型的表达。

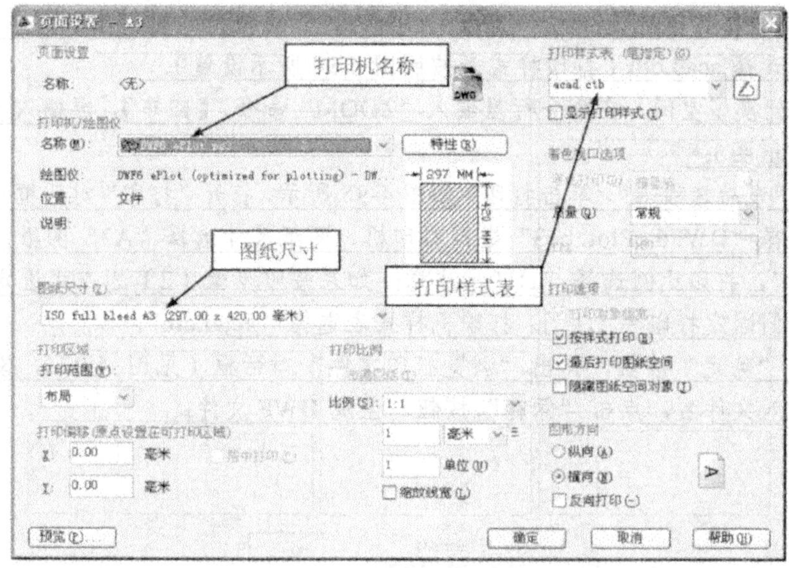

图 4-92　页面设置

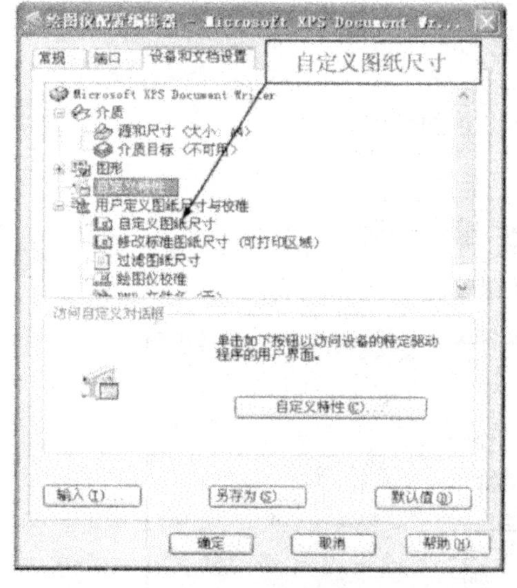

图 4-93　绘图仪配置编辑器

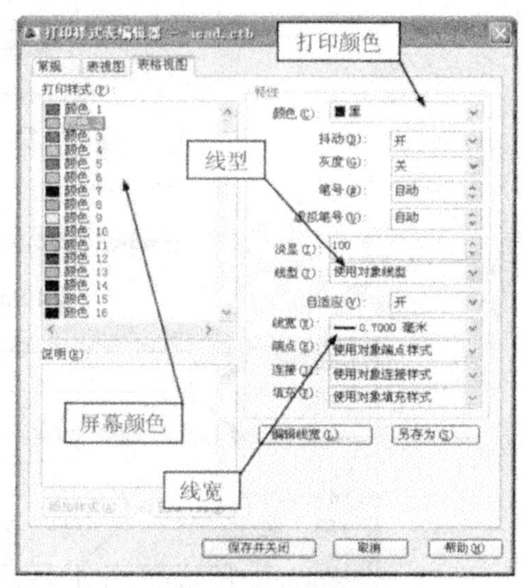

图 4-94　打印样式表编辑器

4.6.4　PLOT 打印输出

页面设置之后，通常要打印到图纸上，也可以生成一份 DWF、PNG、JPG 等格式的电子图纸，以便从互联网上进行访问。打印的图形可以包含图形的单一视图或更为复杂的视图排列。根据不同的需要，可以打印一个或多个视口，或者设置选项以决定打印的内容和图纸上的布置。

【例 4-33】　将图 4-90 所示的图形生成 DWF 文件。

操作流程

（1）从模型空间切换到图纸空间，右击“布局选项卡”，单击“页面设置管理器”，按

图 4-92 所示将打印机选择为“DWF6 ePlot.pc3”虚拟打印机，图纸尺寸选择 A3，打印样式表选择 acad.ctb（打印样式表按照图 4-94 所示设置）。

（2）切换到模型空间，在命令行里输入“ZOOM”命令，【回车】，再输入“0.1XP”（按 1:10 打印出图）。

（3）右击“布局选项卡”，单击打印，如图 4-95 所示，打开“打印”对话框（见图 4-96），打印机选择“DWF6 ePlot. pc3”虚拟打印机，图纸尺寸选择“A3”图纸，打印范围选择“布局”，打印比例选择“1:1”[注意：如果按照步骤（2）的方式设定打印比例，在这里我们固定打印为 1:1;]，打印机样式表选择“acad.ctb”。

（4）点击“确定”按钮，弹出“浏览打印文件”对话框（见图 4-97），设置文件保存路径并输入文件名，点击“保存”按钮，生成 DWF 文件。

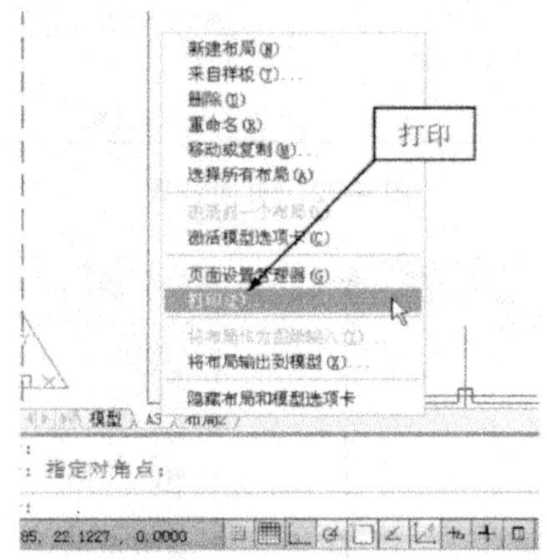

图 4-95　选择打印

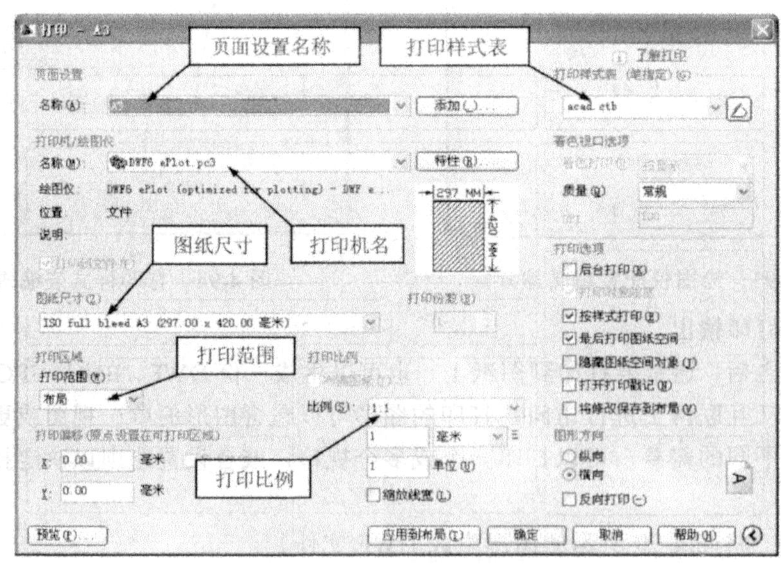

图 4-96　“打印”对话框

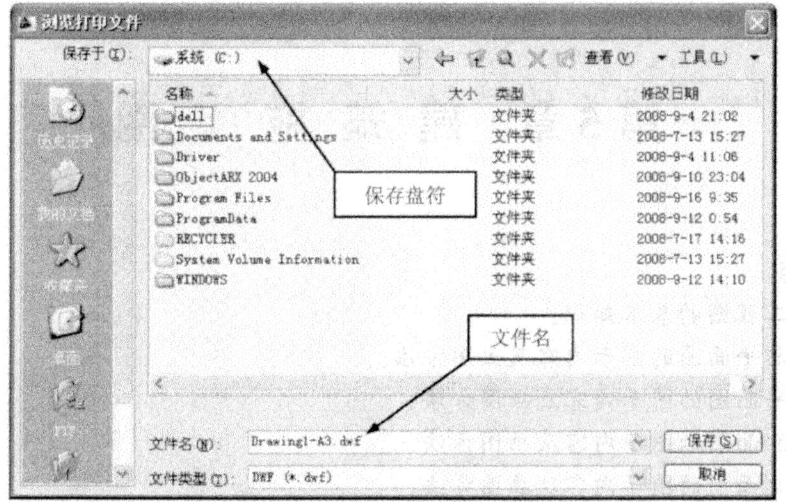

图 4-97　保存 DWF 文件

第5章　建筑施工图

本章要点

- 房屋工程图的基本知识。
- 建筑总平面图的图示内容及画图方法。
- 建筑平面图的图示内容及画图方法。
- 建筑立面图的图示内容及画图方法。
- 建筑剖面图的图示内容及画图方法。
- 建筑详图的图示内容。

5.1　房屋工程图的基本知识

5.1.1　房屋建筑的设计程序

房屋建造要经历设计和施工两个过程，其中设计过程一般又分为初步设计和施工图设计两个阶段。

初步设计包括建筑物的总平面图，建筑平面图、立面图、剖面图及简要说明，结构系统、采暖、通风、给水排水和电气照明等系统说明，各项技术经济指标，以及总概算等，供有关部门分析、研究和审批。

施工图设计是将初步设计所确定的内容进一步具体化，在满足施工要求及协调各专业之间的关系后最终完成设计，并绘制建筑、结构、水、暖、电施工图。

5.1.2　房屋的分类与组成

房屋按其使用功能的不同可分为工业建筑和民用建筑两大类。民用建筑又可分为公共建筑（学校、医院和会堂等）和居住建筑（住宅、宿舍等）。建筑物按结构分，通常有框架结构和承重墙结构等。各种建筑物尽管在功能及构造上各有不同，但就一栋房屋而言，基本上是由屋顶、楼梯、楼面地层、墙（或柱）、基础和门窗组成。图 5-1 和图 5-2 是一栋假想被垂直和水平剖切开的房屋，图中比较清楚地表明了房屋各部分的名称及所在位置。

（1）屋顶：位于房屋最上部。其面层起围护、防雨雪风沙、隔热保温作用；其结构层起承受屋顶重力及积雪和风荷载作用。

（2）楼梯：楼层之间上下垂直方向的交通设施。

（3）楼面地层：除了承受荷载之外还在垂直方向将建筑物分隔成楼层。

（4）梁和柱：房屋主要的承重构件。

（5）墙：除了承重外还起围护作用（外墙）、分隔作用（内墙）。

（6）基础：建筑物地面以下的部分，承受建筑物的全部荷载并将其传给地基。

（7）门窗：门主要是为了室内外的交通联系，窗则起通风、采光作用。

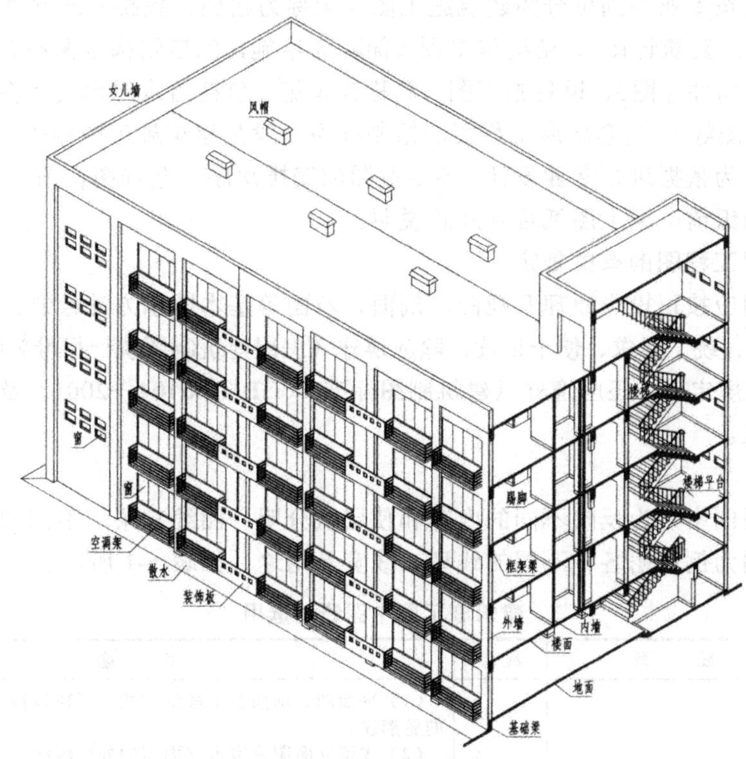

图 5-1 房屋示意图（垂直剖切）

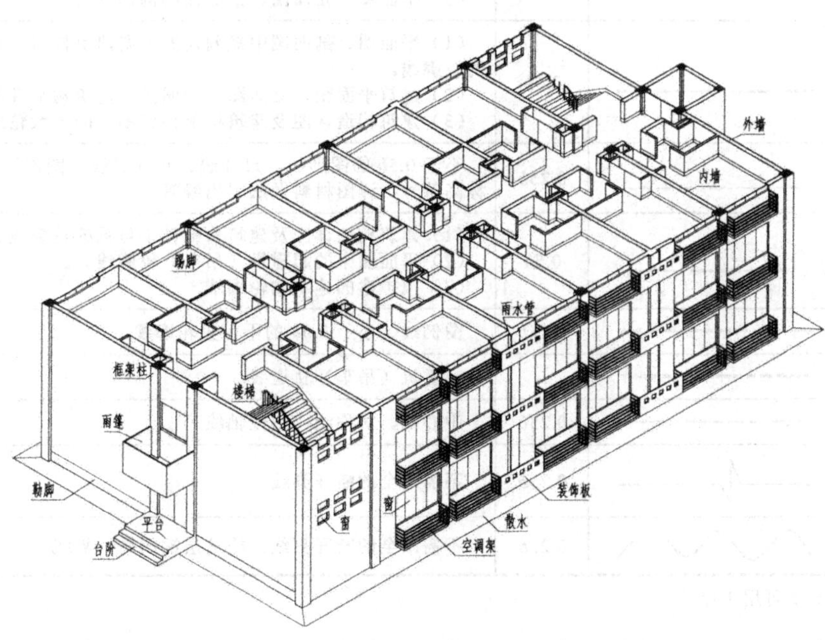

图 5-2 房屋示意图（水平剖切）

5.1.3 房屋工程图的分类

房屋工程图按专业不同可分为建筑施工图（简称为建施，包括建筑平面图、建筑立面图、建筑剖面图及建筑详图）、结构施工图（简称为结施，包括结构平面布置图、立面布置图、钢筋混凝土构件详图）、设备施工图（简称为设施，包括给水排水施工图、采暖通风施工图、电气施工图等）。全套房屋工程图的绘制程序一般是建筑施工图领先，其他各专业则依照建筑施工图为依据进行专业设计。各专业图的编排次序是全局图在前，局部详图在后。此外，在整套图纸前应编上图纸目录及总说明。

5.1.4 绘制房屋工程图的有关规定

房屋工程图应按正投影原理及视图、剖面、断面等基本图示方法绘制，为了保证绘图质量、提高效率、统一要求、便于识读，除应遵守《房屋建筑制图统一标准》（GB/T 50001—2001）中的基本规定外，还应遵守《建筑制图标准》（GB/T 50104—2001）及相关专业图的规定和制图标准。

1. 图线

在房屋工程图中，为反映不同的内容和使层次分明，图线宜采用不同的线型和线宽，现以建筑施工图为例说明各种不同的线型、线宽及用途，如表 5-1 所示。

表 5-1　　建筑施工图中图线的选用

名称		线型	线宽	用途
实线	粗		b	（1）平面图、剖面图中被剖切的主要建筑构造（包括构配件）的轮廓线。 （2）建筑立面图或室内立面图的外轮廓线。 （3）建筑构造详图中被剖切的主要部分的轮廓线。 （4）建筑构配件详图中的外轮廓线。 （5）平面图、立面图、剖面图的剖切符号
	中		$0.5b$	（1）平面图、剖面图中被剖切的次要建筑构造（包括构配件）的轮廓线。 （2）建筑平面图、立面图、剖面图中建筑构配件的轮廓线。 （3）建筑构造详图及建筑构配件详图中的一般轮廓线
	细		$0.25b$	小于 $0.5b$ 的图形线、尺寸线、尺寸界线、图例线、索引符号、标高符号、详图材料做法引出线等
虚线	中		$0.5b$	（1）建筑构造详图及建筑构配件不可见的轮廓线。 （2）平面图中的起重机（吊车）轮廓线。 （3）拟扩建的建筑物轮廓线
	细		$0.25b$	图例线、小于 $0.5b$ 的不可见轮廓线
单点长划线	粗		b	起重机（吊车）轨道线
	细		$0.25b$	中心线、对称线、定位轴线
折断线			$0.25b$	不需画全的断开界线
波浪线			$0.25b$	不需画全的断开界线，构造层次的断开界线

注　地平线的线宽可用 $1.4b$。

在同一张图纸中一般采用三种线宽组合，线宽比为 b:0.5b:0.25b。较简单的图样可采用两种线宽组合，线宽比为 b:0.25b。

2. 比例

房屋建筑体形庞大，通常需要缩小后才能画在图纸上。以建筑施工图为例，各种图样常用比例如表5-2所示。

表5-2　建筑施工图的比例选用

图　名	比　例
建筑物或构筑物的平面图、立面图、剖面图	1:50、1:100、1:150、1:200、1:300
建筑物或构筑物的局部放大图	1:10、1:20、1:25、1:30、1:50
配件或构造详图	1:1、1:2、1:5、1:10、1:15、1:20、1:25、1:30、1:50

3. 定位轴线

定位轴线是用来确定建筑物主要结构及构件位置的尺寸基准线。凡承重构件（如墙、柱、梁、屋架等）的位置都要画上定位轴线并编上序号，施工时以此作为定位的基准。定位轴线的距离一般应满足建筑模数尺寸。所谓建筑“模数”是指房屋的跨度（进深）、柱距（开间）、层高等尺寸都必须是基本模数（100mm，用Mo表示）或扩大模数（3Mo、6Mo、15Mo、30Mo、60Mo）的倍数，这样便于设计规范化、生产标准化、施工机械化。施工图上，定位轴线应用细单点长划线表示。在定位轴线的一端画直径为8～10mm的细线圆，圆内注写编号。在建筑平面图上编号的次序是横向自左向右用阿拉伯数字编写，竖向自下而上用大写拉丁字母编写，其中拉丁字母的I、O、Z不得用做轴线编号，以免与数字1、0、2混淆。定位轴线的编号宜注写在图的下方和左侧。

4. 尺寸和标高尺寸

建筑施工图上的尺寸可分为总尺寸、定位尺寸和细部尺寸三种。细部尺寸表示各部位构造的大小，定位尺寸表示各部位构造之间的相互位置，总尺寸应等于各分尺寸之和。尺寸除了总平面图尺寸及标高尺寸以米（m）为单位外，其他一律以毫米（mm）为单位。注写尺寸时，应注意使长、宽尺寸与相邻的定位轴线相联系。

标高是用以表明房屋各部分（如室内外地面、窗台、雨篷、檐口等）高度的标注方法，在图中用标高符号加注尺寸数字表示，如图5-3所示。标高符号用细实线绘制，符号中的三角形为等腰直角三角形，90°角所指为实际高度线。图5-3（*a*）、（*b*）是个体建筑物图样上使用的标高符号，长横线上下可用来注写尺寸，尺寸单位为米注写到小数点后三位（总平面图上可注到小数点后两位）。图5-3（*c*）是涂黑的符号，用在总平面图及在底层平面图上表示室外地坪标高。

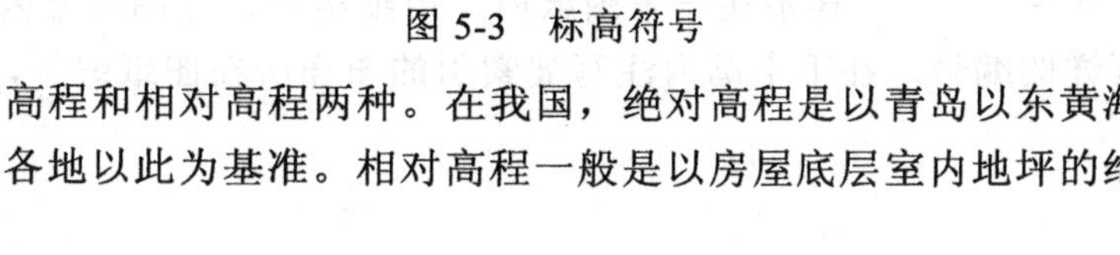

图5-3　标高符号

标高分绝对高程和相对高程两种。在我国，绝对高程是以青岛以东黄海平均海平面为标高零点，其他各地以此为基准。相对高程一般是以房屋底层室内地坪的绝对高程为基准零点。零点标高用±0.000 表示，低于零点的标高为负数，负数标高数字前须加注“–”号，如－0.600；高于零点的标高为正数，正数标高数字前不加“+”号，如 3.500。建筑物的高度方向的尺寸有毛面尺寸和完成面尺寸之分。毛面尺寸是指建筑物未经装修、粉刷前的尺寸，而完成面尺寸是经装修、粉刷后最终完成的尺寸。例如，建筑物地面、阳台地面、台阶表面等处的高度尺寸及标高应注写完成面尺寸，而其他部位注写毛面尺寸。

5. 索引符号与详图符号

图样中的某一局部或构件，如果需要另见详图，应以索引符号索引。在图样需画详图的部位加注索引符号，在所画的详图上加注详图符号。图样中索引符号是由直径 10mm 的细实线圆和水平直径组成的，如图 5-4（*a*）所示。如果索引出的详图与被索引的图样同在一张图纸内，应在索引符号的上半圆内用阿拉伯数字注明该详图的编号，并在下半圆内画一段水平细实线，如图 5-4（*b*）所示。如果索引出的详图与被索引的图样不在同一张图纸内，应在索引符号的下半圆中用阿拉伯数字注明该详图所在图纸的编号，如图 5-4（*c*）所示。如果索引出的详图采用标准图，应在索引符号中水平直径的延长线上加注该标准图册的编号。如图 5-4（*d*）所示，表示详图是在标准图册 J103 的第 4 页上，编号为 5。

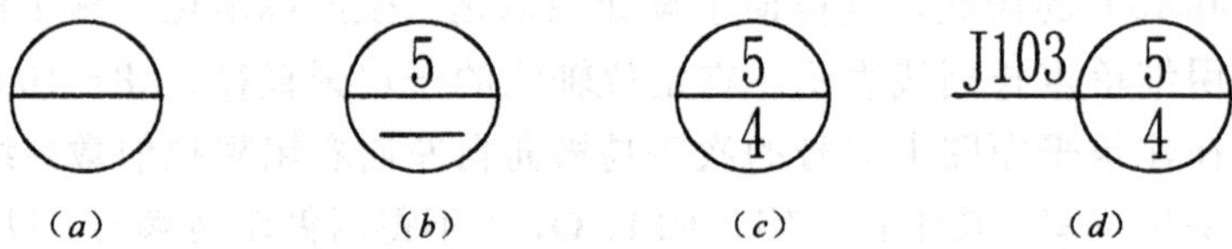

图 5-4 索引符号

如果索引符号用于索引剖面详图，应在被剖切的部位绘制剖切位置线（粗短线），并用引出线引出索引符号，引出线所在的一侧应为投影方向。图 5-5（*a*）表示剖切后向左投影，图 5-5（*b*）表示剖切后向下（或向前）投影图，图 5-5（*c*）表示剖切后向上（或向后）投影，图 5-5（*d*）表示剖切后向右投影。

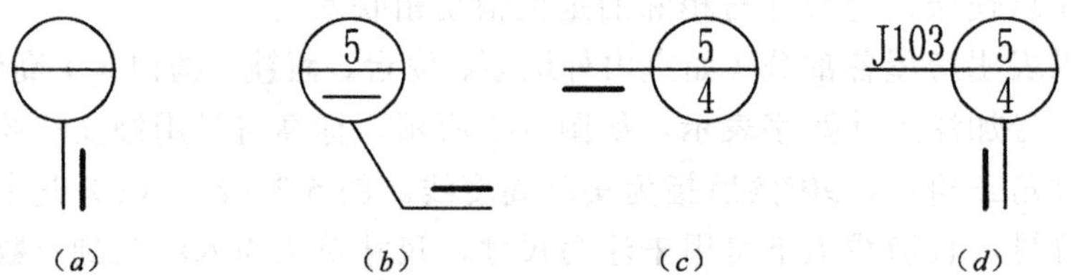

图 5-5 索引剖面详图的索引符号

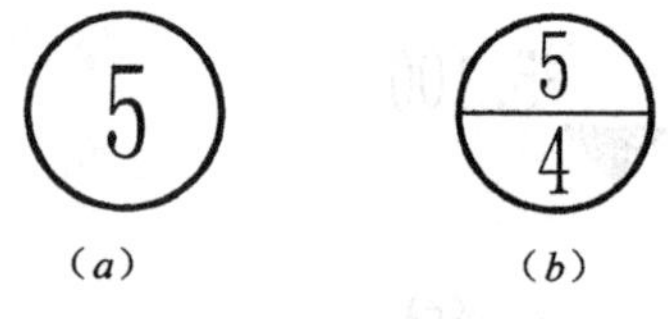

图 5-6 详图符号

详图的位置和编号用详图符号表示，如图 5-6 所示。详图符号的圆用粗实线绘制，直径 14mm。如果详图与被索引的图样同在一张图纸内，只在详图符号内用阿拉伯数字注明详图编号，如图 5-6（*a*）所示。如果详图与被索引的图样不在一张图纸内，用细实线在详图符号内画一水平直径，在上半圆内注写详图编号，在下半圆内注写被索引的图样所在图纸编号，如图 5-6（*b*）所示。

6. 房屋工程图常用图例

为了简化作图，房屋工程图中有一些内容是不用投影而用图例来表达的。所谓图例，就是按专业分类的统一规定的图形符号。常用建筑构配件图例如表 5-3 所示，建筑材料图例可参见本书第 1 章表 1-6。

表 5-3　　建 筑 施 工 图 图 例

名称	图　例	说　明	名称	图　例	说　明
楼梯		（1）上图为底层楼梯平面，中图为中间层楼梯平面，下图为顶层楼梯平面。 （2）楼梯及栏杆扶手的形式和楼梯踏步数应按实际情况绘制	坡道		上图为长坡道，下图为门口坡道
检查孔		左图为可见检查孔，右图为不可见检查孔	空门洞		*h* 为门洞高度
孔洞		阴影部分可以涂色代替	坑槽		
单扇门（包括平开或单面弹簧）		（1）门的名称代号用 M。 （2）图例中剖面图左为外、右为内，平面图下为外、上为内。 （3）立面图上开启方向线交角的一侧为安装合页的一侧，实线为外开，虚线为内开。 （4）平面图上门线应 90°或 45°开启，开启弧线宜绘出。 （5）立面图上的开启线在一般设计图中可不表示，在详图及室内设计图上应表示。 （6）立面形式应按实际情况绘制	单层固定窗		（1）窗的名称代号用 C。 （2）立面图中的斜线表示窗的开启方向，实线为外开，虚线为内开；开启方向线交角的一侧为安装合页的一侧，一般设计图中可不表示。 （3）图例中，剖面图所示左为外、右为内，平面图所示下为外、上为内。 （4）平面图和剖面图上的虚线仅说明开关方式，在设计图中不需表示。 （5）窗的立面形式应按实际绘制。 （6）小比例绘图时，平面、剖面的窗线可用单粗实线表示
双面门（包括平开或单面弹簧）			单层中悬窗		
单扇双面弹簧门			单层外开平开窗		
电梯		（1）电梯应注明类型，并绘出门和平衡锤的实际位置。 （2）观景电梯等特殊类型电梯应参照本图例按实际情况绘制	推拉窗		
			高窗		（1）同上述各类窗说明中的（1）～（5）项。 （2）*h* 为窗底距本层楼地面的高度

5.2 建筑总平面图

建筑总平面图是较大范围内的建筑群和其他工程设施的水平投影图，主要表示新建、拟建房屋的具体位置、朝向、高程、占地面积以及与周围环境（如原有建筑物、道路、绿化等）之间的关系，是整个工程的总体布局图。建筑总平面图的绘制应遵守《总图制图标准》（GB/T 50103—2001）中的基本规定。

5.2.1 总平面图的画法特点及要求

1. 比例

由于总平面图所表示的范围大，所以一般都采用较小的比例，常用的比例有 1:500、1:1000、1:2000 等。

2. 图例

由于比例很小，总平面图上的内容一般是按图例绘制的，常用的图例可见表 5-4。当该表中所列图例不够用时，可自编图例，自编图例需另加说明。

表 5-4 常用总平面图图例

名称	图例	说明	名称	图例	说明
新建的建筑物	8	（1）必要时，可用▲表示出入口，可在图形内右上角用点数或数字表示层数。（2）建筑物外形（一般以±0.00 高度处的外墙定位轴线或外墙面线为准）用粗实线表示。需要时，地面以上建筑物用中粗实线表示，地面以下建筑用细虚线表示	新建的道路	5 45.00 R8 50.00	“R8”表示道路转弯半径为 8m；“50.00”为路面中心控制点标高；“5”表示 5%，为纵向坡度；45.00 表示变坡点间距离
围墙及大门		上图为实体性质的围墙，下图为通透性质的围墙，若仅表示围墙时不画大门	坐标	X105.00 Y425.00 A105.00 B105.00	上图表示测量坐标，下图表示建筑坐标
室内标高	51.00		室外标高	●143.00 ▼143.00	室外标高也可采用等高线表示
原有的道路			计划扩建的道路		
护坡		（1）边坡较长时，可在一端局部表示。（2）下边线为虚线时表示填方	风向玫瑰频率图		根据当年统计的各方向平均吹风次数绘制。实线表示全年风向频率。虚线表示夏季风向频率，按 6、7、8 三个月统计
填挖边坡					

续表

名称	图　例	说　明	名称	图　例	说　明
原有的建筑物		用细实线表示	计划扩建的建筑或预留地		用中粗虚线表示
原有的建筑物		用细实线表示	铺砌场地		
散状材料露天堆场		需要时可注明材料名称	指北针	北	圆圈直径宜为 24mm 线绘制，指针尾部的宽度宜为 3mm，指针头部应注明“北”或“N”。需要较大直径绘制时，指针尾部宽度宜为直径的 1/8。
其他材料露天堆场或露天作业场		需要时可注明材料名称	指北针		圆圈直径宜为 24mm 线绘制，指针尾部的宽度宜为 3mm，指针头部应注明“北”或“N”。需要较大直径绘制时，指针尾部宽度宜为直径的 1/8。

3. 图线

新建房屋的可见轮廓线用粗实线绘制，新建的道路、桥涵和围墙等用中实线绘制，计划扩建的建筑物用中虚线绘制，原有的建筑物、道路及坐标网、尺寸线和引出线等用细实线绘制。当地形复杂时要画出等高线，表明地形的高低起伏变化。

4. 定位

当总平面图所表示的范围较大时，应画出测量或施工坐标网。建筑物可标注其定位轴线或角点的坐标[详见《总图制图标准》（GB/T 50103—2001）中的有关规定]。一般情况下，可利用原有建筑物或道路定位，如图 5-7 中的 8.38m、4.00m 所示。

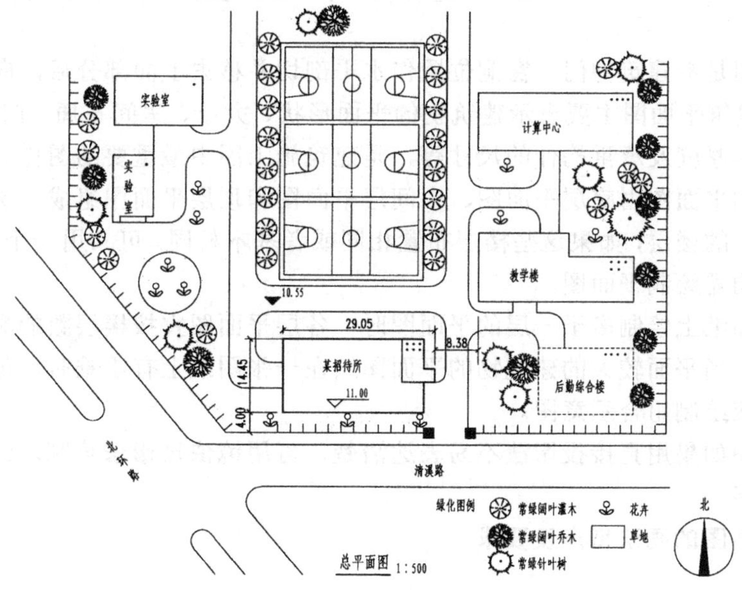

图 5-7　某招待所总平面图

5. 指北针

总平面图上应画出指北针或风向频率图（简称为风玫瑰图），用以表明建筑物的朝向或该地区常年的风向频率，如图 5-7 所示。

6. 尺寸标注

总平面图中应标注新建房屋的总长、总宽及其定位尺寸，尺寸单位为米（m，保留至小数点后面两位）。同时，应标注新建房屋的室内外地坪标高，标高宜采用绝对标高。

7. 注写名称

总平面图上的建筑物、构筑物应注写名称，当图样比例小或图面无足够注写位置时，可采用编号列表编注。

8. 其他

由建筑总平面图可以绘制其他专业的总平面布置图，如给水排水、供暖、电气等总平面图。

5.2.2 总平面图的读图举例

图 5-7 是某招待所的总平面图。其绘图比例 1:500。图中粗实线表示的房屋轮廓是新设计建造的招待所，右上角 6 个黑点表示该建筑为六层。14.45 和 29.05 为该建筑的宽度和长度尺寸，4.00 和 8.38 是该房屋垂直方向和水平方向的定位尺寸，单位均为米（m）。11.00、10.55 为室内、外地坪的绝对标高，单位也是米（m）。紧靠招待所并带有短划线的中实线表示围墙。围墙南面、西面用中实线表示的是新建道路。右下角指北针显示该建筑物朝向为坐北朝南。总平面图东、西方向用细实线表示的房屋轮廓为原有建筑物，包括实验室、计算中心和教学楼。东南面虚线表示的是将来要建设的后勤综合楼。北面正对招待所的是篮球场，连接建筑物之间的细实线表示原有道路。建筑物四周布满花草树木。

5.3 建筑平面图

建筑平面图是沿建筑物门、窗洞位置作水平剖切并移去上面部分后，向下投影所形成的全剖面图。建筑平面图主要表示建筑物的平面形状、大小、房间布局、门窗位置、楼梯、走道安排、墙体厚度及承重构件的尺寸等，是建筑施工图中最重要的图样。

多层建筑的平面图由底层平面图、中间层平面图和顶层平面图组成。所谓中间层是指底层到顶层之间的楼层，如果这些楼层布置相同或者基本相同，可共用一个标准层平面图，否则每一楼层均需绘制平面图。

在同一张图纸上绘制多于一层的平面图时，各层平面图宜按楼层数的顺序从左至右或从下至上布置。当平面较大的建筑物的平面图绘在一张图纸上有困难时，可分区绘制平面图，分区绘制应绘制组合示意图。

顶棚平面图如果用直接投影法不易表达清楚，可用镜像投影法绘制，但应在图名后加注“镜像”二字。

5.3.1 建筑平面图的画法特点及要求

1. 比例

建筑平面图常用比例为 1:100、1:150、1:200、1:300 等。

2. 定位轴线

定位轴线的画法和编号已在本章 5.1 节中作了详细介绍。这里需要强调的是，一旦建筑平面图的定位轴线的编号确定后，其他各专业图样中的轴线编号也必须与之相符。

3. 图线

被剖切到的墙柱轮廓线画粗实线（*b*），没有剖切到的可见轮廓线（如窗台、台阶、楼梯等）画中实线（0.5*b*），尺寸线、标高符号和轴线等用细线（0.25*b*）画出。如果需要表示高窗、通气孔、槽、地沟及起重机等不可见部分，则应以虚线绘制。在不同比例的平面图上抹灰层的材料图例省略画法不同，大于 1:50 比例的平面图上应画出抹灰层的层面线，而小于 1:50 比例的平面图上则无需画出。

4. 尺寸标注

平面图中标注的尺寸分为外部和内部两类。外部尺寸主要有三道：第一道是最外面的尺寸，这一道为总体尺寸，又称为建筑物的外包尺寸，表示建筑物的总长、总宽；中间第二道为轴线间尺寸，它是承重构件的定位尺寸，一般又称为房间的“开间”和“进深”尺寸；第三道是细部尺寸，它表明门、窗洞和洞间墙的尺寸，这道尺寸应与轴线相关联。建筑平面图中还应注出建筑物室内的楼地面标高和室外地坪标高，具体注法可参见本章 5.1 节的尺寸及标高注法。

5. 代号及图例

在平面图中被剖切到的门、窗用图例表示，并在图例旁注写它们的代号和编号，代号“M”表示门，“C”表示窗，编号可用阿拉伯数字顺序编写，也可直接采用标准图上的编号。被剖切到的钢筋混凝土构件的断面可涂黑表示，被剖切到的砖墙一般不画图例（也可在描图纸背面涂红）。

6. 投影要求

建筑平面图是全剖面图，按理各层平面图的绘制按投影方向能看到的部分均应画出，但这样各层平面图中都会有一些重复部分。为了节省时间及画图工作量，重复之处通常是省略不画的，如散水、明沟和台阶等只在底层平面图中表示，而其他层的平面图则不画出；雨篷也只在二层平面图中表示。平面图上厨房、卫生间因另有详图表达，一般只需用图例画出卫生器具、水池、橱柜和隔断等的位置即可。

7. 其他标注

在平面图中宜注写房间的名称或编号。在建筑物有±0.00 标高的平面图上（一般为底层平面图）应画出指北针。指北针图例如表 5-4 所示，指北针所指的方向应与总平面图的方向一致。当平面图上某一部分或某一构件另有详图表示时需用索引符号在图上表明。此外，表示建筑剖面图的剖切位置及剖视方向的符号也应在房屋的底层平面图上标注。

8. 门窗表

为了方便订货和加工，建筑平面图中一般应附有门窗表。

9. 局部平面图和详图

在平面图中，如果某些局部平面因设备多或因内部组合复杂、比例小而表达不清楚时，可用较大比例的局部平面图或详图来表达。

10. 屋面平面图

屋面平面图与建筑平面图不同，它不是剖面图而是直接从房屋上方向下投影且只保留屋面部分的视图，习惯上将其归到建筑平面图中表述。它主要表示屋面排水的情况（用箭头、坡度或泛水表示）以及天沟、雨水管和水箱等的位置，由于内容比较简单，可以用与建筑平面图相同的比例绘制，也可以用较小比例绘制（如 1:200）。

5.3.2 建筑平面图读图举例

图 5-8 是某招待所的一层平面图，是用 1:100 的比例绘制的。该建筑平面形状基本为矩形，有两个入口位于左右两侧，整个平面共有九个客房、一个管理间、两个楼梯间和一个大堂。客房的布局大致相同，由卧室和卫生间组成。配电间和弱电间分别布置在两个楼梯间中。M—1、M—2、M—3、M—7、FHM—1 为单扇门，M—4、M—5、M—8 为双扇门，C—1 为窗。门窗尺寸可参见门窗表。室内地平标高为±0.000，所有卫生间的地面均比室内地面低 20mm，配电间和弱电间的地面均比室内地面低 300mm。

由于建筑平面图的比例小，剖切到的钢筋混凝土柱涂黑表示而剖切到的墙用粗实线双线绘制，这里的墙仅起围护和分隔作用，用空心砌块砌筑，墙厚 200mm。

房屋的定位轴线是以柱的中心位置确定的，横向轴线从①～⑧，纵向轴线从Ⓐ～Ⓑ。客房中标注的$\frac{3}{19}$、楼梯间 1 中标注的$\frac{1}{15}$及楼梯间 2 中标注的$\frac{1}{16}$符号是详图索引符号，它表明客房、楼梯等另画有详图（因篇幅限制，详图省略）。

因为在平面图上招待所前、后、左、右的布置不同，所以沿图四周都标注了 2～3 道尺寸。最外面一道尺寸反映招待所的总长、总宽，中间第二道尺寸反映轴线的间距，最内第三道尺寸是柱间墙或柱间门、窗洞的尺寸。

图 5-9 是招待所的二层平面图。与底层平面图相比，二层平面图减去了室外的附属设施踏步及指北针。东西两端的楼梯表示方法与底层不同，不仅画出了本层到上一层的部分楼梯踏步，还画出了本层到下一层的楼梯踏步。紧靠楼梯间 1 的走廊外侧和电梯间外侧的是雨篷。

图 5-10 是招待所的三、四层平面图，由于三、四层的平面布置完全相同，故用一张平面图表示，仅在标高处注明各层标高即可。与二层平面图相比，三、四层平面图的图示内容除楼梯的标高有所不同且没有雨篷外，其他均与二层平面图布置相同，所以该平面图也可以省略不画，由二层平面图代替，仅需用文字说明不同之处即可。

图 5-11 是招待所的五层平面图。由于本例所示建筑物是局部六层，所以楼梯间 1 只到达五层，而楼梯间 2 可到达六层。注意楼梯间 1 的画法：由于只设向下的梯段，所以楼梯不画折断线，用一箭头指向下行的方向。

图 5-12 是招待所的六层平面图。该图内容主要为六层的楼梯布置和部分屋顶的布置。屋面通往顶层的出入口设有一扇门（M—6）。楼梯间的图示与五层楼梯间 1 相同，只是设了向下的梯段。

图 5-13 是招待所的屋顶平面图。该图与一般的建筑平面图不一样，是从屋顶上方向下的投影图。其投影内容包括屋面、楼梯间屋面两部分。屋顶平面图侧重屋顶排水。从图 5-13 中可知楼梯间部分的屋面标高为 18.000，其他部分的屋面标高为 15.000。整个屋面的排水为内、外排水两种形式。楼梯间部分的屋面为单向内排水，3%坡向后方左侧墙边。其他部分的屋面为南北方向的外排水，由 3%坡向天沟，再由天沟分东西方向沿 1%坡向水落管。屋顶四周设有女儿墙。

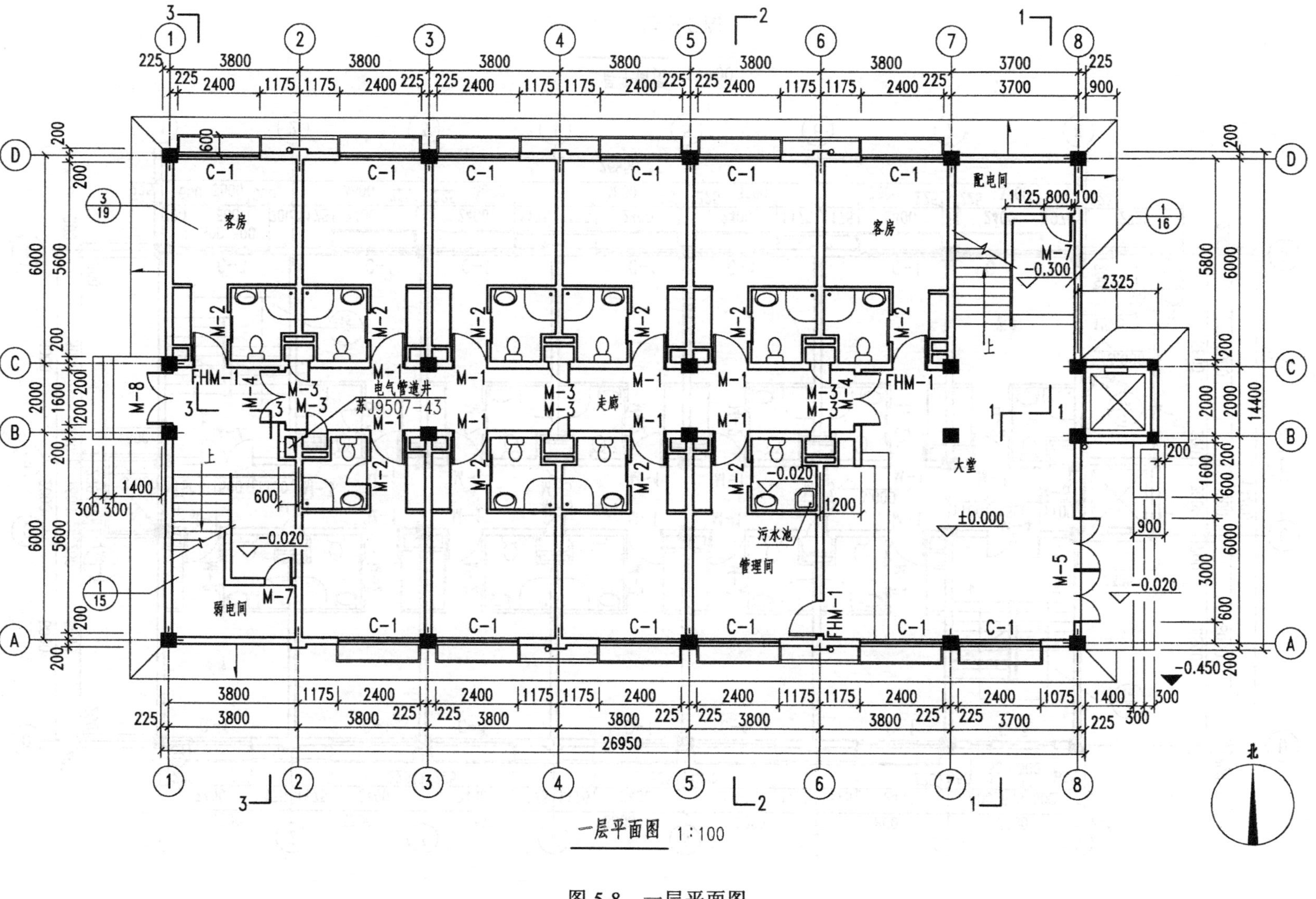
一层平面图 1:100
客房
大堂
走廊
管理间
污水池
配电间
弱电间
电气管道井
苏J9507-43
±0.000
-0.020
-0.300
-0.450
C-1
M-1
M-2
M-3
M-4
M-5
M-7
M-8
FHM-1
14400
26950
北

图 5-8 一层平面图

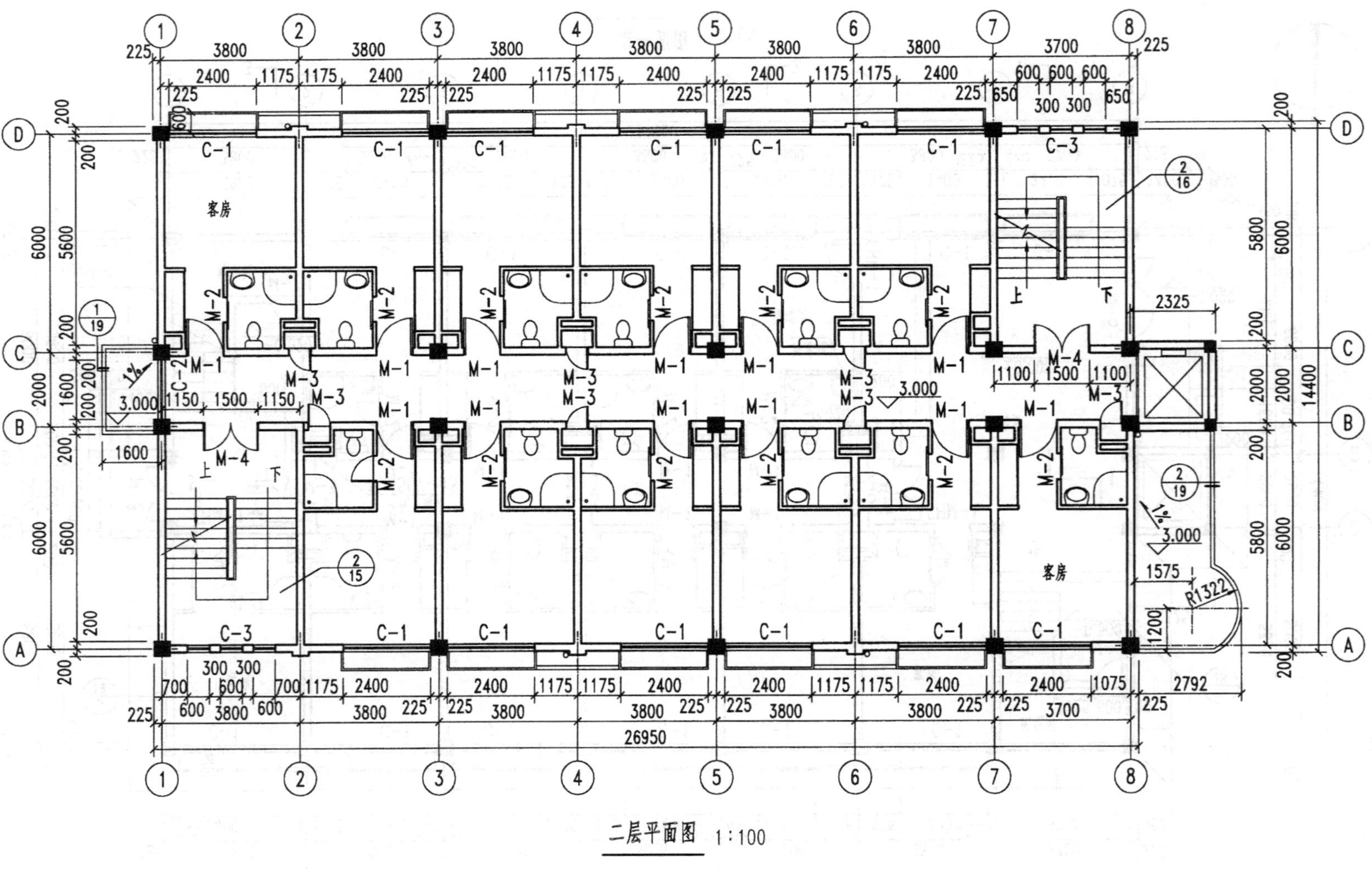

二层平面图 1:100

图 5-9 二层平面图

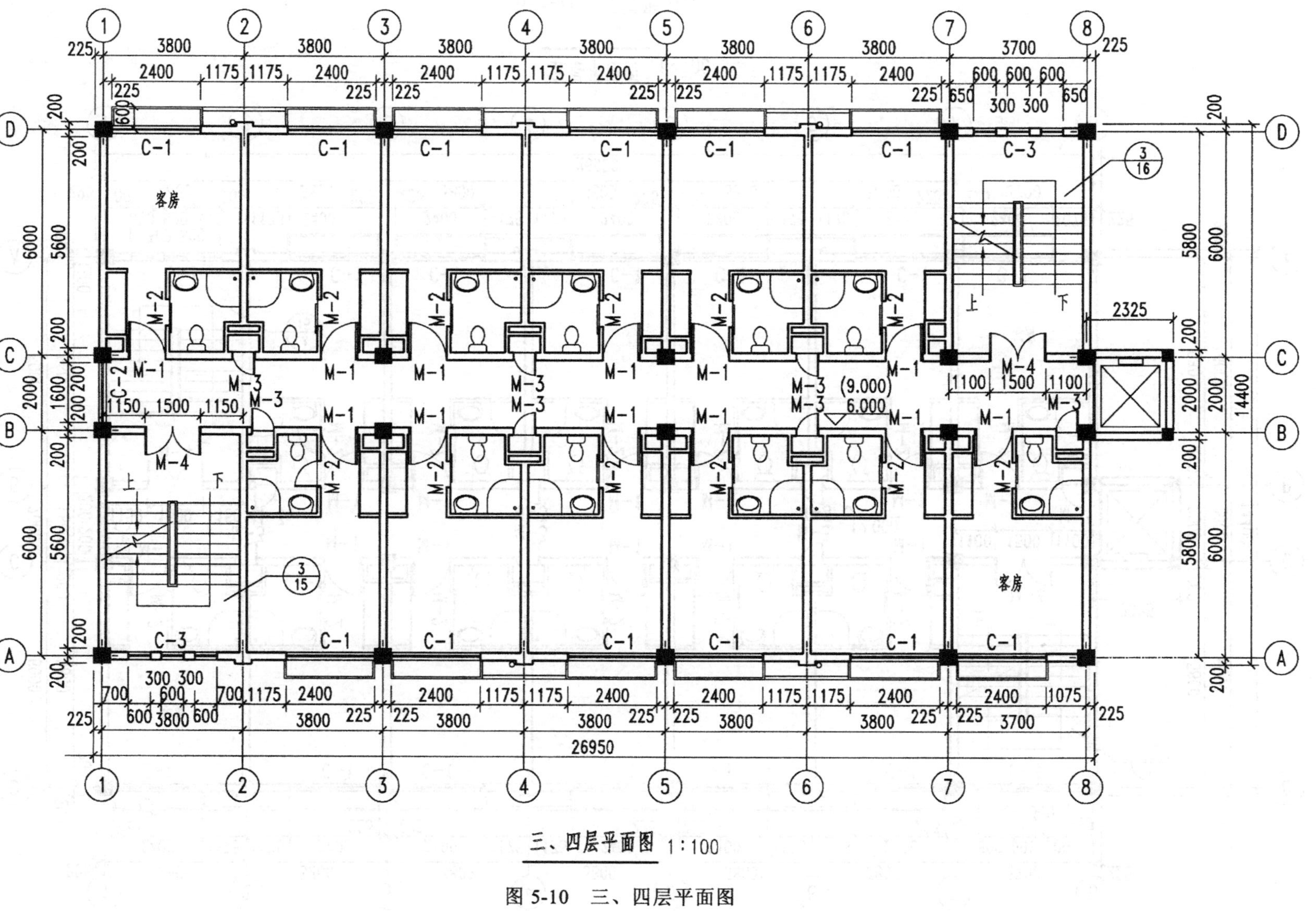

三、四层平面图 1:100

图 5-10 三、四层平面图

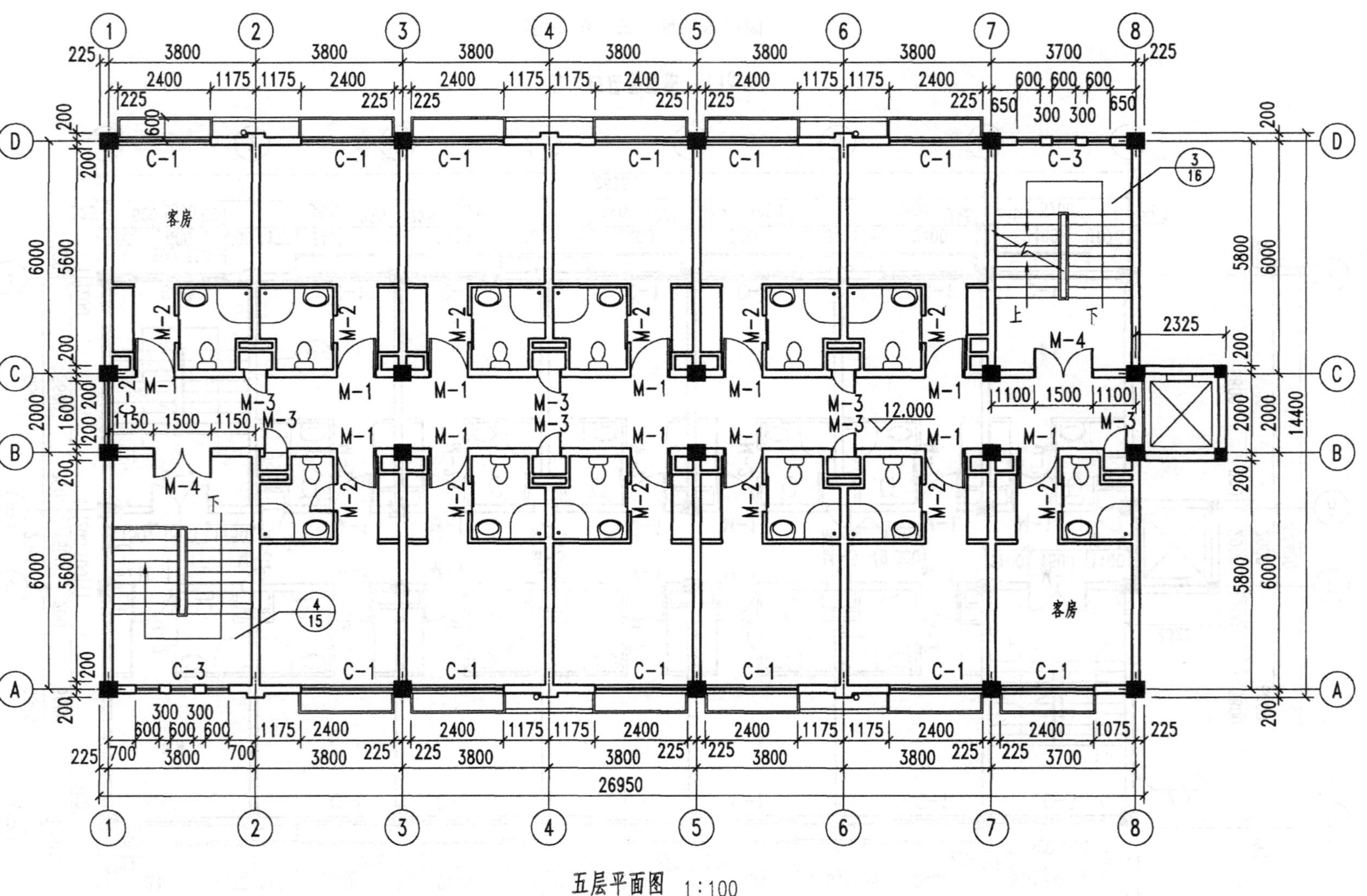

图 5-11 五层平面图

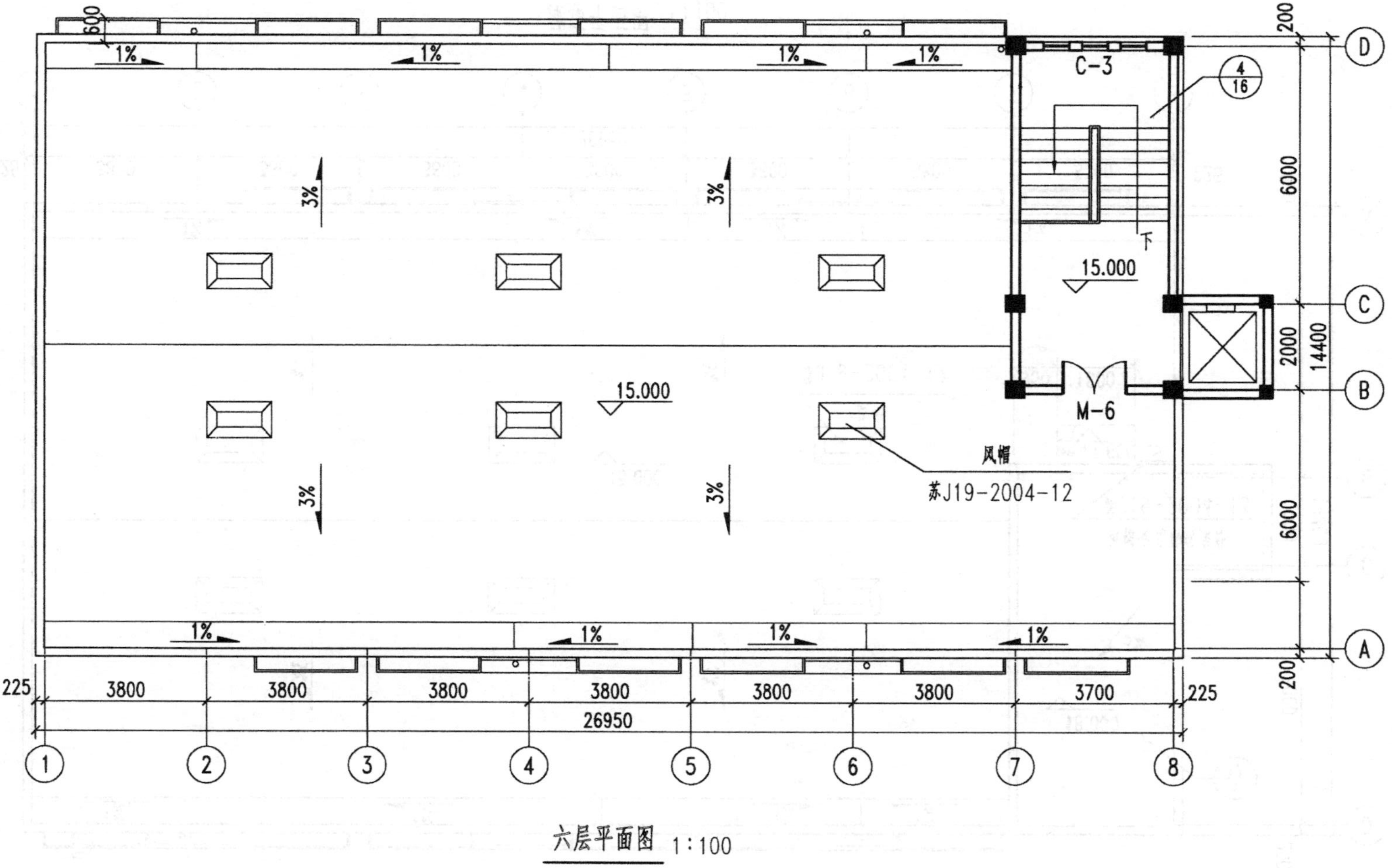
D
C
B
A
200
6000
2000
14400
6000
200
C-3
4
16
下
15.000
M-6
15.000
风帽
苏J19-2004-12
1%
3%
600
225
3800
3800
3800
3800
3800
3800
3700
225
26950
1
2
3
4
5
6
7
8
六层平面图 1:100

图 5-12 六层平面图

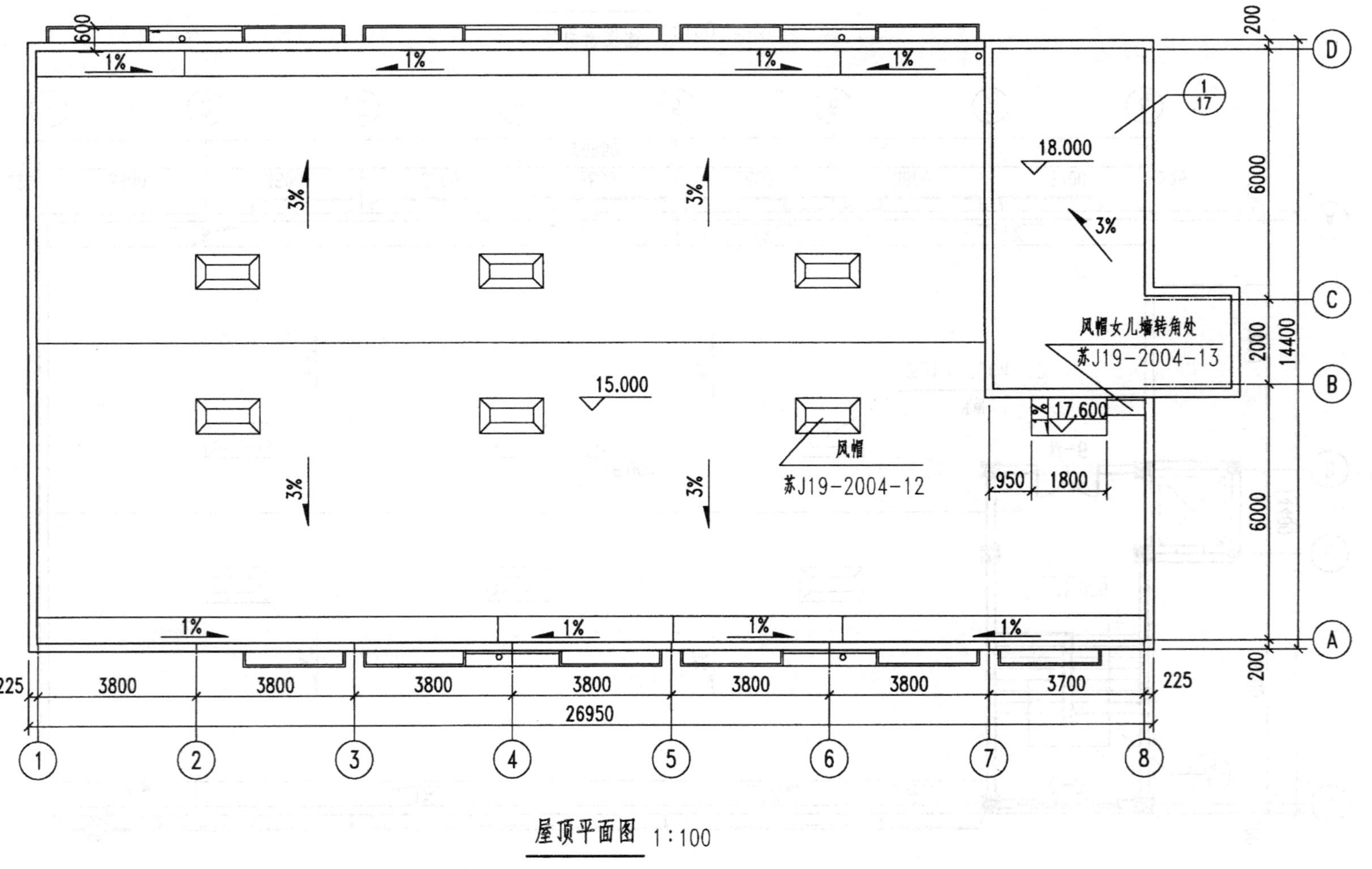

600
1%
3%
18.000
1
17
风帽女儿墙转角处
苏J19-2004-13
15.000
17.600
风帽
苏J19-2004-12
950
1800
200
6000
2000
14400
D
C
B
A
225
3800
3700
26950
1
2
3
4
5
6
7
8
屋顶平面图 1:100

图 5-13 屋顶平面图

5.3.3　门窗表

建筑物的门、窗需绘制专门的表格，以便加工订购。门窗表习惯附于建筑平面图的后面。表 5-5 是某招待所的门窗表，该表仅提供图中相关的门窗编号、门窗洞尺寸及数量，有关门窗的具体格式和内容可参见有关的标准图集。

表 5-5　　招 待 所 门 窗

类别	编号	洞口尺寸		数　量							备注
		宽度	高度	一层	二层	三层	四层	五层	六层	合计	
窗	C—1	2400	1450	12	12	12	12	12		60	
	C—2	1600	1450		1	1	1	1		4	
	C—3	600	400		12	12	12	12		48	
门	M—1	1000	2100	8	12	12	12	12		56	
	M—2	800	2100	10	12	12	12	12		58	
	M—3	600	2100	6	7	7	7	7		34	
	M—4	1500	2100	2	2	2	2	2		10	
	M—5	3000	2400	1						1	
	M—6	1500	2100						1	1	
	M—7	800	2000	2						2	
	M—8	1500	2400	1						1	
	FHM—1	1000	2100	3						3	

5.3.4　建筑平面图的绘图步骤

建筑平面图的绘制一般宜按如图 5-14 所示步骤进行。

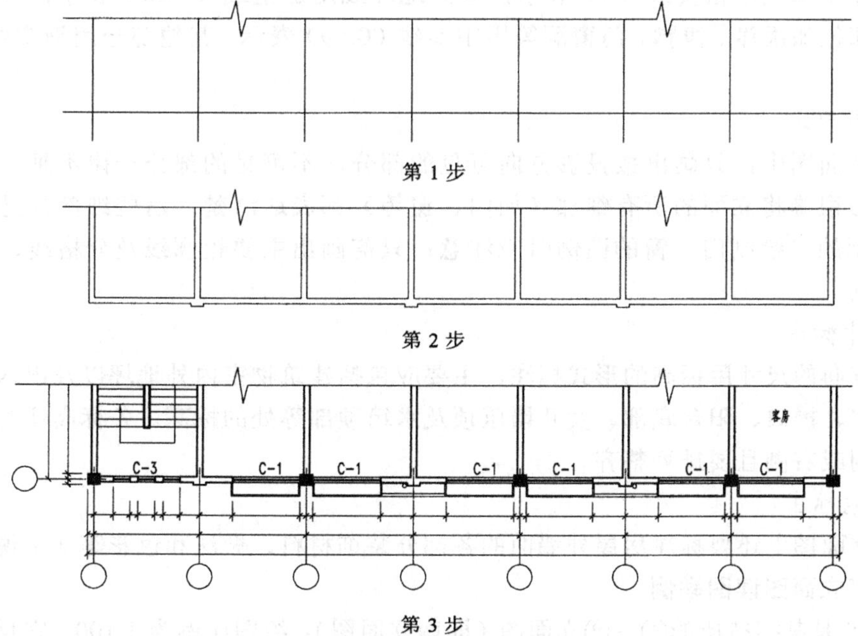

图 5-14　平面图绘图步骤

第 1 步：画基准线，按尺寸画出房屋的横向定位轴线和纵向定位轴线。

第 2 步：画主要墙体和柱子的轮廓线及次要结构的轮廓线。

第 3 步：按规定画门窗图例及细部构造并注写尺寸、标高和文字说明等。

5.4 建筑立面图

建筑立面图是房屋不同方向的立面正投影图。通常一个房屋有四个朝向，立面图可根据房屋的朝向来命名，如东立面、西立面等；也可以根据主要入口来命名，如正立面、背立面、左侧立面、右侧立面。一般有定位轴线的建筑物，宜根据立面图两端轴线的编号来命名，如①～⑧立面图、Ⓐ～Ⓑ立面图等。建筑立面图主要表明建筑物的体型和外貌，外墙面的面层材料、色彩，女儿墙的腰线、勒脚等饰面做法，阳台的形式及门窗布置，以及雨水管位置等。建筑立面图应画出可见的建筑外轮廓线、建筑构造和构配件的投影，并注写墙面做法及尺寸和标高。较简单的对称的建筑物或对称的构配件，在不影响构造处理和施工的情况下，立面图可绘制一半，并在对称线处画上对称符号。

5.4.1 建筑立面图的画法特点及要求

1. 比例

建筑立面图的比例通常与平面图相同。

2. 定位轴线

一般建筑立面图只画出两端的定位轴线及编号，以便与平面图对照。

3. 图线

为了突出建筑立面图的表达效果，使建筑物的轮廓清晰、层次分明，通常选用如下线型：最外轮廓线用粗实线（b）表示，室外地坪线用加粗线（$1.4b$）表示，外轮廓线内所有凸出部位如雨篷、线脚、门窗洞等用中实线（$0.5b$）表示，其他部分用细实线（$0.25b$）表示。

4. 投影要求

建筑立面图中，只画出按投影方向可见的部分，不可见的部分一律不画。由于比例小，按投影很难将立面的所有细部（如门、窗等）都表达清楚，这些细部都是根据有关图例来绘制的。绘制门、窗的图例时应注意：只需画出主要轮廓线及分格线，门、窗框宜用双线画。

5. 尺寸标注

高度方向的尺寸用标高的形式标注，主要应包括建筑物室内外地坪以及出入口地面、门窗洞顶部、檐口、阳台底部、女儿墙压顶及水箱顶部等处的标高。各标高注写在建筑立面图的左侧或右侧且要排列整齐。

6. 其他标注

建筑立面图上还要标注房屋外墙面的各部分装饰材料、做法和色彩等文字说明。

5.4.2 建筑立面图读图举例

图 5-15 是某招待所的①～⑧立面图（即南立面图），绘图比例为 1:100。它反映该建筑的外貌特征及装饰风格。从该立面图可以看出这座建筑物不对称，主体为五层，东侧局部

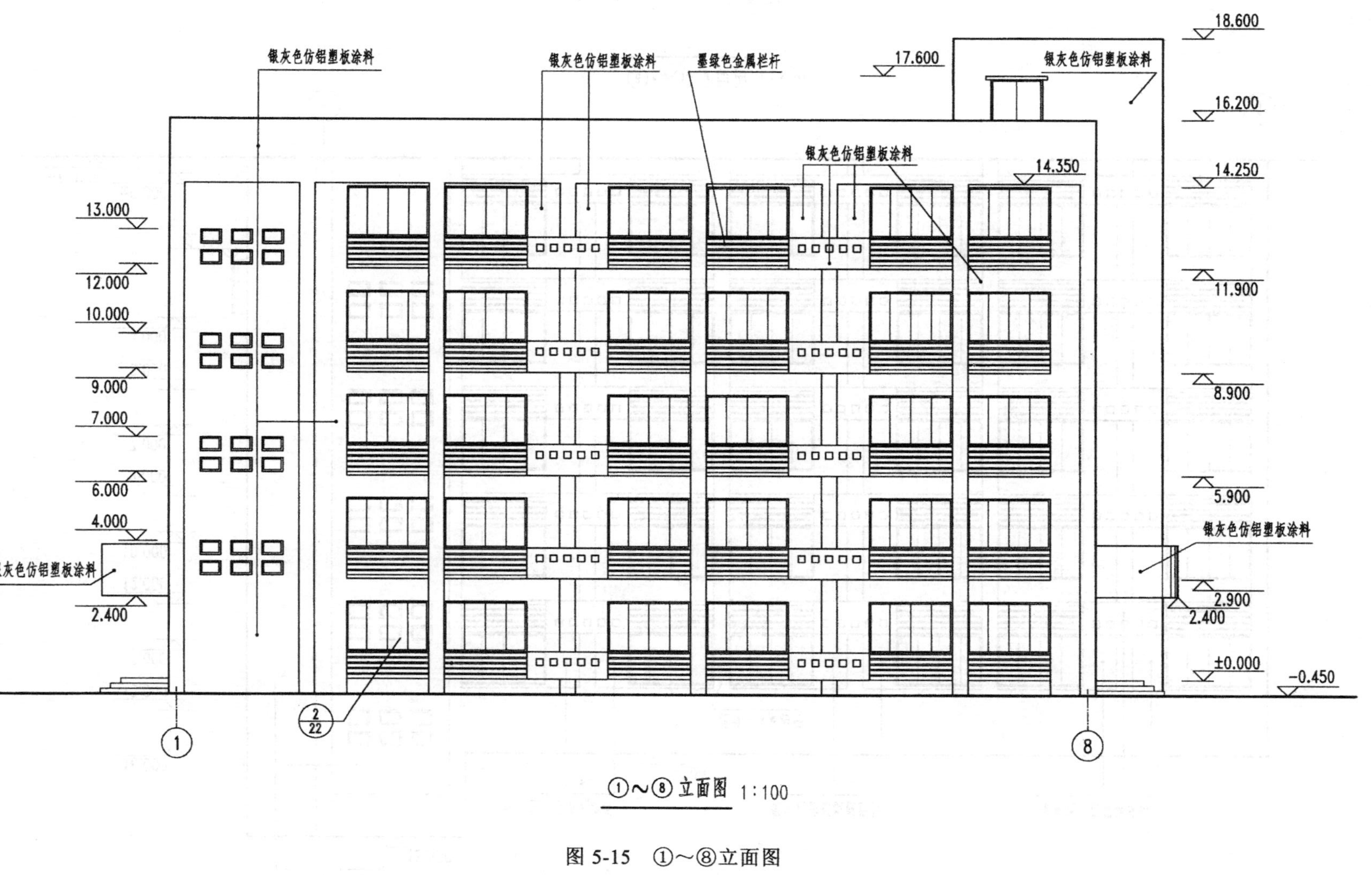
银灰色仿铝塑板涂料
银灰色仿铝塑板涂料
墨绿色金属栏杆
17.600
银灰色仿铝塑板涂料
18.600
16.200
银灰色仿铝塑板涂料
14.350
14.250
13.000
12.000
11.900
10.000
9.000
8.900
7.000
6.000
5.900
4.000
银灰色仿铝塑板涂料
银灰色仿铝塑板涂料
2.400
2.900
2.400
±0.000
-0.450
2/22
1
8
①～⑧立面图 1:100

图 5-15 ①～⑧立面图

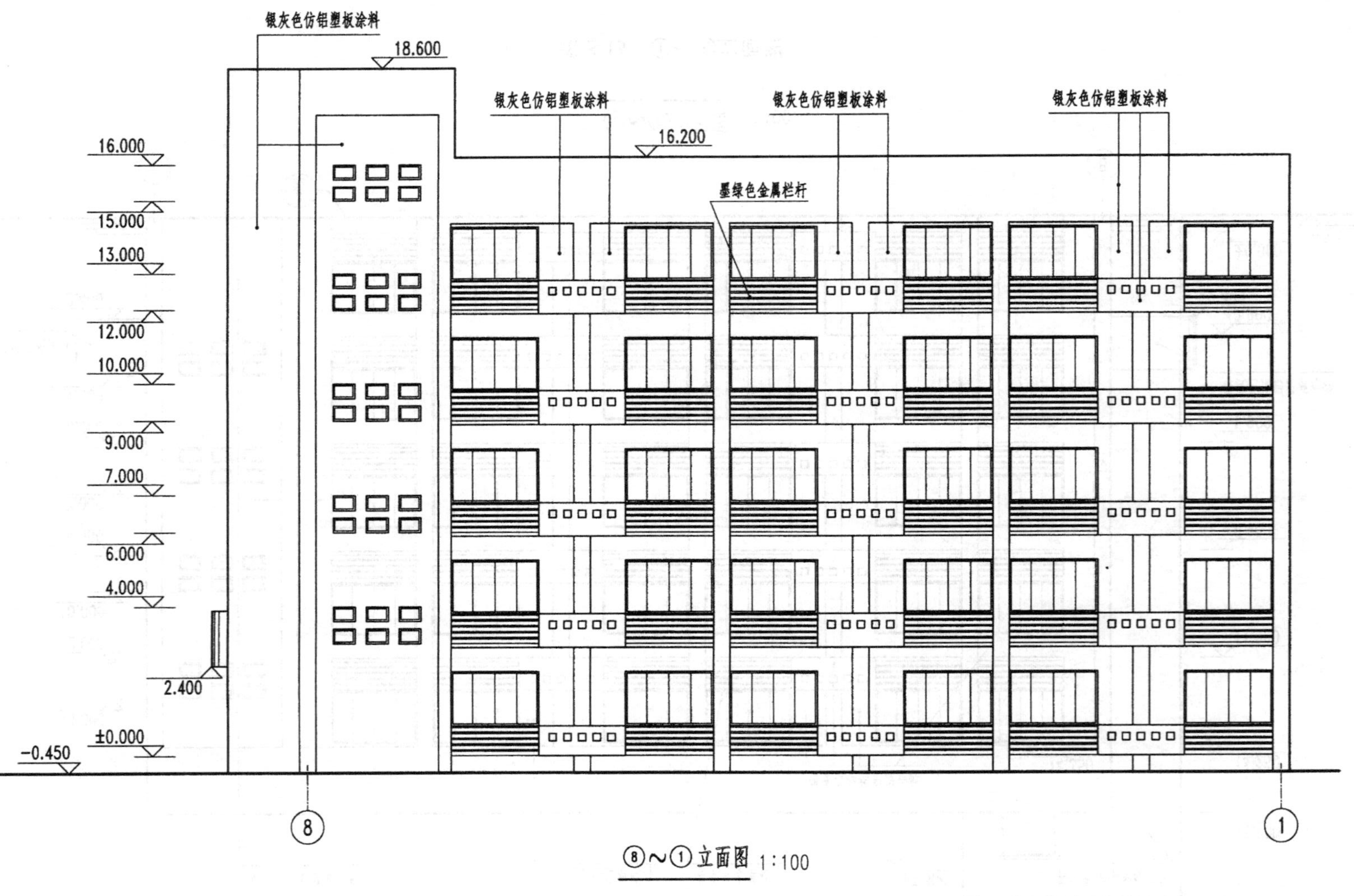

银灰色仿铝塑板涂料
18.600
银灰色仿铝塑板涂料
银灰色仿铝塑板涂料
银灰色仿铝塑板涂料
16.200
墨绿色金属栏杆
16.000
15.000
13.000
12.000
10.000
9.000
7.000
6.000
4.000
2.400
±0.000
−0.450
⑧
①
⑧～①立面图 1:100

图 5-16 ⑧～①立面图

为六层，右侧外突部分为电梯间。入口处在建筑物左右两侧。左边墙面有四组窗户用于左侧楼梯间的采光和通风，每一组窗户 2 行 3 列共 6 个。中间单元的窗户下方设有室外空调架，其材料采用墨绿色金属栏杆，每两扇窗户为一组，每两组室外空调架间设有水泥挂板，挂板上开有 5 个装饰性方孔。建筑物外墙采用银灰色防铝塑板涂料饰面，与墨绿色金属栏杆相互映衬，整个建筑典雅、秀气，显得很有个性。

招待所的外轮廓用粗实线，室外地坪线用加粗线，门窗洞、台阶、花台、凸出的雨篷、阳台及立面上其他凸出的线脚用中粗线，门窗、引出线、标高符号等用细实线画出，并用文字简单注明墙面的做法。

室内外地坪、窗台、门窗洞顶、女儿墙压顶和屋架等主要部位的标高注在该立面图的右侧。其他不方便标注的局部如雨篷、楼梯间顶等可直接注写在该部位上。

图 5-16 是某招待所的⑧～①立面图（即北立面图），绘图比例同①～⑧立面图。⑧～①立面图显示其外墙部分与①～⑧立面图布局类似，外墙饰面同样采用银灰色防铝塑板涂料。

注意　*①～⑧立面图与⑧～①立面图的左侧楼梯间是不一样的，一个是五层，一个是六层。*

图 5-17 和图 5-18 分别为某招待所的Ⓐ～Ⓓ（东立面图）和Ⓓ～Ⓐ（西立面图）。图示特点及饰面做法与南、北立面图相同，这里不再多叙。

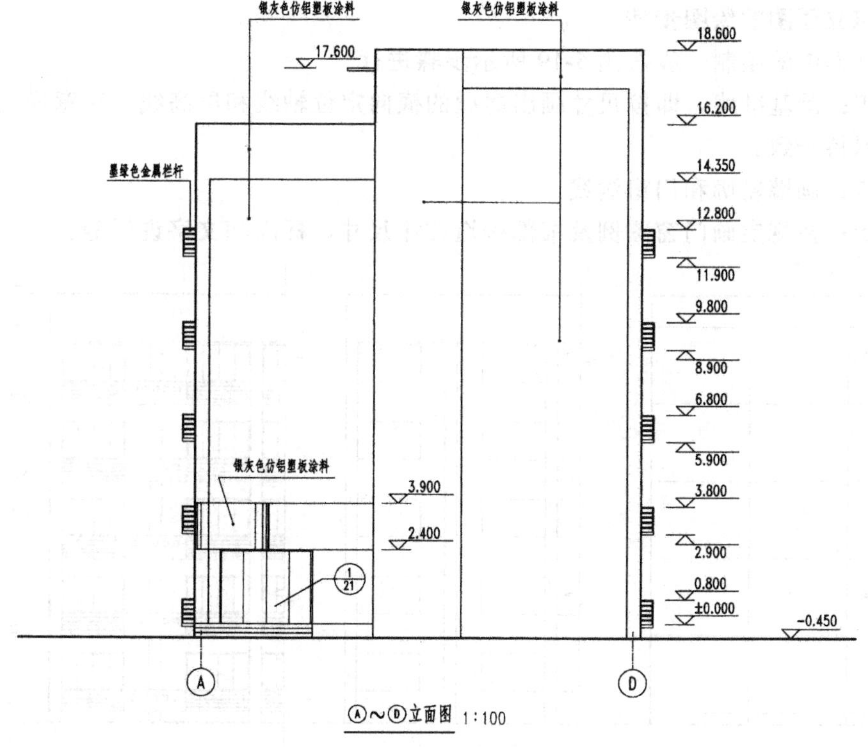

图 5-17　Ⓐ～Ⓓ立面图

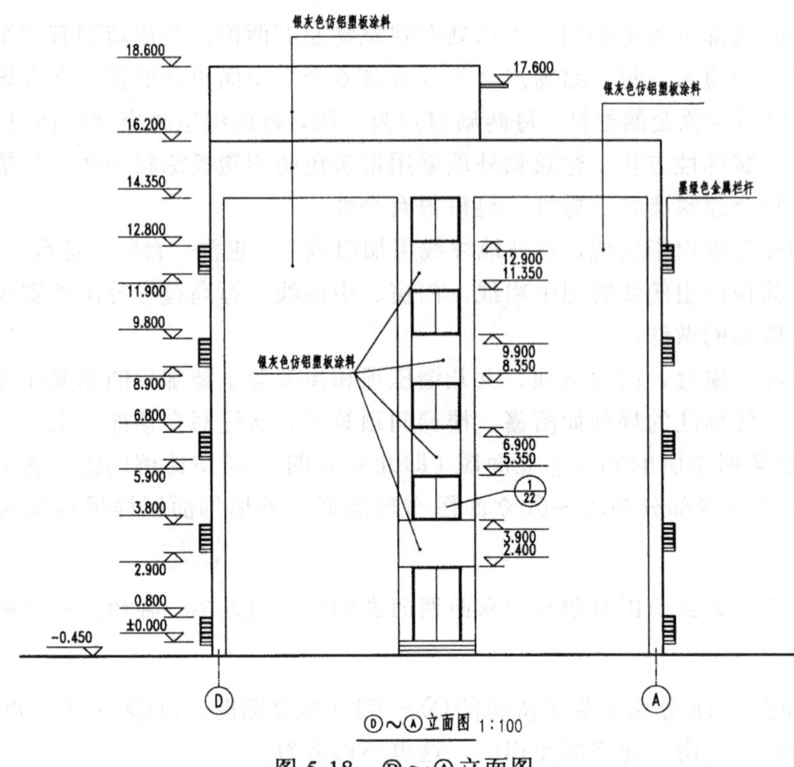

图 5-18 Ⓓ～Ⓐ立面图

5.4.3 建筑立面图的绘图步骤

建筑立面图的绘制一般按图 5-19 所示步骤进行。

第 1 步：画基准线，即按尺寸画出房屋的横向定位轴线和层高线，注意横向定位轴线与平面图保持一致。

第 2 步：画墙轮廓和门窗洞线。

第 3 步：按规定画门窗图例及细部构造并注尺寸、标高和文字说明等。

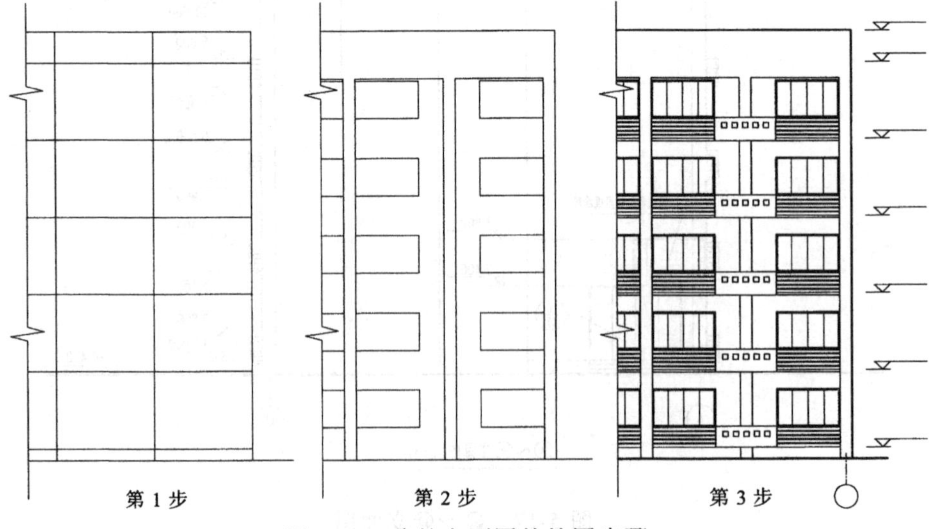

图 5-19 建筑立面图的绘图步骤

5.5 建筑剖面图

建筑剖面图指的是建筑物的垂直剖面图，即用直立平面剖切建筑物所得到的剖面图。它表示建筑物内部垂直方向的主要结构形式、分层情况、构造做法以及组合尺寸。剖面图的剖切位置应根据图纸的用途或设计深度在平面图上选择，一般选择能反映外貌和构造特征以及有代表性的部位。根据房屋的复杂程度和实际需要，剖面图可绘制一个或数个，如果房屋局部构造有变化，还可以加画局部剖面图。剖切符号习惯上只在底层平面图中画出。

5.5.1 建筑剖面图的画法特点及要求

1. 比例

建筑剖面图的比例宜与建筑平面图一致。

2. 定位轴线

画出剖面图两端的轴线及编号以便与平面图对照。有时也可注写中间位置的轴线。

3. 图线

剖切到的墙身轮廓画粗实线(b)；楼层、屋顶层在1:100的剖面图中只画两条粗实线(b)，在1:50的剖面图中宜在结构层上方画一条作为面层的中粗线（$0.5b$）；而下方板底粉刷层不表示；室内外地坪线用加粗线（$1.4b$）表示。可见部分的轮廓线如门窗洞、踢脚线、楼梯栏杆、扶手等画中粗线（$0.5b$），图例线、引出线、标高符号等用细实线（$0.25b$）画出。

4. 投影要求

建筑剖面图中除了要画出被剖切到的部分，还应画出投影方向能看到的部分。室内地坪以下的基础部分一般不在剖面图中表示(如有基础墙可用折断线隔开)，而是在结构施工图中表达。

5. 图例

门、窗按规定图例绘制，砖墙、钢筋混凝土构件的材料图例与建筑平面图相同。

6. 尺寸标注

一般沿外墙注三道尺寸线，最外一道从室外地坪到女儿墙压顶，是室外地面以上的总高尺寸；中间第二道为层高尺寸；最内一道为勒脚高度、门窗洞高度、洞间墙高度、檐口厚度等细部尺寸，这些尺寸应与立面图吻合。此外，还需要用标高符号标出各层楼面、楼梯休息平台等处的标高。

7. 其他标注

建筑剖面图中某些局部构造表达不清楚时可用索引符号引出，另绘详图。细部做法如地面、楼面的做法，可用多层构造引出标注。

5.5.2 建筑剖面图读图举例

图5-20是某招待所的剖面图。该图是按图5-8一层平面图中1—1剖切位置绘制的。1—1剖面通常都选择通过楼梯间及门窗洞和内部结构比较复杂或有变化的部位。如果一个剖切平面不能满足上述要求时，可采用阶梯剖面。

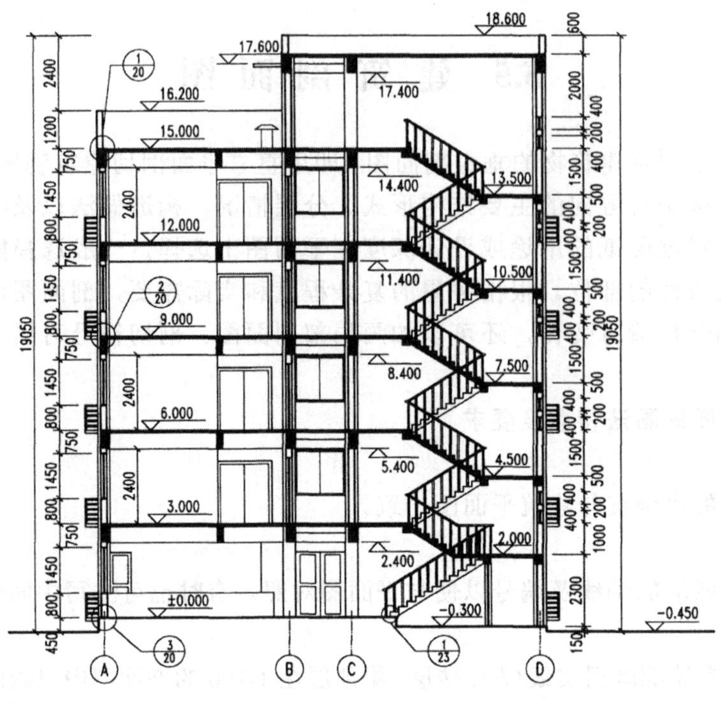

图 5-20 1—1 剖面图

1—1 剖面图的比例为 1:100，室内外地坪线画加粗线（1.4*b*），地坪线以下的基础部分无需画出。剖切到的楼面、屋顶画两条粗实线（*b*），剖切到的钢筋混凝土梁、楼梯均涂黑表示。每层楼梯由两个梯段和一个休息平台组成，称为双跑楼梯。楼层高 3m。楼梯间顶部高出屋面，通过楼梯间可以直达屋面休闲区。尺寸标注时最外面一道总高尺寸应一直注到楼梯间顶的女儿墙处。1—1 剖面图中还画了未剖到而可见的梯段等。

5.5.3 建筑剖面图的绘图步骤

建筑剖面图的绘制一般按图 5-21 所示步骤进行。

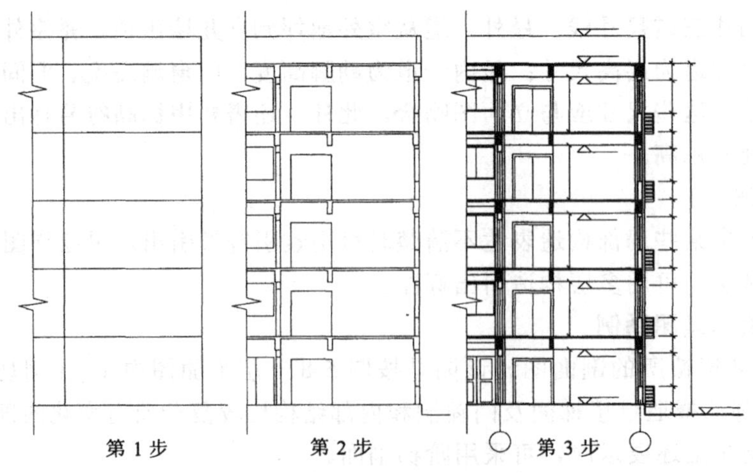

图 5-21 建筑剖面图的绘图步骤

第 1 步：画基准线，即按尺寸画出房屋的横向定位轴线和层高线，注意横向定位轴线与平面图保持一致。

第 2 步：画墙及构配件的轮廓和门窗洞线。

第 3 步：按规定画门窗图例、细部构造并注写尺寸、标高和文字说明等。

5.6 建 筑 详 图

建筑平面图、立面图和剖面图是房屋建筑施工的主要图样，它们已将房屋的整体形状、结构和尺寸等表示清楚了，但是由于画图的比例较小，许多局部的详细构造、尺寸、做法及施工要求在图上都无法画出和注写。为了满足施工需要，这些部位必须绘制更大比例的图样才能清楚地表达。这种图样就称为详图。

建筑详图的特点如下：比例较大，常用 1:50、1:30、1:25、1:20、1:10、1:5、1:2、1:1 等比例绘制；尺寸标注齐全、准确，文字说明具体、清楚。如果建筑详图采用通用图集的做法，则不必另画，只需注出图集的名称和详图所在的页数。建筑详图所画的节点部位，除了在平面图、立面图、剖面图中的有关部位标注索引符号外，还应在所画详图上绘制详图符号，以便对照查阅。

建筑详图按要求不同，可分成平面详图、局部构造详图和配件构造详图。下面以楼梯详图、门窗详图及外墙剖面节点详图为例，详细加以说明。

5.6.1　楼梯详图

通常楼梯为双跑平行楼梯，每层由两个梯段和一个休息平台组成，如图 5-22 所示。

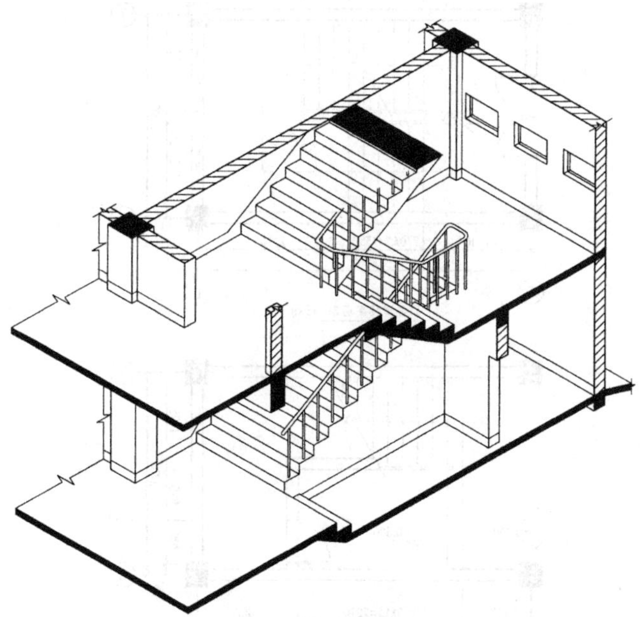

图 5-22　楼梯的组成

显然在 1:100 或更小的比例图上是无法清晰地表示其构造和尺寸的，因此必须画详图。楼梯详图包括楼梯平面图、剖面图、节点详图，主要表示楼梯的类型、结构、尺寸、梯段的形式及栏杆的材料和做法等。

图 5-23 是某招待所右侧楼梯间的平面图，绘图比例为 1:50。楼梯平面图实质上是楼梯间的水平剖面图，剖切高度在每层的第一梯段的适当位置，按规定在图中用斜折断线表示。

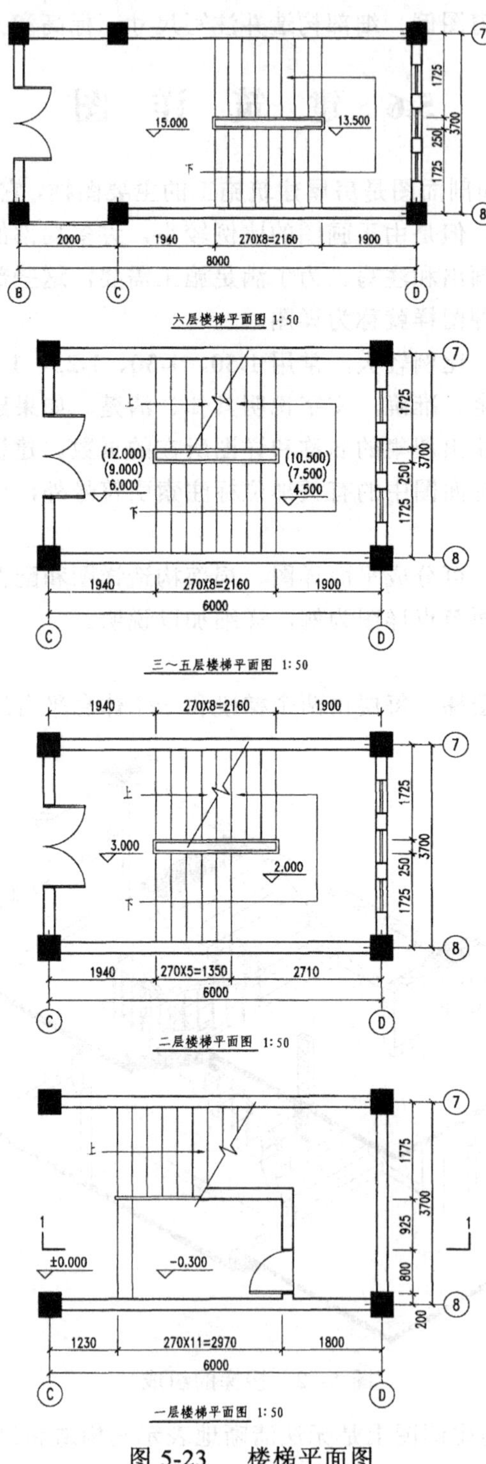

图 5-23 楼梯平面图

在平面图中，楼梯间宽度为 3700mm，每一梯段的宽度为 1725mm。梯段的水平长度应为踏步数减去 1 后乘以踏步宽的积，例如一层第一梯段有 12 级应注写为“11×270=2970”，其他各层标注均类似。楼梯每级踏步宽均为 270mm，楼梯每级踏步高均为 166.7mm。每层踏步数为 18 级，休息平台的宽度为 1900mm。六层平面图未剖切到楼梯，故向下投影，画出各段完整的楼梯。

图 5-24 是该楼梯间的剖面图，绘图比例为 1:50。楼梯剖面图其实就是楼梯间的垂直剖面图，表示剖切位置的剖切符号标注在楼梯详图的一层平面图中，如图 5-23 所示。图中凡剖到的梯段应按剖开绘制（涂黑表示），未剖到但投影能看到的梯段则只画出轮廓线。剖面图中梯段的高度尺寸习惯上是用踏步数乘以踏步高表示，例如一层第一梯段的尺寸标注为“12×166.7=2000”，所注尺寸与楼层的标高相符。

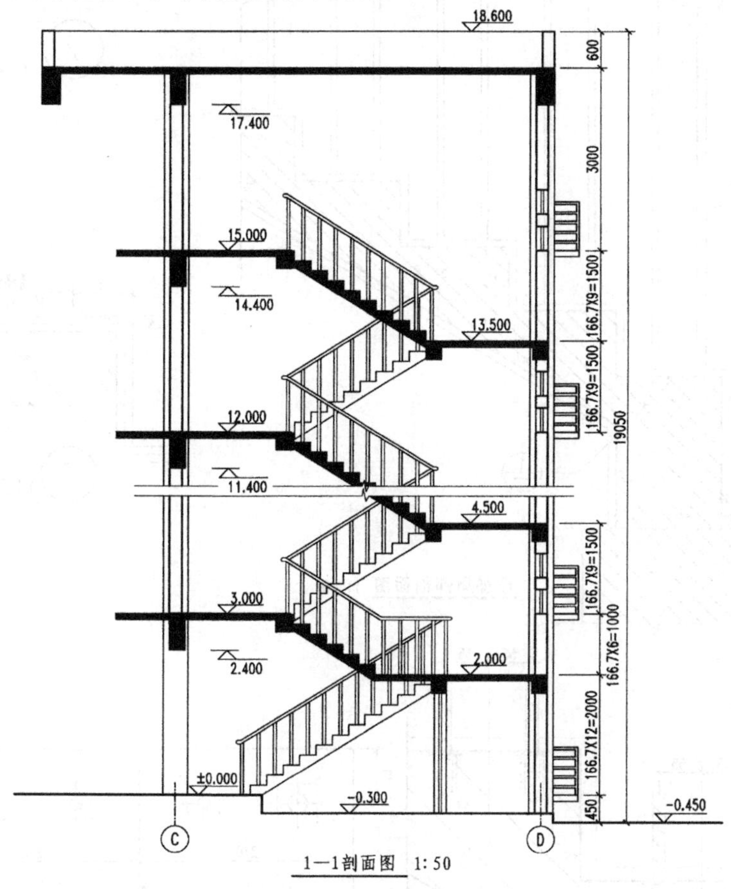

图 5-24 楼梯剖面图

楼梯节点详图包括踏步、金属栏杆、扶手、防滑条的有关尺寸及具体做法，详见图 5-25。

5.6.2 门窗详图

门窗详图包括门、窗的立面和局部剖面图。立面是指门、窗的外立面，而局部剖面是指门、窗框和门、窗扇的断面形状及相互关系。图 5-26 是某招待所窗户 C－1 和 C－2 的立面和局部断面图，立面图上的尺寸为窗洞的长度和高度方向的尺寸，立面图上的箭头表示该窗为推拉窗。由于C－1和C－2的局部断面形状及尺寸基本相同，所以C－1相同位置处的局部断面图省略没有画出。

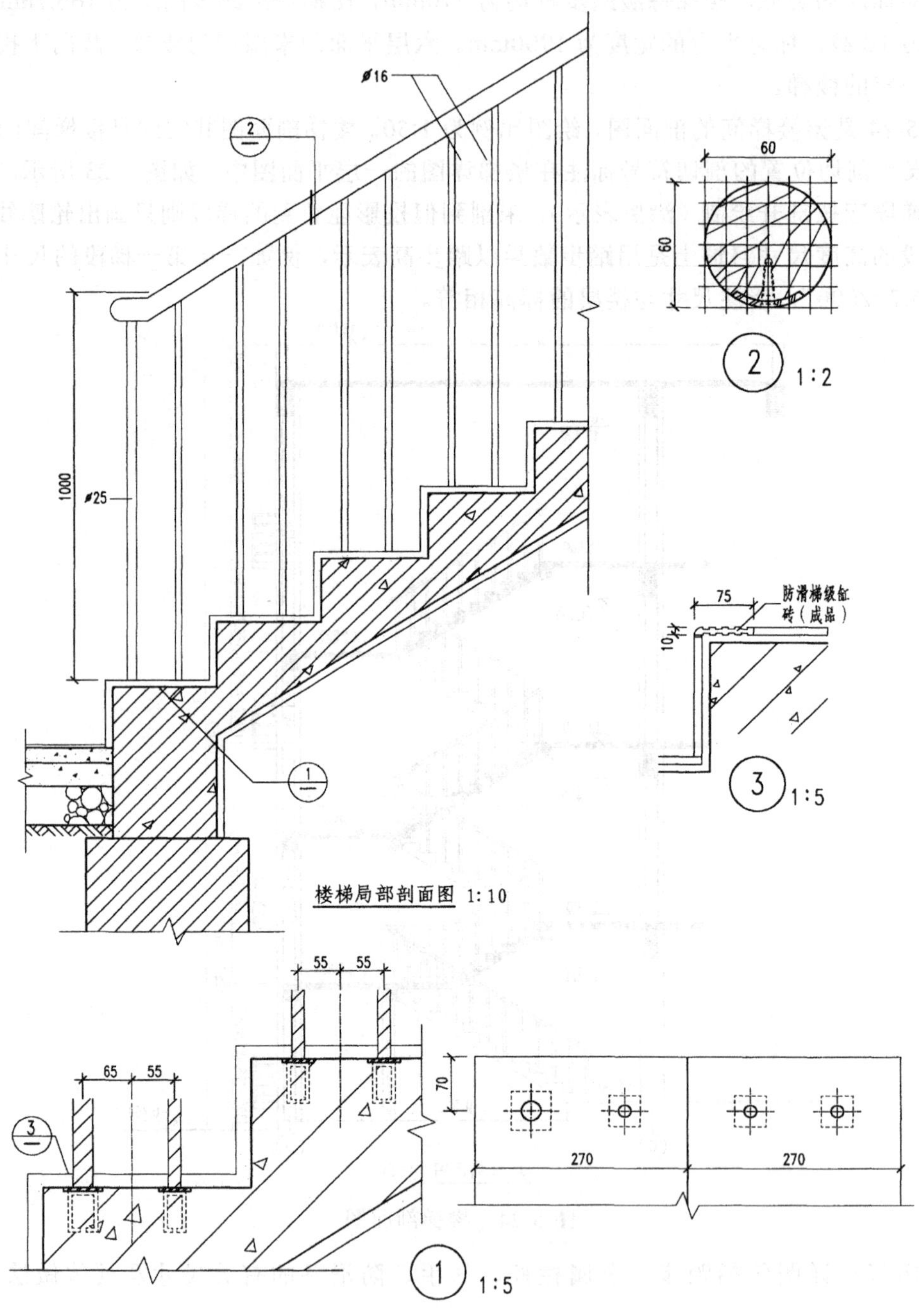

图 5-25 楼梯节点详图

图 5-27 是某招待所门 M－5 的立面和局部断面图，立面图上的尺寸是门洞的长度和高度方向尺寸，立面图上倾斜方向线表示该门为弹簧门（虚线为内开、实线为外开）。

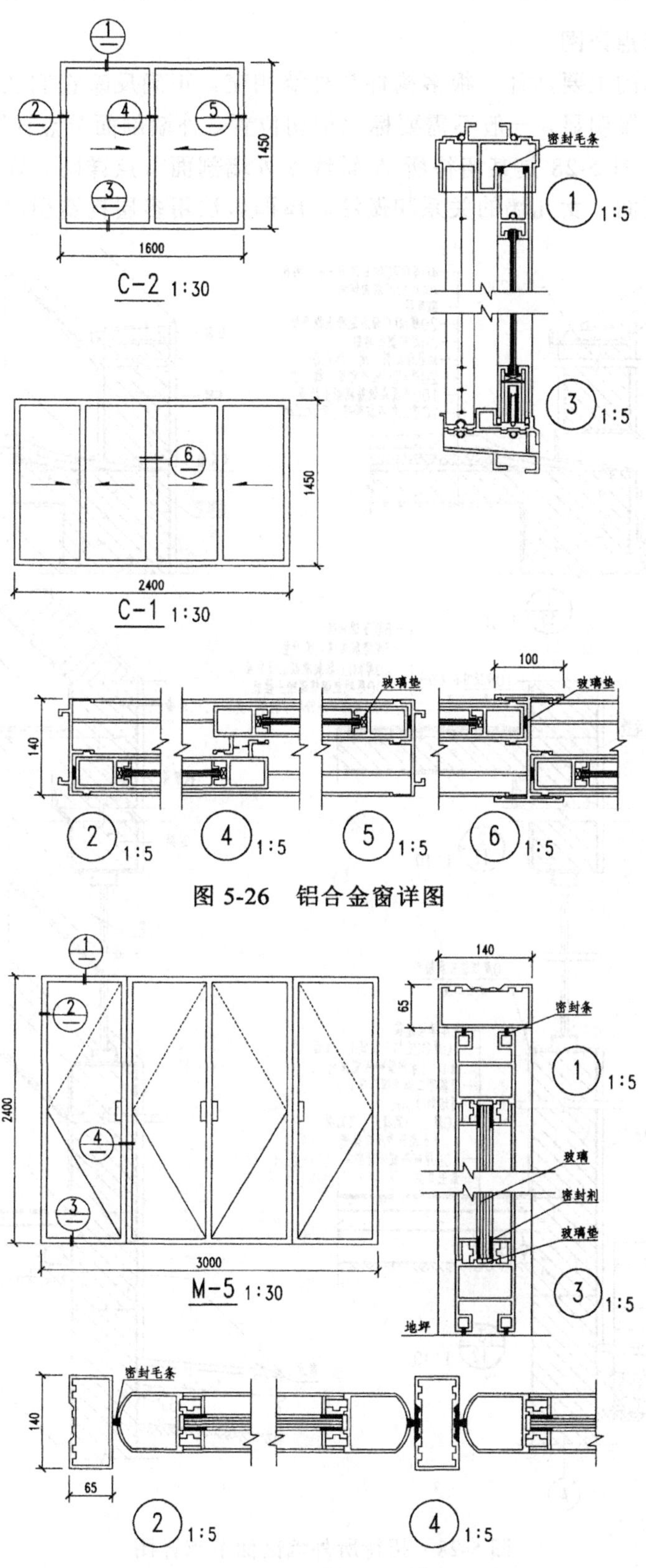

图 5-26 铝合金窗详图

图 5-27 铝合金门详图

5.6.3 外墙剖面节点详图

外墙是建筑物的主要部件，很多构件与外墙相交，正确反映它们之间的关系很重要。外墙剖面节点的位置明显，一般不需要标注剖切位置。外墙剖面节点详图通常采用 1:10 或 1:20 的比例绘制。图 5-28 是某招待所 A 轴线处外墙剖面节点详图。详图①是屋顶外墙剖面节点，它表明屋面、女儿墙的关系和做法。屋面做法用多层构造引出线标注。引出线应

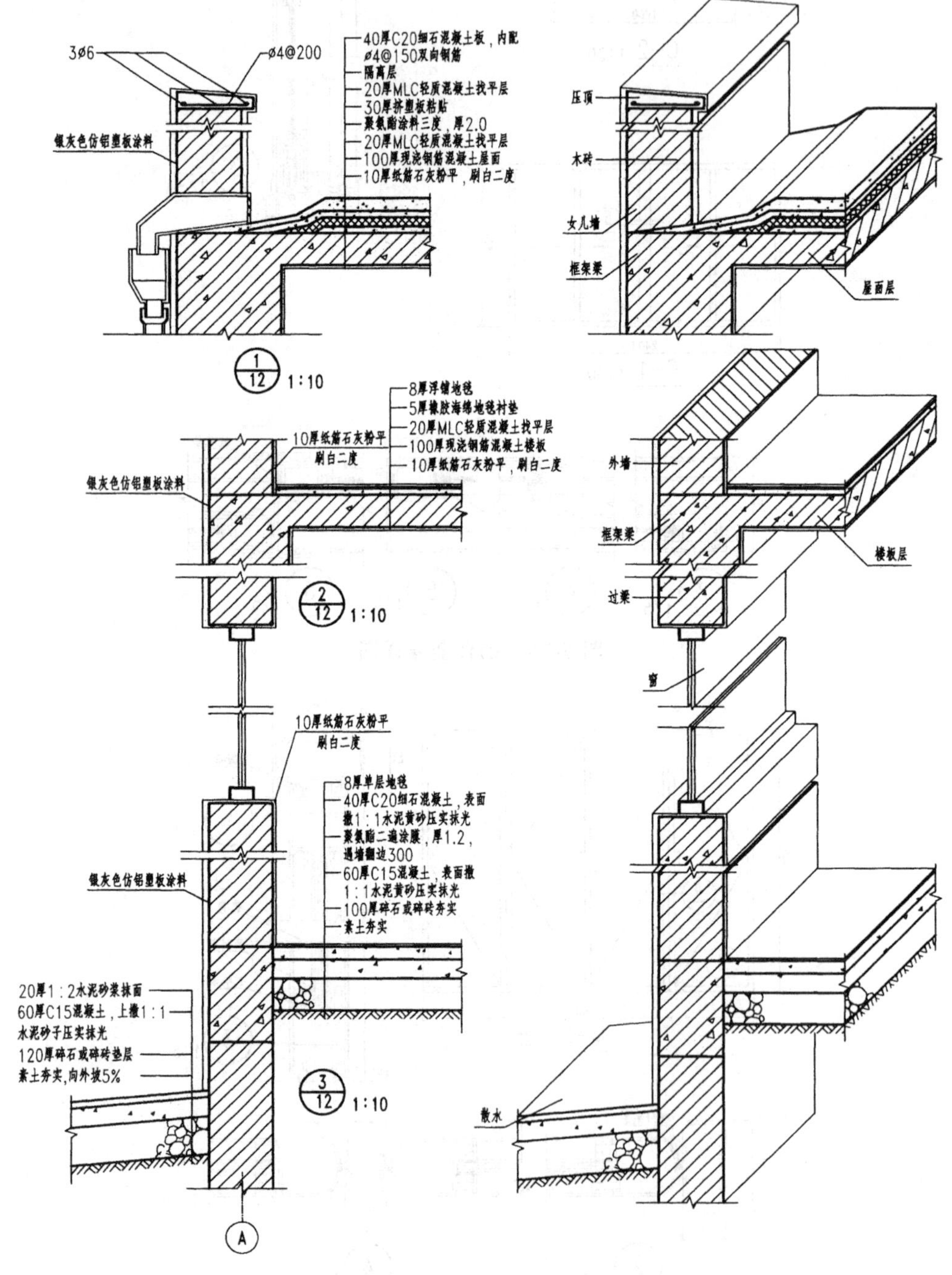

图 5-28 招待所外墙剖面节点详图

通过各层，文字说明按构造层次依次注写。本例是刚性屋面：100mm 厚现浇钢筋混凝土屋面板上抹 20mm 厚 MLC 轻质混凝土找平，然后刷聚氨酯涂料三度铺 30mm 厚挤塑板，再用 20mm 厚 MLC 轻质混凝土找平抹光，最后铺 40mm 厚 C20 细石混凝土（内配 ϕ4@150 双向钢筋）。屋面与女儿墙相接处应防止雨水渗漏。女儿墙顶部粉刷时内侧做成斜口式滴水，以免雨水通过女儿墙侵蚀屋面再由缝隙渗到室内。

详图②是楼地面剖面节点，它表明了外墙与楼面的关系及楼地面的做法。楼地面的做法用多层构造按层次注写说明：100mm 厚现浇钢筋混凝土楼板上抹 20mm 厚 MLC 轻质混凝土找平，然后铺 5mm 厚橡胶海绵地毯衬垫再浮铺 8mm 厚的地毯。

详图③是底层室内地面的剖面节点，它表明底层室内地面和室外地坪的做法及相互关系。底层地面的做法：先将素土夯实，铺 100mm 厚碎砖或碎石夯实；然后浇 60mm 厚 C15 混凝土，表面用 1:1 水泥黄沙压实、抹光，刷聚氨酯涂料两遍（遇墙翻边 300）；再做 40mm 厚 C20 的细石混凝土的面层，表面用 1:1 水泥黄沙压实、抹光，最后浮铺 8mm 厚地毯。室外地坪的做法比较简单：先将素土夯实并向外坡 5%，铺 120mm 厚碎砖或碎石垫层，然后浇 60mm 厚 C15 混凝土，表面用 1:1 水泥黄沙压实、抹光，再用 20mm 厚 1:2 水泥砂浆抹面。

以上各节点的位置均标注在 1—1 剖面图中，可以对照阅读。外墙从上至下有许多节点，但类型基本上只有这三种，因而一般只需画出这三处详图作为通用图。

第6章 结构施工图

本章要点

- 结构施工图的组成和用途。
- 绘制结构施工图的有关规定。
- 钢筋混凝土结构平面整体表示法。
- 基础图的图示内容及画图方法。
- 上部结构布置图的图示内容及画图方法。
- 结构详图的图示内容及画图方法。

在建筑物的设计中，除了需要进行建筑设计并画出建筑施工图外，还需要进行结构设计，即根据建筑各方面的要求进行结构选型、构件布置，然后通过力学计算决定各承重构件的大小、形状、材料及内部构造，并将设计结果绘制成结构施工图。因此，在学习绘制结构施工图之前，我们有必要了解一些建筑结构和结构施工图的基本知识。

6.1 结构施工图的基本知识

建筑物必须有安全稳定的结构，而这样的结构，是由一系列构件（如梁、板、柱等）连接而成的，它们能承受荷载和其他间接作用（如温度变化、地基不均匀沉降等）。

6.1.1 建筑结构的分类

建筑结构根据材料的不同，可以分为钢筋混凝土结构、砌体结构、钢结构和木结构等。

钢筋混凝土结构是目前建筑物中应用最广泛的，它的承重构件由钢筋混凝土组成，这种结构强度高、耐久性好、抗震性好、可塑性好，但是其自重大，抗裂性能较差，施工时费工费模板。一般民用建筑、多高层建筑、工业厂房和大跨建筑常采用这种结构。

砌体结构是由天然块材或人造块材砌筑的墙体作为承重结构，这种结构造价低廉、耐火性好、施工方便、工艺较简单，但是其自重大、强度低、抗震性能差、砌筑工作繁重，一般适用于五六层以下的民用建筑、中小厂房的承重结构以及大型工业厂房的围护结构。

钢结构是由钢材作为承重构件，这种结构强度高、重量轻、质地均匀、运输方便，由于采用装配式施工，因而施工周期短，但是易锈蚀、耐火性能较差，一般应用于大跨重型、受动载、可拆卸、轻型结构等建筑。

木结构是由木材作为承重构件，这种结构取材加工方便、材质轻而强度较大，但是各向异性、易燃烧、易翘曲、易开裂，目前通常已很少采用。不过，随着现代木材加工工艺的发展，传统的木材可以被加工成各种工程木，改变了传统木材的多种缺点，已经越来越广泛地运用到工程中。

6.1.2　钢筋混凝土的基本概念

1. 混凝土

混凝土是由水泥、沙子、石子和水按一定比例混合而成的人造材料，由于水泥的胶凝特性，混凝土凝固后如同天然石材，其抗压强度很高。混凝土根据抗压强度的不同可以分为相应的等级，普通混凝土分为14个等级，即C15、C20、C25、C30、C35、C40、C45、C50、C55、C60、C65、C70、C75、C80。

混凝土的历史十分悠久，早在2000多年前，古代罗马人就用天然火山灰制成了天然混凝土，用它建造了许多世界上著名的建筑，如古罗马的斗兽场、万神庙等。但是，混凝土也有很明显的缺点，那就是它的抗拉强度很低，容易因受拉而开裂，而且这种破坏是脆性破坏，构件很快就会丧失承载能力。

2. 钢筋混凝土

为了解决混凝土受拉易开裂的缺点，充分发挥混凝土的受压能力，可以在混凝土受拉区域或相应部位加入一定数量的钢筋，利用钢筋和混凝土具有相近的线膨胀系数，混凝土硬化后两者之间产生良好的黏结能力的特点，将两种材料有机地结合在一起，从而利用它们各自的优点，共同承受荷载，形成一种性能优越的组合材料——钢筋混凝土。钢筋混凝土是目前土木工程中应用最为广泛的建筑材料。

用钢筋混凝土制成的梁、板、柱等，称为钢筋混凝土构件。钢筋混凝土构件，如果是在预制厂预先加工好，然后运到工地安装的，称为预制钢筋混凝土构件；如果是在工地现场直接浇筑而成的，则称为现浇钢筋混凝土构件。

3. 预应力钢筋混凝土

钢筋混凝土构件有容易开裂的缺点，为了提高钢筋混凝土构件的抗裂能力，在构件承受荷载之前，可以先对混凝土受拉区预加压力，这种构件称为预应力钢筋混凝土构件。预应力钢筋混凝土构件也是目前工程中广泛采用的建筑材料。

6.1.3　钢筋的基本知识

1. 钢筋的等级和直径符号

钢筋混凝土结构中采用的钢筋主要有热轧钢筋、钢丝、钢绞线和热处理钢筋几种类型，其中热轧钢筋最常使用。热轧钢筋按其强度和品种分为不同的类型，并分别用不同的直径符号表示如下：

（1）Ⅰ级钢筋：HPB235（Q235）为热轧光圆钢筋，用Φ表示。

（2）Ⅱ级钢筋：HRB335（20MnSi）为热轧带肋钢筋，用Φ表示。

（3）Ⅲ级钢筋：HRB400（20MnSiV、20MnSiNb、20MnTi）为热轧带肋钢筋，用Φ表示。

（4）Ⅳ级钢筋：RRB400（K20MnSi）为余热处理钢筋，光圆或螺纹，用Φ表示。

（5）冷拔低碳钢丝：冷拔是使ϕ6～ϕ9的光圆钢筋通过钨合金的拔丝模进行强力冷拔，钢筋通过拔丝模时，受到拉伸和压缩双重作用，使钢筋内部晶体产生塑性变形，因而能较大幅度地提高抗拉强度（可提高50%～90%）。光圆钢筋经冷拔后称为冷拔低碳钢丝，用Φ^b

表示。

2. 钢筋的种类和作用

配置在钢筋混凝土结构中的钢筋，按其作用可分为以下几种：

（1）受力钢筋：用于承受构件内拉、压应力的钢筋。

（2）箍筋：用于固定受力钢筋的位置并承受剪力的钢筋，多用于梁和柱内。

（3）架立钢筋：用于固定梁内箍筋位置，构成梁内钢筋骨架的钢筋。

（4）分布钢筋：多用于板式结构，与板中的受力钢筋垂直布置，将承受的集中荷载均匀传给受力钢筋，并固定受力钢筋的位置，以抵抗热胀冷缩引起的温度变形。

（5）其他钢筋：用于构件构造要求或施工安装需要而配置的构造筋，如吊环、系筋、预埋锚固筋等。

钢筋混凝土构件的配筋构造如图 6-1 所示。

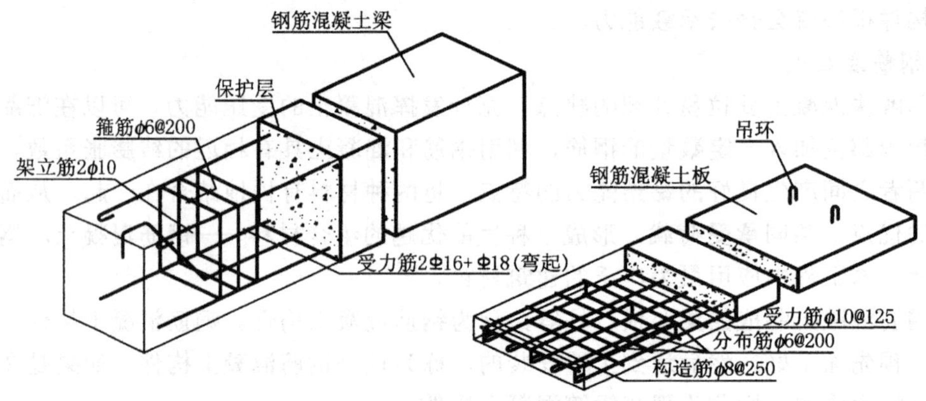

图 6-1 钢筋混凝土构件的配筋构造

3. 钢筋的弯钩

为了加强钢筋与混凝土的黏结，防止钢筋在受力时滑动，I 级钢筋（表面光圆钢筋）两端都要做成弯钩。弯钩的形式如图 6-2 所示，有 180° 弯钩（半圆钩）、135° 弯钩、90° 弯钩（直角钩）等。而采用Ⅱ级或Ⅲ级以上钢筋（表面带突纹的钢筋）时，则钢筋的两端不做弯钩。

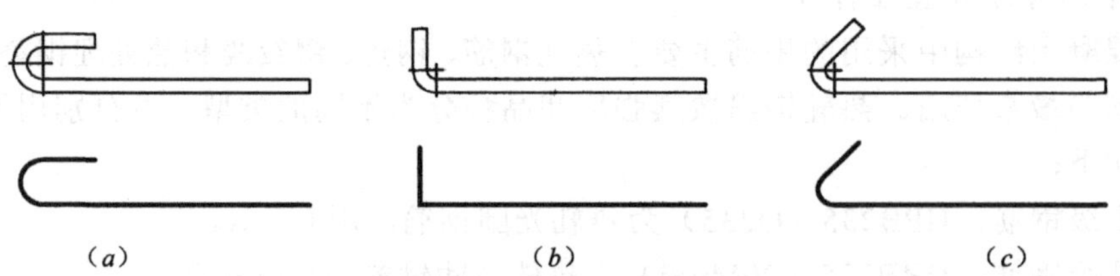

图 6-2 常见的钢筋弯钩

（a）180° 弯钩；（b）90° 弯钩；（c）135° 弯钩

4. 钢筋的连接

在钢筋混凝土构件中，两根钢筋的连接部位称为钢筋接头。钢筋接头形式有搭接、焊接和机械连接三种。

在搭接接头处，两根钢筋有一定的重叠段，通过钢丝绑扎连在一起，并保持相应的搭接长度。焊接接头是将钢筋用电焊的方式连接起来。机械连接则是将钢筋用机械方法连接成一体的连接方式，如套筒和锥螺纹连接。

5. 钢筋的混凝土保护层

混凝土凝固以后，钢筋包裹在混凝土内，为了保护钢筋并保证钢筋和混凝土的黏结力，钢筋的外皮至构件表面应保持一定的距离，称为钢筋的混凝土保护层。按规定混凝土保护层的最小厚度如表6-1所示。

表6-1　混凝土保护层最小厚度　单位：mm

环境条件	构件类别	混凝土强度等级		
		≤C20	C25或C30	≥C35
室内正常环境	板、墙、壳	15		
	梁和柱	25		
露天或室内高湿度环境	板、墙、壳	35	25	15
	梁和柱	45	35	25
有垫层	基础	35		
无垫层		70		

6.1.4 结构施工图的内容和用途

结构施工图是表达了建筑物各承重构件（如基础、墙、柱、梁、板和屋架等）的布置、形状、大小、材料以及其相互关系的图样。它同时必须满足其他专业（如建筑、水、暖、电等）对结构的要求。

结构施工图是施工放线，开挖基坑，支模板，绑扎钢筋，浇筑混凝土，安装梁、板、柱等构件，以及编制预算和施工组织设计的重要依据。

一套完整的结构施工图一般包括图纸目录、结构设计说明、基础图、上部结构布置图和结构详图等。

本章以某招待所为例来介绍结构施工图的内容和图示方法。

6.1.5 绘制结构施工图的基本规定

《建筑结构制图标准》（GB/T 50105—2001）对结构施工图的绘制有明确的规定，现将有关规定介绍如下。

6.1.5.1 一般规定

《建筑结构制图标准》（GB/T 50105—2001）对结构施工图绘制中图线、比例和常用构件代号有相应的规定。

1. 图线规定

结构施工图的每个图样应根据复杂程度与比例大小，先选用适当的基本线宽度 b，再选用相应的线宽组。图线宽度 b 应根据《房屋建筑制图统一标准》（GB/T 50001—2001）中“图线”的规定选用。在同一张图纸中，相同比例的各图样应选用相同的线宽组。

结构施工图中各种图线的用法如表6-2所示。

表 6-2 **结构施工图中图线的选用**

名称		线型	线宽	一般用途
实线	粗		b	螺栓、主钢筋线、结构平面图中的单线结构构件线、钢板支撑及系杆线，图名下横线、剖切线
	中		$0.5b$	结构平面图及详图中剖到或可见的墙身轮廓线，基础轮廓线，钢、木结构轮廓线，箍筋线，板钢筋线
	细		$0.25b$	可见的钢筋混凝土构件的轮廓线、尺寸线、标注引出线，标高符号，索引符号
虚线	粗		b	不可见的钢筋、螺栓线，结构平面图中不可见的单线结构构件线及钢、木支撑线
	中		$0.5b$	结构平面图中的不可见构件、墙身轮廓线及钢、木构件轮廓线
	细		$0.25b$	基础平面图中的管沟轮廓线、不可见的钢筋混凝土构件轮廓线
单点长划线	粗		b	柱间支撑、垂直支撑、设备基础轴线图中的中心线
	细		$0.25b$	定位轴线、对称线、中心线
双长划线	粗		b	预应力钢筋线
	细		$0.25b$	原有结构轮廓线
折断线			$0.25b$	断开界线
波浪线			$0.25b$	断开界线

2. 比例

绘制结构施工图应根据图样的用途、被绘物体的复杂程度，优先选用表 6-3 中的常用比例，特殊情况下也可以选用表 6-3 中的可用比例。

表 6-3 **结构施工图的比例**

图名	常用比例	可用比例
结构平面图、基础平面图	1:50、1:100、1:150、1:200	1:60
圈梁平面图、总图中管沟、地下设施等	1:200、1:500	1:300
详图	1:10、1:20	1:5、1:25、1:40

3. 常用构件代号

建筑物中有各种构件，在绘制结构施工图时构件代号采用构件名称的汉语拼音表示，代号后用阿拉伯数字标注该构件的型号或编号。常用的构件代号如表 6-4 所示。

表 6-4　常 用 构 件 代 号

序号	名　称	代号	序号	名　称	代号	序号	名　称	代号
1	板	B	19	圈梁	QL	37	承台	CT
2	屋面板	WB	20	过梁	GL	38	设备基础	SJ
3	空心板	KB	21	连系梁	LL	39	桩	ZH
4	槽形板	CB	22	基础梁	JL	40	挡土墙	DQ
5	折板	ZB	23	楼梯梁	TL	41	地沟	DG
6	密肋板	MB	24	框架梁	KL	42	柱间支撑	ZC
7	楼梯板	TB	25	框支梁	KZL	43	垂直支撑	CC
8	盖板或沟盖板	GB	26	屋面框架梁	WKL	44	水平支撑	SC
9	挡雨板或檐口板	YB	27	檩条	LT	45	梯	T
10	吊车安全走道板	DB	28	屋架	WJ	46	雨篷	YP
11	墙板	QB	29	托架	TJ	47	阳台	YT
12	天沟板	TGB	30	天窗架	CJ	48	梁垫	LD
13	梁	L	31	框架	KJ	49	预埋件	M-
14	屋面梁	WL	32	刚架	GJ	50	天窗端壁	TD
15	吊车梁	DL	33	支架	ZJ	51	钢筋网	W
16	单轨吊车梁	DDL	34	柱	Z	52	钢筋骨架	G
17	轨道连接	DGL	35	框架柱	KZ	53	基础	J
18	车档	CD	36	构造柱	GZ	54	暗柱	AZ

6.1.5.2　混凝土结构的图示方法

绘制钢筋混凝土构件时，假想混凝土为透明体，用细实线表示出构件的外形轮廓。

钢筋混凝土构件图的特点在于，不仅要用投影法表达出构件的形状，而且要表达出钢筋本身及其在混凝土中的布置情况，包括钢筋的品种、直径、形状、位置、数量和间距等。

1. 常用钢筋的图例

在配筋图中，为了突出钢筋，构件的轮廓用细线画，混凝土材料图例不画，与视线方向垂直的纵向钢筋采用粗实线、单线条的形式画出，与视线方向一致的纵向钢筋的断面用粗黑圆点表示。一般钢筋的常用图例如表 6-5 所示。

表 6-5　一般钢筋的常用图例

序号	名　称	图　例	说　明
1	钢筋横断面		
2	无弯钩的钢筋端部		下图表示长、短钢筋投影重叠时，短钢筋的端部用 45° 斜划线表示
3	带半圆形弯钩的钢筋端部		
4	带直钩的钢筋端部		
5	带丝扣的钢筋端部		
6	无弯钩的钢筋搭接		

续表

序号	名称	图例	说明
7	带半圆弯钩的钢筋搭接		
8	带直钩的钢筋搭接		
9	花篮螺丝钢筋接头		
10	机械连接的钢筋接头		用文字说明机械连接的方式（冷挤压、锥螺纹等）

2. 钢筋的画法

在结构施工图中钢筋的常用画法如表 6-6 所示。

表 6-6　　钢 筋 画 法

图名	说明	可用图例
1	在结构平面图中配置双层钢筋时，底层钢筋的弯钩应向上或向左，顶层钢筋的弯钩则向下或向右	底层　顶层
2	钢筋混凝土墙体配双层钢筋时，在配筋立面图中，远面钢筋的弯钩应向上或向左，而近面钢筋的弯钩向下或向右（JM 近面；YM 远面）	JM YM
3	若在断面图中不能表达清楚的钢筋布置，应在断面图外增加钢筋大样图（如钢筋混凝土墙、楼梯等）	
4	图中所表示的箍筋、环筋等若布置复杂时，可加画钢筋大样及说明	或
5	每组相同的钢筋、箍筋或环筋，可用一根粗实线表示，同时用一条两端带斜短划线的横穿细线，表示其余钢筋及起止范围	

3. 钢筋的标注

结构施工图中对构件钢筋的标注要按照规范进行，钢筋的直径、根数及相邻钢筋中心距在图样上一般采用引出线方式标注，其标注形式有以下两种：

（1）标注钢筋的根数和直径，其标注格式为

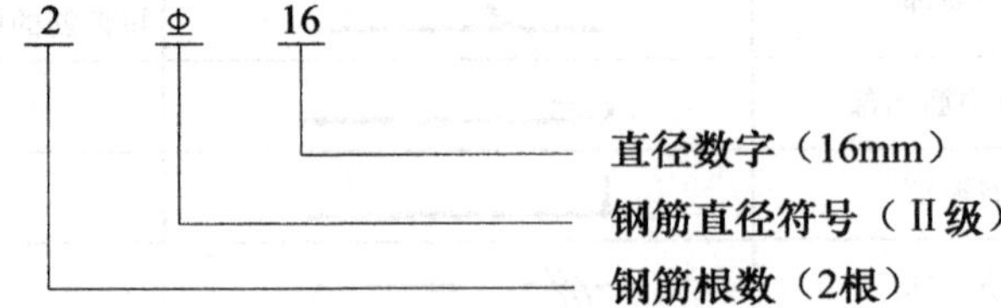

（2）标注钢筋的直径和相邻钢筋中心距，其标注格式为

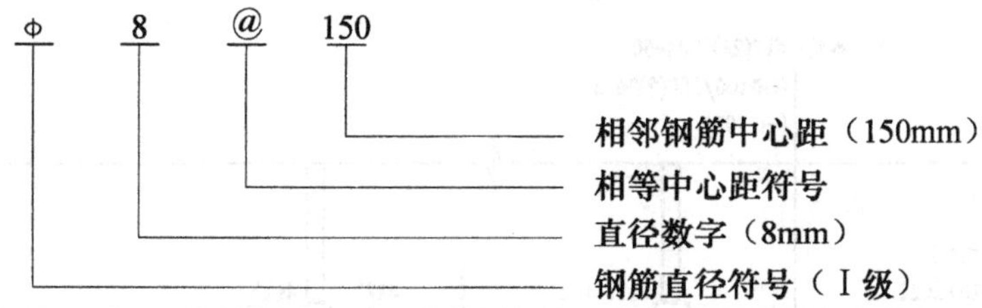

6.2 钢筋混凝土结构平面整体表示法

在建筑结构施工图中，传统的结构表示方法是将构件从结构平面布置图中索引出来，再逐个绘制配筋详图。这种方法表示繁琐，各地区的要求也不尽相同。为了保证结构施工图的绘制实现全国统一，确保设计、施工质量，我国推出了国家标准图集《混凝土结构施工图平面整体表示方法制图规则和构造详图》(03G101)，简称为“平面整体表示法”。

6.2.1 钢筋混凝土结构平面整体表示法的特点

建筑结构施工图平面整体表示法的表达形式，概括来讲就是把结构构件的尺寸和配筋等，按照施工顺序和平面整体表示法制图规则，整体地直接表达在各类构件的结构平面布置图上，再与标准构造详图相配合，构成一套新型完整的结构施工图，从而使结构设计方便，表达全面、准确，易随机修正，大大简化了绘图过程。

平面整体表示法改革了传统表示方法的逐个构件表达方式，是对我国目前混凝土结构施工图设计方法的重大改革。该图集包括两大部分内容：平面整体表示法制图规则和标准构造详图。平面整体表示法主要用于绘制现浇钢筋混凝土结构的梁、板、柱、剪力墙等构件的配筋图。

6.2.2 钢筋混凝土结构平面整体表示法中各种构件的表示

在钢筋混凝土结构平面整体表示法中，不同标高层的梁、柱会分开绘制，其表示也有相应特点。下面重点介绍平面整体表示法中梁、柱的表示，而板、剪力墙的表示与传统方法是基本一致的。

6.2.2.1 平面整体配筋图上梁的表示

梁平法施工图首先要按照设计要求和制图规范绘制相应标高梁的平面布置状况，然后在梁平面布置图上把每根梁的具体尺寸和配筋情况标注清楚。

梁平法施工图上的标注采用平面注写方式或截面注写方式表达。平面注写方式是在不同编号的梁上注写截面尺寸和配筋具体数值来表达梁平法施工图。

平面注写包括集中标注和原位标注，集中标注表达梁的通用数值，原位标注表达梁的特殊数值，如图 6-3 所示。

1. 集中标注的内容

梁集中标注的内容，有五项必注值及一项选注值，具体规定如下：

（1）梁编号，由梁类型代号、序号、跨数及有无悬挑代号几项组成，如表 6-7 所示。

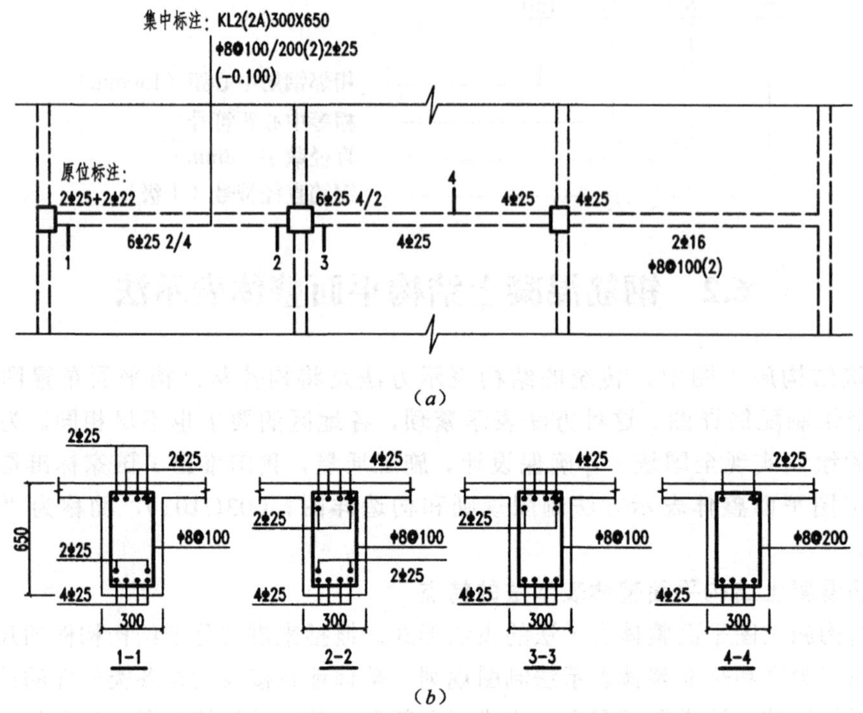

图 6-3 梁注写方式

（*a*）平面注写方式；（*b*）截面注写方式

表 6-7　　梁编号

梁类型	代号	序号	跨数及有无悬挑代号	备注
楼层框架梁	KL	××	（××）、（××A）或（××B）	（××A）为一端有悬挑，（××B）为两端有悬挑，悬挑不计入跨数
屋面框架梁	WKL			
框支梁	KZL			
非框架梁	L			
井字梁	JZL			
悬挑梁	XL			

例如 KL3（2A），表示序号为 3 的楼层框架梁，2 跨，一端有悬挑。如果该标注中为（2B）则表示两端有悬挑。

（2）梁基本截面尺寸 $b\times h$（宽×高）。梁基本截面尺寸以毫米（mm）表示，当悬挑梁梁根与梁端高度不同时，用斜线“/”将不同高度值分开。例如，300×700/500，表示梁截面宽度为 300mm，根部高为 700mm，悬挑端部高为 500mm。

（3）梁箍筋，其标注包括钢筋级别、直径、加密区与非加密区间距及肢数。例如 Φ10@100/200（4），表示箍筋为 I 级钢筋，直径 10mm，加密区间距为 100mm，非加密区间距为 200mn，均为四肢箍。

与梁编号写在一起的箍筋为基本值，某跨箍筋与基本值不同时，则将其特殊值从所在跨引出另注。梁加腋部位的配筋未特别注明时，其箍筋与梁的加密区的箍筋相同。

（4）梁纵筋，其标注包括贯通钢筋数量、级别和直径等。

梁的上部和下部纵筋一般分别标注。当梁的上部和下部钢筋均为贯通筋且各跨配筋相同时，在梁编号处集中标注，用分号“；”分开。例如，3Φ22；3Φ20，表示梁的上部配置3根直径22mm的Ⅱ级贯通筋，梁的下部配置3根直径20mm的Ⅱ级贯通筋。

（5）梁侧面纵向构造钢筋或受扭钢筋。当梁高大于700mm时，需设置的侧面纵向构造钢筋在设计图中不标注，而是按构造详图施工。抗扭纵筋前加“*”号。例如，*4Φ18，表示在梁的两侧面各有2根直径18mm的抗扭纵筋。

（6）梁顶面标高高差（选注）。梁顶面标高高差是指相对于结构层楼面标高的高差值，对位于结构夹层的梁，则指相对于结构夹层楼面标高的高差。例如，（−0.100）表示该根梁顶面比楼面标高低0.100m。又如，（+0.150）则表示该梁顶面比楼面标高高0.150m。若无高差，则无此项内容。

例如，图6-3中梁的集中标注表示：框架梁2，2跨，一端有悬挑，截面为300mm×650mm；箍筋为I级钢筋，直径8mm，加密区间距为100mm，非加密区间距为200mm，均为两肢箍；上、下部通长筋均为2根直径25mm的Ⅱ级钢筋；梁顶面比楼面标高低0.1m。

2. 原位标注的内容

梁原位标注的内容规定如下：

（1）梁支座上部纵筋。

1）当上部纵筋多于一排时，用斜线“/”将各排纵筋自上而下分开。

2）当同排纵筋有两种直径时，用加号“+”将两种直径的纵筋相连，注写时将角部纵筋写在前面。

3）当梁中间支座两边的上部纵筋不同时，须在支座两边分别标注。

（2）梁下部纵筋。

1）当下部纵筋多于一排时，用斜线“/”将各排纵筋自上而下分开。

2）当同排纵筋有两种直径时，用加号“+”将两种直径的纵筋相连，注写时角部纵筋写在前面。

3）当梁下部纵筋不全部伸入支座时，将梁支座下部纵筋减少的数量写在括号内。

4）当已按规定注写了梁上部和下部均为通长的纵筋值时，则无需在梁下部重复做原位标注。

（3）附加箍筋或吊筋。附加箍筋或吊筋可直接画在平面图中的主梁上，用线引注总配筋值。当多数附加箍筋或吊筋相同时，可在梁平法施工图上统一注明；少数附加箍筋或吊筋与统一注明值不同时，再做原位标注。附加箍筋和吊筋的画法如图6-4所示。

（4）当在梁上集中标注的内容不适用于某跨或某悬挑部分时，则将其不同数值原位标注在该跨或该悬挑部位，施工时应按原位标注数值取用。

例如，图6-3中梁的原位标注表示：支座1右边上部纵筋为4根钢筋，角部是2根直径25mm的Ⅱ级钢筋，中间是2根直径22mm的Ⅱ级钢筋；支座2两边上部纵筋为6根直径25mm的Ⅱ级钢筋分两排布置，上一排为4根，下一排为2根；支座3两边上部纵筋为4根直径25mm的Ⅱ级钢筋。第一跨下部纵筋为6根直径25mm的Ⅱ级钢筋，分两排布置，上一排为2根，下一排为4根且全部伸入支座；第二跨下部纵筋为4根直径25mm的Ⅱ级

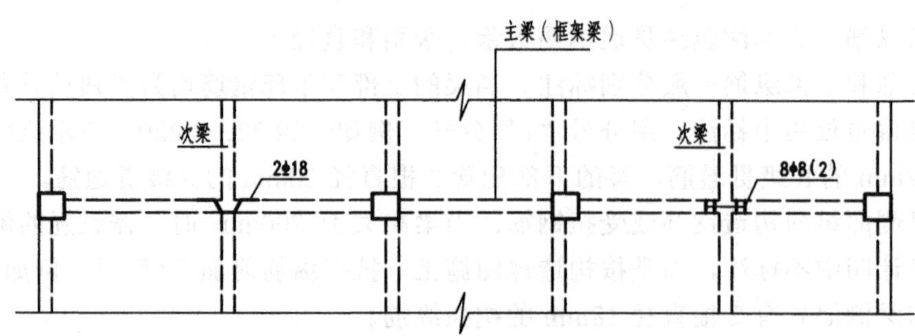

图 6-4 附加箍筋和吊筋的画法示例

钢筋，全部伸入支座。悬挑部分上部纵筋为 4 根直径 25mm 的Ⅱ级钢筋，下部纵筋为 2 根直径 16mm 的Ⅱ级钢筋，全部伸入支座。箍筋为Ⅰ级钢筋，直径 8mm，间距为 100mm，两肢箍。

截面注写方式采取在不同编号的梁中各选一根梁用剖切符号引出配筋图，并在其上注写截面尺寸和配筋具体数值的方式来表达梁平法施工图。

6.2.2.2 平面整体配筋图上柱的表示

柱平法施工图首先要按照设计要求和制图规范绘制相应标高段柱的平面布置状况，然后在柱平面布置图上把每根柱的具体尺寸和配筋情况标注清楚。

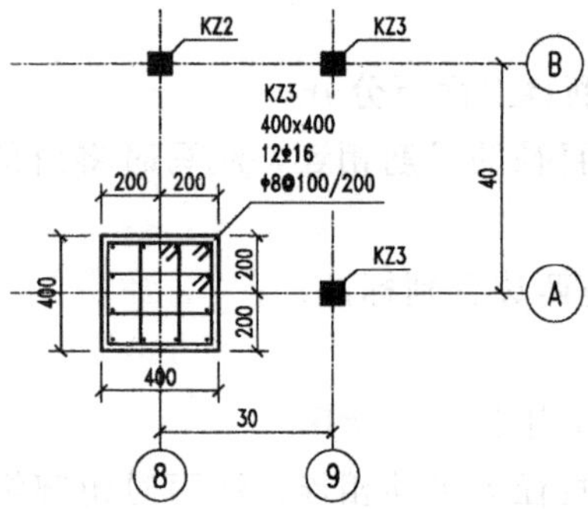

柱平法施工图的标注采用截面注写方式或列表注写方式表达。

截面注写方式是在分层绘制的柱平面布置图上，分别在同一编号的柱中选择一个截面，并将该截面在原位放大，以直接注写截面尺寸和配筋具体数值，如图 6-5 所示。这种标注方法表达清楚，是常用的一种表示方法。

图 6-5 柱平法施工图的截面注写方式（局部）

列表注写方式采取在同一编号的柱中选择一个（有时需要选择几个）截面标注几何参数代号，在柱表中注写柱号、柱段起止标高、几何尺寸与配筋的具体数值并配以各种柱截面形状及其箍筋类型的方式来表达柱平法施工图。

（1）柱编号：由类型代号和序号组成，如表 6-8 所示。编号时，当柱的总高、分段截面尺寸和配筋均对应相同，仅分段截面与轴线的关系不同时，仍可将其编为同一柱号，如 KZ1。

表 6-8 柱编号

柱类型	代号	序号	柱类型	代号	序号
框架柱	KZ	××	梁上柱	LZ	××
框支柱	KZZ	××	剪力墙上柱	QZ	××

（2）纵筋：当纵筋采用一种直径时，配筋图上标注全部纵筋；当纵筋采用两种直径时，

配筋图上角筋和各边中部纵筋分别标注。

（3）箍筋：标注时，用斜线“/”区分柱端箍筋加密区与柱身非加密区长度范围内箍筋的不同间距。施工人员须根据标准构造详图的规定，在3种长度值中取最大者作为加密区长度。如果采用螺旋箍筋，应在箍筋前加“L”。

例如，图6-5中柱的截面标注表示：KZ3，截面尺寸400mm×400mm，受力纵筋为12根直径16mm的Ⅱ级钢筋；箍筋为Ⅰ级钢筋，直径8mm，加密区间距为100mm，非加密区间距为200mm。

6.3 图纸目录与结构设计说明

图纸目录和结构设计说明尽管在结构施工图中只以文字、表格表达，但是它对我们全面理解结构施工图具有重要意义，因而也是结构施工图中的基本组成部分。

6.3.1 图纸目录

图纸目录是结构施工图的标题页，通常用表格表示，在表格中表达每张结构图的图纸名称、图号和图纸尺寸，这样便于我们查找相应内容的图纸，给施工和其他工作带来方便。某工程结构施工图图纸目录如表6-9所示。

表6-9 某工程结构施工图图纸目录

序号	图纸名称	图号	图纸尺寸	备注
1	结构施工图设计总说明	G01	A2	
2	桩位及基础平面布置图	G02	A2	
3	人工挖孔灌注桩设计说明，人工挖孔灌注桩大样	G03	A2	
4	基础至底层地面框架柱配筋图	G04	A2	
5	底层地面至屋顶框架柱配筋图	G05	A2	
6	标高–4.250梁平法施工图	G06	A2	
7	标高–0.050梁平法施工图	G07	A2	
8	标高3.550梁平法施工图	G08	A2	
9	标高6.850、10.150梁平法施工图	G09	A2	
10	标高–4.250板配筋图	G10	A2	
11	标高–0.050梁平法施工图	G11	A2	
12	标高3.550板配筋图	G12	A2	
13	标高6.850、10.150板配筋图	G13	A2	
14	楼梯详图1	G14	A2	
15	楼梯详图2	G15	A2	
16	楼梯详图3	G16	A2	

6.3.2 结构设计说明

结构设计说明是结构施工图中全局性的文字说明，通常放在结构施工图的第一页，以G01表示。它的主要内容包括工程的基本概况，设计依据，选用材料的类型、规格和强度等级，地基情况，施工注意事项，以及选用标准图集等。

6.4 基 础 图

基础是建筑物的地下承重部分，它直接承受建筑物上部传来的各种荷载并将其传给地基。基础的形式一般取决于上部承重结构的形式，同时也与房屋荷载大小、地形和地质条件有关。基础形式多种多样，常见的有条形基础、独立基础、筏形基础、箱形基础、桩基础等。

基础图通常用基础平面图和基础详图表示。基础平面图和基础详图互相对照配合，就能够清晰、完整地表达出建筑物基础的布置以及与基础有关的其他构件的形状、尺寸和配筋等构造。

6.4.1 基础平面图

基础平面图是表示建筑物地面以下基础部分的平面布置的图样，它是基础施工时定位放线、开挖基坑和编制施工组织设计及预算的依据。

1. 成图方法

基础平面图是假想在建筑物底层室内地面下方作一水平剖切面，把整座房屋剖开，移开上层的房屋和泥土（在基坑未回填前），将剖切面下方的各构件向下作水平投影得到的图样。

2. 内容和要求

（1）图名、比例：基础平面图采用的比例与建筑平面图相同，通常为 1:100，图名要表示清楚。

（2）纵、横向定位轴线及编号、轴线尺寸：基础平面图应注出与建筑平面图相一致的定位轴线及轴线编号和轴线尺寸。基础平面图的尺寸标注分内部尺寸和外部尺寸两部分：外部尺寸只标注定位轴线的间距和总尺寸，内部尺寸应标注各道墙的厚度、柱的断面尺寸和基础底面的宽度等。

（3）基础墙、柱的平面布置以及基础底面形状、大小及其与轴线的关系：基础平面图中一般只画基础墙、柱以及基础底面轮廓线。基础的细部轮廓线（如大放脚）可省略不画。

凡被剖切到的基础墙、柱轮廓线应画成中实线，基础底面的轮廓线应画成细实线。

当基础墙上留有管洞时，应用虚线表示其位置，具体做法及尺寸另用详图表示。

（4）基础梁的位置、代号：当基础中设基础梁和地圈梁时，用粗单点长画线表示其中心线的位置，通常用 JL1、JL2 等表示。

（5）基础编号、基础详图的剖切位置线及其编号：基础编号通常用 J1、J2 等表示，在基础平面图的相应位置用粗短线表示剖切位置，用编号 1—1、2—2 等表示。

（6）施工说明：对基础平面图中图样未尽之处，可用文字说明，例如所用材料的强度等级、防潮层做法、设计依据以及施工注意事项等。

3. 读图举例

图 6-6 是比例为 1:100 的某招待所基础结构平面图。

该工程基础采用柱下筏形基础形式；钢筋混凝土基础底板采用双层双向配筋，配筋直接标注在基础平面图上为⌀25@150，底板厚度为 800mm。基础底板四周设暗梁，电梯基础井道为钢筋混凝土板墙，底板配筋为⌀25@150。基础平面图上设置了四个剖切位置用以表示基础详图。

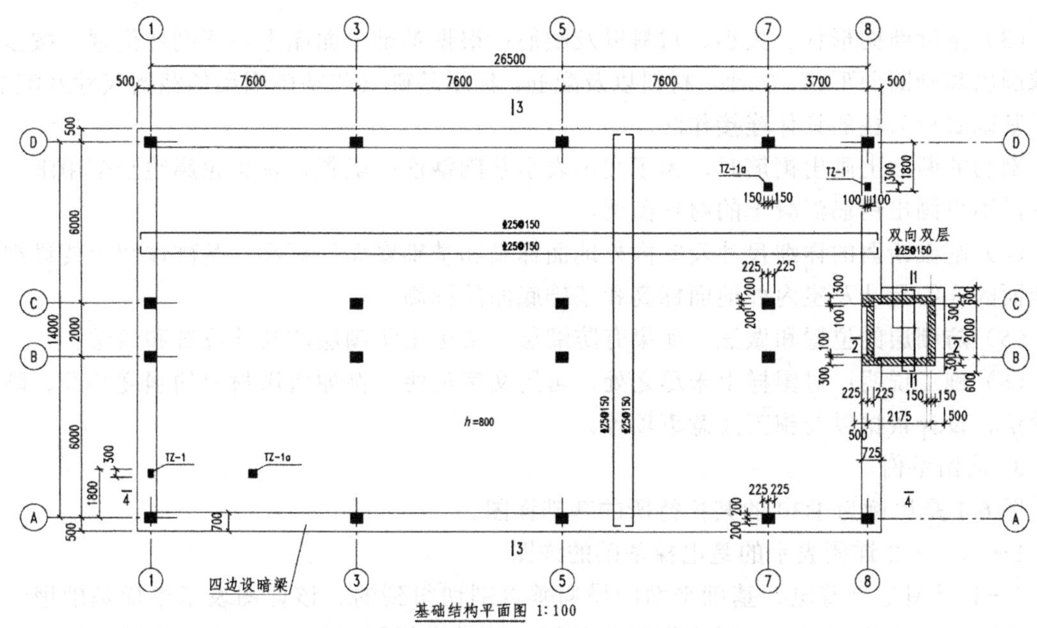

图 6-6　某招待所基础结构平面图

4. 基础平面图的绘图步骤

基础平面图的绘图步骤如下：

（1）按比例画出与房屋建筑平面图相同的轴线及编号。

（2）画出基础墙（柱）的断面轮廓线、基础底面轮廓线以及基础梁（或地圈梁）等。

（3）画出不同断面的剖切符号，并分别编号。

（4）标注尺寸，主要标注轴线距离、轴线到基础底边和墙边的距离以及基础墙厚等尺寸。

（5）注写必要的文字说明、图名和比例等。

（6）设备较复杂的房屋，在基础平面图上还要配合采暖通风图、给水排水管道图等，用虚线画出管沟、设备孔洞等位置，并注明其内径、宽、深尺寸及洞底标高。

6.4.2 基础详图

基础平面图用来表达基础的平面布置，而基础的具体形状、大小、材料、构造及埋深则需要用基础详图来表达。

1. 成图方法

基础详图通常采用断面图或剖面图表示，主要标明基础各组成部分，例如垫层、基础、基础墙（包括大放脚）和基础梁的具体形状、大小、材料及埋深等。剖切位置应在基础平面图上反映。

2. 内容和要求

（1）图名、比例：基础详图常用 1:10、1:20、1:50 的比例绘制，不同位置截面基础详图的图名要表达清楚。基础详图名称与基础平面图中剖切符号要保持一致，例如 1—1 详图、2—2 详图。

（2）轴线及其编号：表示基础各部分断面图中轴线及其编号（若为通用断面图，则轴线圆圈内不需编号）。

（3）基础断面形状、大小、材料以及配筋：根据基础平面图上不同剖切位置，按投影要求画出基础断面形状、大小、材料以及配筋。标示基础梁和基础圈梁的截面尺寸及配筋，标示基础底板与柱的具体连接作法。

剖切的断面上画出钢筋时，为了突出表示基础钢筋的配置，基础轮廓线全部用细实线表示，不再画出钢筋混凝土的材料图例。

（4）基础断面的详细尺寸及室内外地面标高和基础底面的标高：基础详图上要详细标出断面的详细尺寸及室内外地面标高和基础底面的标高。

（5）防潮层的位置和做法：如果有防潮层，要标出防潮层的具体位置和做法。

（6）施工说明：对图样上未尽之处，可用文字说明，例如所用材料的强度等级、防潮层做法、设计依据以及施工注意事项等。

3. 读图举例

图 6-7 是比例为 1:30 的某招待所的基础详图。

1—1、2—2 详图表示的是电梯基础的详图。

1—1 详图是沿着电梯基础平面的横向垂直剖切得到的。该详图表示电梯基础埋深为－2.150m，下面为 100mm 厚素混凝土垫层，基础底板厚 800mm，底板钢筋为双向双层Φ25@150；电梯基础四周为 1300mm（标高为－0.05m～－1.350m）高的钢筋混凝土板墙，钢筋为双向双层Φ12@200、Φ10@200。

2—2 详图是沿着电梯基础平面的纵向垂直剖切得到的。由于沿着纵向剖切，切到了电梯基础左边的建筑物主体基础。因此，2—2 详图表示建筑物主体基础埋深为－1.650m，下面为 100mm 厚素混凝土垫层，基础底板厚 800mm，底板钢筋为双向双层Φ25@150。2—2 详图与 1—1 详图的不同之处在于剖切到了基础底板里的暗梁，暗梁截面尺寸为 600mm×800mm、400mm×800mm，主筋为 10Φ25、6Φ16，箍筋为Φ14@200、Φ10@400。

3—3、4—4 详图表示的是建筑物主体基础部分的详图。

3—3 详图是沿着主体基础平面的横向垂直剖切得到的。该详图表示建筑物主体基础埋深同样为－1.650m，下面为 100mm 厚素混凝土垫层，基础底板厚 800mm，底板钢筋为双向双层Φ25@150；基础底板里两边的暗梁截面尺寸为 600mm×800mm，主筋为 10Φ25，6Φ16，箍筋为Φ14@200、Φ10@400。

4—4 详图则是沿着主体基础平面的纵向垂直剖切得到的。该详图表示建筑物主体基础埋深为－1.650m，下面为 100mm 厚素混凝土垫层，基础底板厚 800mm，底板钢筋为双向双层Φ25@150；基础底板里两边的暗梁截面尺寸为 600mm×800mm，主筋为 10Φ25、6Φ16，箍筋为Φ14@200、Φ10@400。

4. 基础详图的绘图步骤

基础详图的绘图步骤如下：

（1）根据基础平面图上的剖切位置，按比例和投影要求画出基础断面形状、大小、材料以及配筋。

（2）进行标注。标注定位轴线、轴线距离、基础细部以及基础墙厚等尺寸，标注钢筋以及基础断面不同位置的标高。

（3）注写必要的文字说明、图名和比例等。

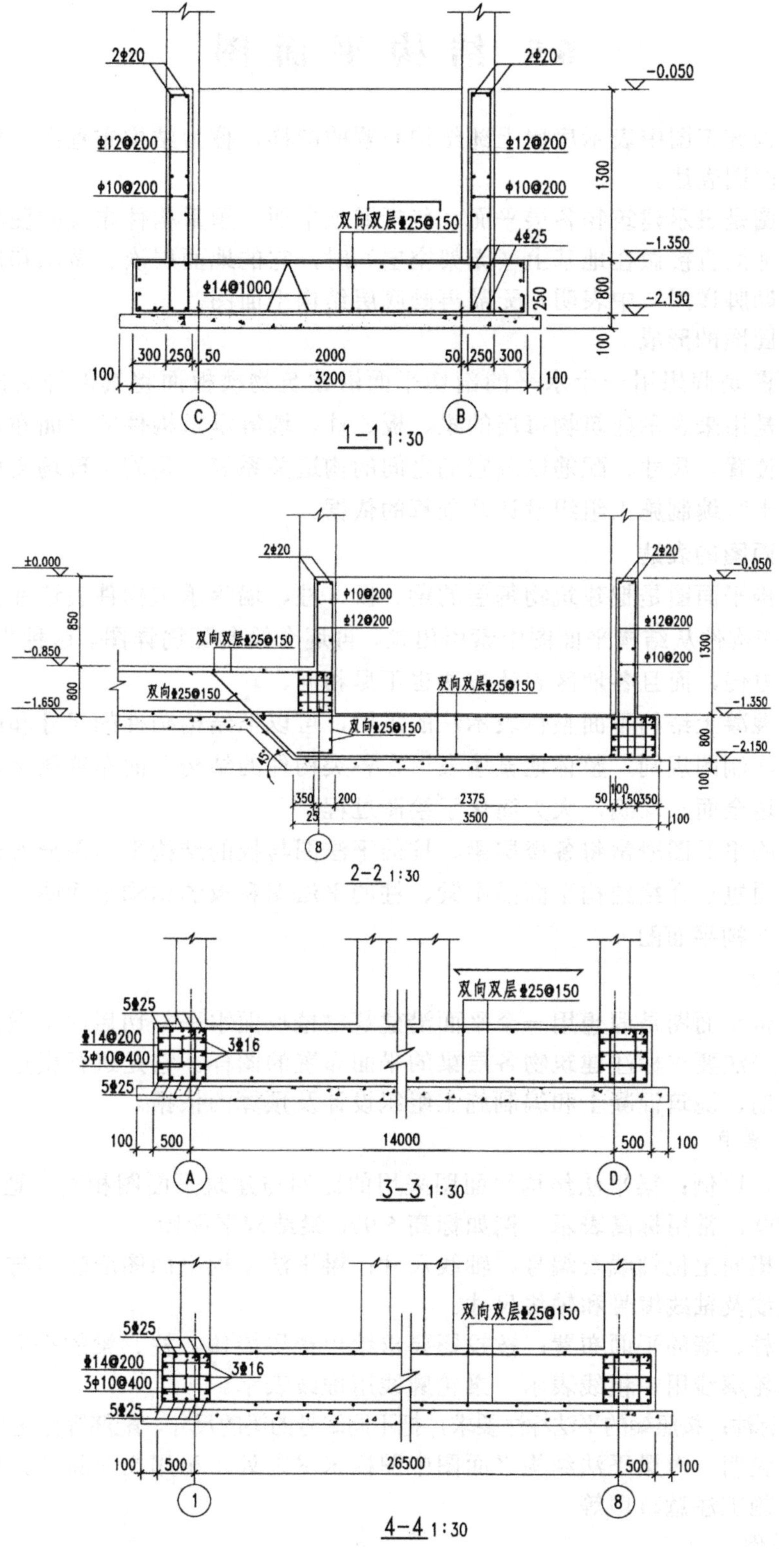

图 6-7 某招待所基础详图

6.5 结构平面图

建筑物结构施工图中表示房屋上部结构布置的图样，称为结构布置图。结构布置图通常采用结构平面图表达。

结构平面图是表示建筑物各层平面（包括屋顶平面）承重构件布置的图样。在楼层结构中，当底层地面直接做在地基上（无架空层）时，它的地面层次、做法和用料已在建筑图（如明沟、勒脚详图）中表明，无需再画底层结构平面图。

6.5.1 结构平面图的形成

结构平面图是假想用一个水平的剖切平面沿建筑物楼板面将其剖开后向下做的楼层水平投影。它是用来表示建筑物每层的梁、板、柱、墙等承重构件的平面布置，表达各构件在建筑中的位置、尺寸、配筋以及它们之间的构造关系等，是施工现场支模板、绑扎钢筋、浇筑混凝土和编制施工组织设计及预算的依据。

6.5.2 结构平面图的表达

传统的结构平面图是把建筑物每层的梁、板、柱、墙等承重构件表达在同一张平面图上，然后把这些构件从结构平面图中索引出来，再逐个绘制配筋详图。这种表示方法繁琐，查阅起来也不方便，而且各地区表达方法也不尽相同。

随着钢筋混凝土结构平面整体表示法的采用，可以把结构构件的尺寸和配筋等，按照平面整体表示法制图规则，整体地直接表达在各类构件的结构平面布置图上，从而使结构设计方便，表达全面、准确，大大简化了绘图过程。

现在的结构平面图通常将各楼层梁、柱的平法图与板的结构平面图分开表达，其表示各有特点。下面重点介绍结构平面图中梁、柱的平法图和板的结构平面图。

6.5.3 梁平法结构平面图

1. 成图方法

梁平法结构平面图是假想用一个平面沿建筑物楼板面水平剖切后向下做水平投影，在平面图上按照平法要求标注建筑物各层梁的平面布置的图样。它是进行楼层梁施工，即支模板、绑扎钢筋、浇筑混凝土和编制施工组织设计及预算的依据。

2. 内容和要求

（1）图名、比例：梁平法结构平面图采用的比例与建筑平面图相同，通常为 1:100。图名要表示清楚，常用标高表示，例如标高 5.970 梁结构平面图。

（2）纵、横向定位轴线及编号、轴线尺寸：梁平法结构平面图应注出与建筑平面图相一致的定位轴线及轴线编号和轴线尺寸。

（3）梁、柱、墙的平面布置：按投影要求绘出楼层墙体、柱、梁的平面布置，剖切到的柱涂黑，墙轮廓线用中粗线表示，梁轮廓线用虚线表示。

（4）梁的标注：按照梁的平法标注要求，把不同编号的梁的尺寸、配筋等标注在梁轮廓线处。

（5）施工说明：对梁平法结构平面图中图样未尽之处，可用文字说明，例如所用材料的强度等级、施工注意事项等。

3. 读图举例

如图 6-8 所示为某招待所梁平法结构平面图。由于标高 5.970、8.970、11.970 楼层梁

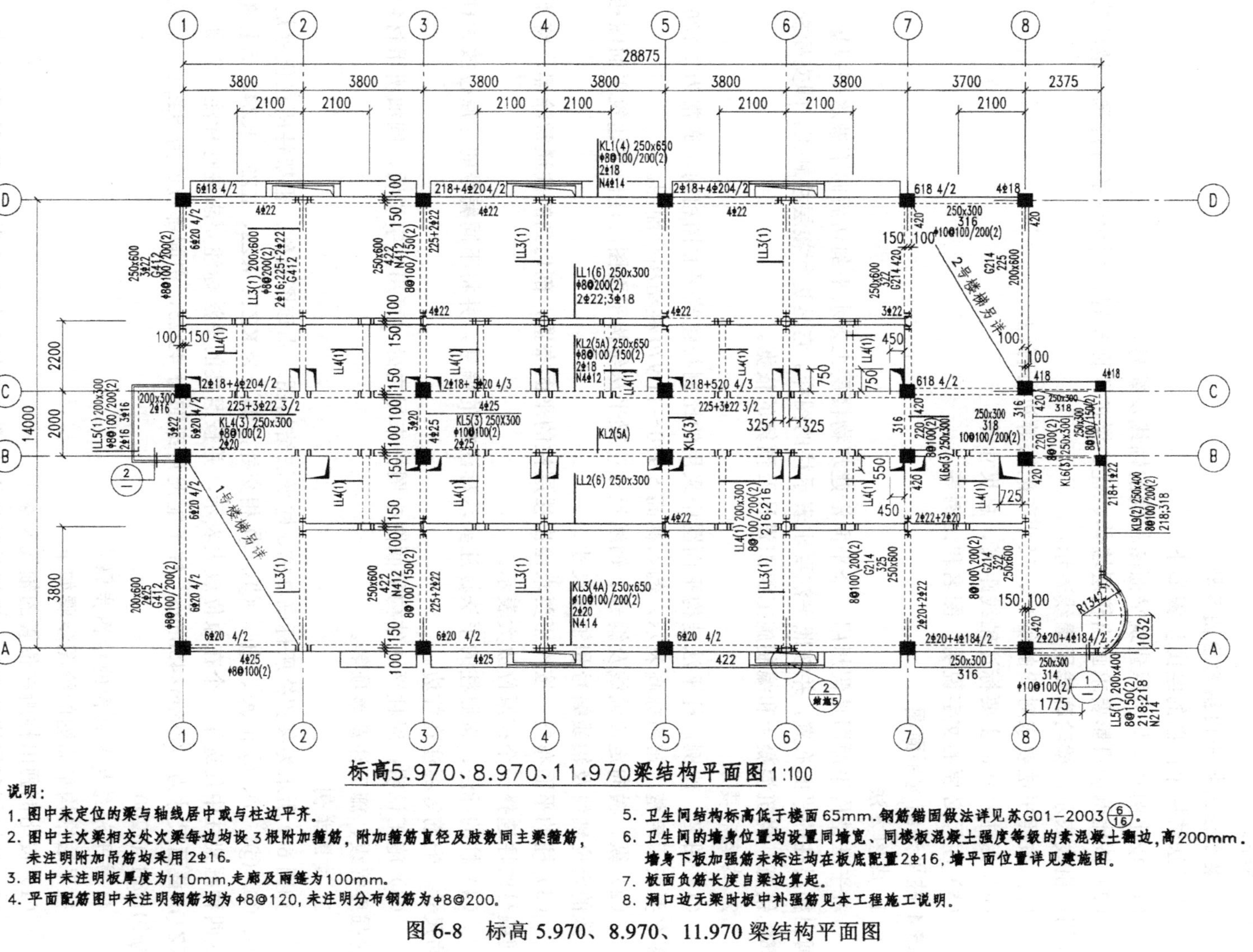

图 6-8 标高 5.970、8.970、11.970 梁结构平面图

的配筋是一致的，因此这三个楼层的梁平法结构平面图只需画出一个即可。在该结构平面图上，表达了梁和柱的平面位置及具体每根梁的尺寸、配筋情况，按照梁的平法标注要求进行了标注。

4. 梁平法结构平面图的绘图步骤

梁平法结构平面图的绘图步骤如下：

（1）按比例画出与房屋建筑平面图相同的轴线及编号。

（2）按比例和投影要求画出楼层墙体、柱、梁的平面布置，剖切到的柱涂黑，墙轮廓线用中粗线表示，梁轮廓线用虚线表示。

（3）按照平法要求对梁的编号、尺寸和配筋等进行标注。

（4）标注尺寸，主要标注轴线距离、总尺寸等。

（5）注写必要的文字说明、图名和比例等。

6.5.4 柱平法结构平面图

1. 成图方法

柱平法结构平面图是假想用一个平面沿建筑物楼层上方水平剖切后向下做水平投影，画出楼层柱的平面布置，并按照平法要求表示柱的图样。它是进行楼层柱施工，即支模板、绑扎钢筋、浇筑混凝土和编制施工组织设计及预算的依据。

2. 内容和要求

（1）图名、比例：柱平法结构平面图中采用的比例与建筑平面图相同，通常为 1:100。图名要表示清楚，常用标高表示，例如标高 5.970～11.970 柱结构平面图。

（2）纵、横向定位轴线及编号、轴线尺寸：梁平法结构平面图应注出与建筑平面图相一致的定位轴线及轴线编号和轴线尺寸。

（3）柱的平面布置：按投影要求绘出楼层柱的平面布置，剖切到的柱通常涂黑。将不同编号的柱选择一个在原位放大表示。

（4）柱的标注：按照柱的平法标注要求标注柱的编号，并将不同编号的在原位放大柱的尺寸、配筋等标注在柱边。

（5）施工说明：对柱平法结构平面图中图样未尽之处，可用文字说明，例如所用材料的强度等级、施工注意事项等。

3. 读图举例

如图 6-9 所示为某招待所标高 2.970 柱平法结构图。由该图可知，框架柱所在位置是①、③、⑤、⑦、⑧和Ⓐ、Ⓑ、Ⓒ、Ⓓ相交处，编号为 KZ1、KZ2、KZ3、KZ4，而且在这四种框架柱中任选了一个在原位放大表示，并按照柱的平法标注要求进行标注。例如，KZ1，截面尺寸为 400mm×450mm，柱子配筋角部的为 4Φ25，中间部位的为 8Φ20，箍筋为φ10@100/200。

4. 柱平法结构平面图的绘图步骤

柱平法结构平面图的绘图步骤如下：

（1）按比例画出柱所在位置的轴线及编号。

（2）按比例和投影要求画出楼层柱的平面布置，剖切到的柱涂黑，并把不同编号的柱选择一个在原位放大表示。

（3）按照柱的平法标注要求对在原位放大的柱的编号、尺寸和配筋等进行标注。

（4）标注尺寸，主要标注轴线距离、总尺寸等。

（5）注写必要的文字说明、图名和比例等。

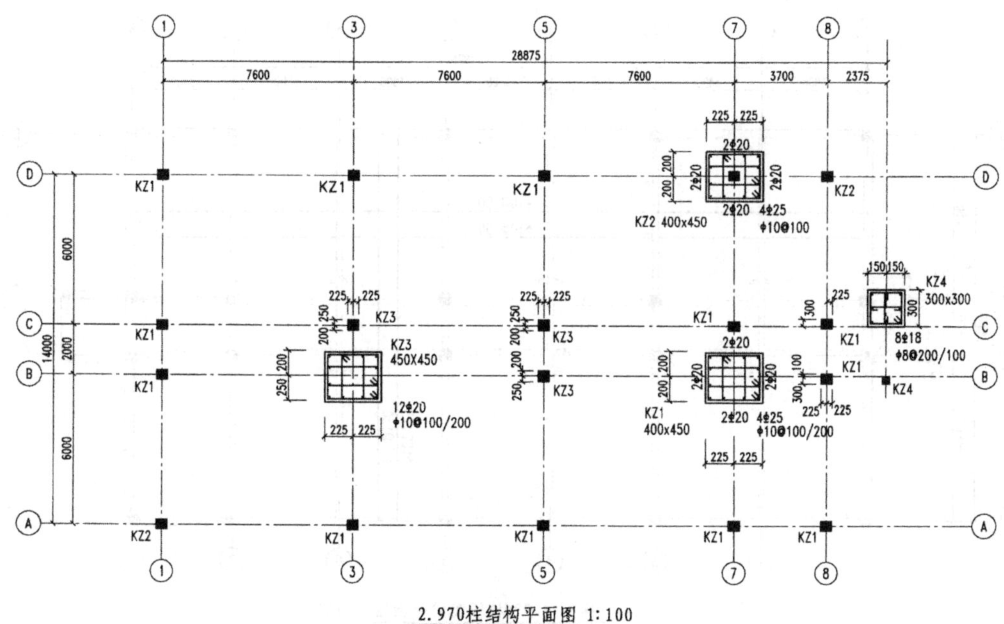

图 6-9　某招待所柱平法结构平面图

6.5.5　板结构平面图

1. 成图方法

板结构平面图是假想用一个平面沿建筑物楼板面水平剖切后向下做正投影，在平面图上表达板的平面布置和配筋的图样。它是进行楼板施工，即支模板、绑扎钢筋、浇筑混凝土和编制施工组织设计及预算的依据。

2. 内容和要求

（1）图名、比例：板结构平面图采用的比例与建筑平面图相同，通常为 1:100。图名要表示清楚，常用标高表示，例如标高 14.970 板结构平面图。

（2）纵、横向定位轴线及编号、轴线尺寸：板结构平面图应注出与建筑平面图相一致的定位轴线及轴线编号和轴线尺寸。

（3）梁、柱、墙的平面布置：按投影要求绘出楼层墙体、柱、梁的平面布置，剖切到的钢筋混凝土柱涂黑，梁轮廓线用虚线表示。

（4）板的标注：如果是现浇钢筋混凝土板，则将钢筋直接标注在板面上；如果是预制钢筋混凝土板，则将板的代号、数量直接标注在板面上。

（5）施工说明：对板结构平面图中图样未尽之处，可用文字说明，如所用材料的强度等级、施工注意事项等。

3. 读图举例

图 6-10 为某招待所标高 14.970 板结构平面图。由于板为现浇板，故直接把配筋标注

在板面上。配筋为双层双向，板下层沿每个开间短边外侧方向为Φ10@100，内侧垂直方向为Φ10@125；板上层沿每个开间短边外侧方向为Φ10@150，内侧垂直方向也为Φ10@150。①轴内廊外侧有雨篷 YP—1，挑出长度 1600mm，其具体配筋见结构详图。

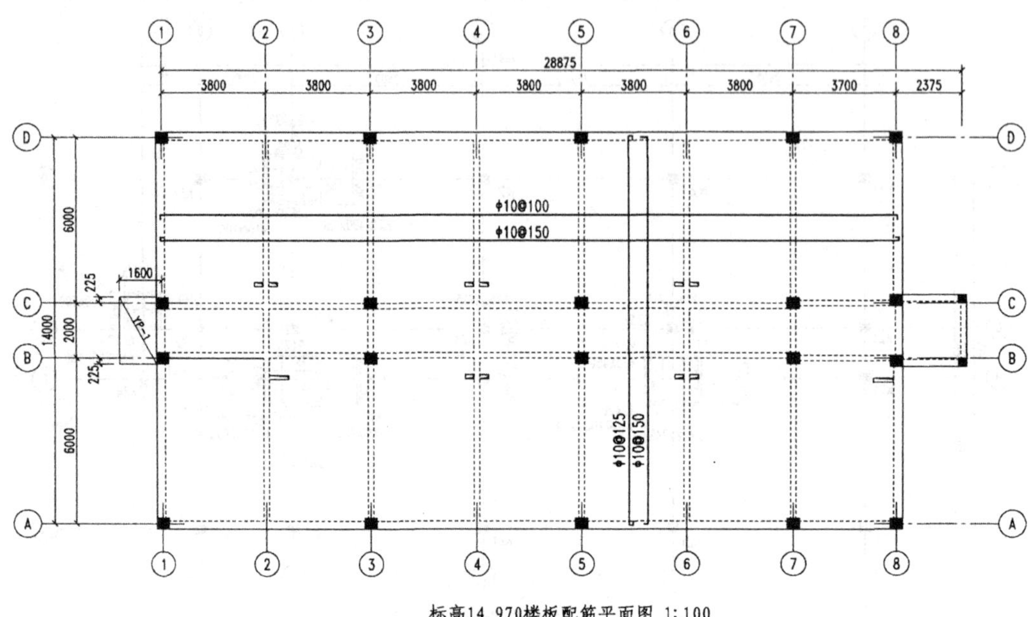

图 6-10　某招待所标高 14.970 板结构平面图

4. 板结构平面图的绘图步骤

板结构平面图的绘图步骤如下：

（1）按比例画出与房屋建筑平面图相同的定位轴线。

（2）按比例和投影要求画出楼层梁、柱的平面布置，剖切到的柱涂黑，梁轮廓线用虚线表示。

（3）按照板的配筋标注要求直接在板面上进行配筋标注。

（4）标注尺寸，主要标注轴线距离、总尺寸等。

（5）注写必要的文字说明、图名和比例等。

6.6　结　构　详　图

结构布置图只表示出建筑物各承重构件的布置情况，至于它们的形状、大小、构造和连接情况等则需要分别画出各承重构件的结构详图来表示。由于目前的建筑物大多是钢筋混凝土结构，因此结构详图也主要是钢筋混凝土构件详图。

钢筋混凝土构件有定型和非定型两种。定型构件可直接引用标准图集，在图纸上注明标准图集名称、代号即可。对于非定型构件则必须绘制结构详图。

6.6.1　钢筋混凝土结构构件详图的表达

钢筋混凝土结构的构件详图，一般通过模板图、配筋图和钢筋表等来表达。

1. 模板图

模板图又称为外形图，主要表明钢筋混凝土构件的外形，预埋铁件、预留钢筋和预留孔洞的位置，各部位尺寸和标高，以及构件和定位轴线的位置关系等。对于形状简单的构件，可不必单独画模板图。

2. 配筋图

配筋图包括平面图、立面图、断面图和钢筋详图，主要表示构件内部各种钢筋的位置、直径、形状和数量等。配筋图也是钢筋混凝土结构构件详图最主要的表达方式。

3. 钢筋表

为便于编制预算，统计钢筋用料，对配筋较复杂的钢筋混凝土构件应列出钢筋表，以计算钢筋用量。

6.6.2 钢筋混凝土结构的构件详图

1. 钢筋混凝土梁

钢筋混凝土梁是房屋结构中的主要承重构件，常见的有过梁、圈梁、楼面梁、框架梁、楼梯梁和雨篷梁等。

钢筋混凝土梁的结构详图一般包括立面图和断面图。立面图主要表示梁的轮廓、尺寸及钢筋的位置，钢筋可以全画，也可以只画一部分。如果有弯筋，应标注弯筋起弯位置。各类钢筋都应编号，以便与断面图及钢筋表对照。断面图主要表示梁的断面形状和尺寸、箍筋的形式及位置。断面图的剖切位置应在梁内钢筋数量有变化处。钢筋表可附在图样的旁边，其内容主要是每一种钢筋的形状、长度、尺寸、规格和数量，以便加工制作和做预算。图6-11为某框架梁的结构详图。

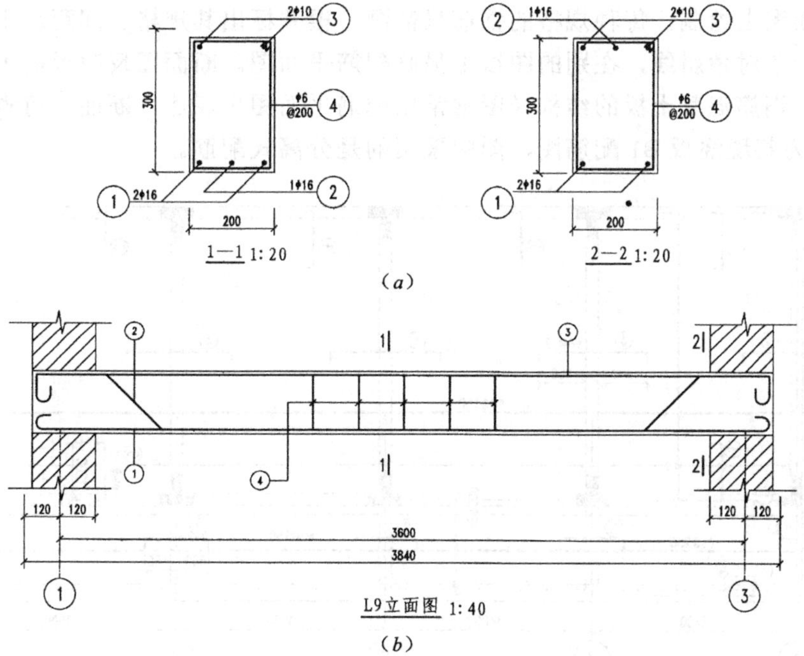

图6-11　框架梁结构详图（一）

（*a*）断面图；（*b*）立面图

钢 筋 表

梁号	钢筋编号	简 图	直径	长度	根数	备注
L9	①	75 3790 75	φ16	3940	2	
	②	215 250 250 2960	φ16	4454	1	
	③	3790 63 63	φ10	3916	2	
	④	200 250 300 150	φ6	900	20	

(*c*)

图 6-11 框架梁结构详图（二）

（*c*）钢筋表

2. 钢筋混凝土板

钢筋混凝土板分为预制板和现浇板。预制板一般都是预制构件厂生产的定型构件，如预应力多孔板等，因此一般不必另绘结构详图。而现浇板一般都是非定型构件，因此要绘出结构详图，即表达板的具体配筋情况。

钢筋混凝土现浇板中配筋包括受力筋、分布筋和支座钢筋三部分，根据其布置方式可分为弓起式和分离式两种。若板上部的支座钢筋是由下部的受力筋直接弯起的，称为弓起式配筋；若板上部的支座钢筋和下部的受力筋分别单独配置，则称为分离式配筋。

现浇钢筋混凝土板的结构详图常用配筋平面图和断面图表示。配筋平面图可以直接在板的结构平面图上绘制，每种规格的钢筋只需画一根并标出其规格、间距；也可以在结构平面图上画一条对角线，在别的图纸上另画配筋平面图。断面图反映板的上、下部钢筋的配筋情况。钢筋混凝土板的结构详图常常用配筋平面图来表达，断面图可省略不画。

图 6-12 为某现浇板 B1 配筋图，图中采用的是分离式配筋。

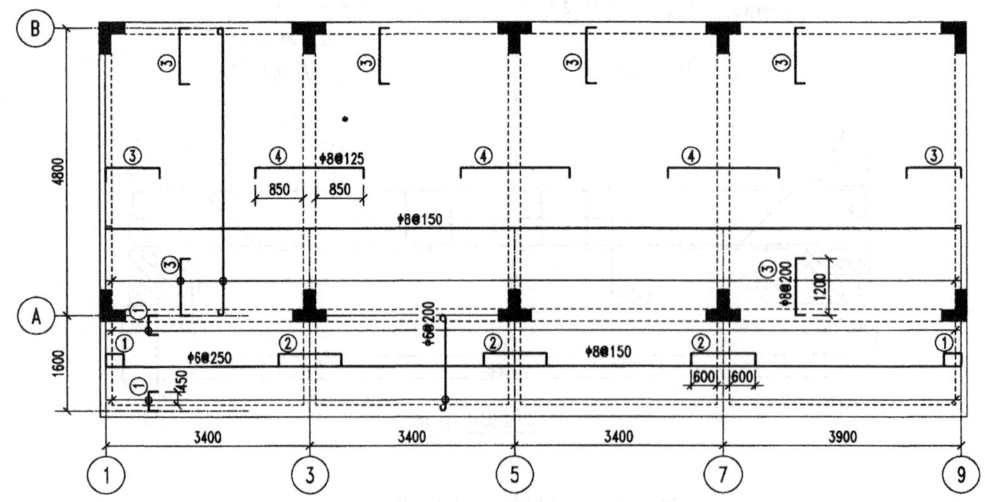

图 6-12 现浇板 B1 配筋图（分布筋φ6@250）

3. 钢筋混凝土柱

钢筋混凝土柱是房屋的主要承重构件，其结构详图包括立面图和断面图。如果柱的外形变化复杂或有预埋件，则还应增画模板图，模板图上预埋件只画位置和编号，具体细部情况另绘详图。

钢筋混凝土柱的结构详图主要表达柱的配筋情况和截面尺寸大小。钢筋混凝土柱中钢筋由竖向受力钢筋和箍筋组成，其主筋为竖向受压、受拉钢筋。

钢筋混凝土柱立面图主要表示柱的高度方向尺寸、柱内钢筋配置、钢筋截断位置（I级钢筋用 180° 弯钩表示，I 级钢筋以上用 45° 斜短划线表示）、钢筋搭接区长度以及箍筋需要加密区的高度等。

柱的断面图主要反映截面的尺寸、箍筋的形状和受力筋的位置、数量。断面图的位置应设在截面尺寸有变化及受力筋数量、位置有变化处。

图 6-13 为钢筋混凝土柱的立面图和断面图。

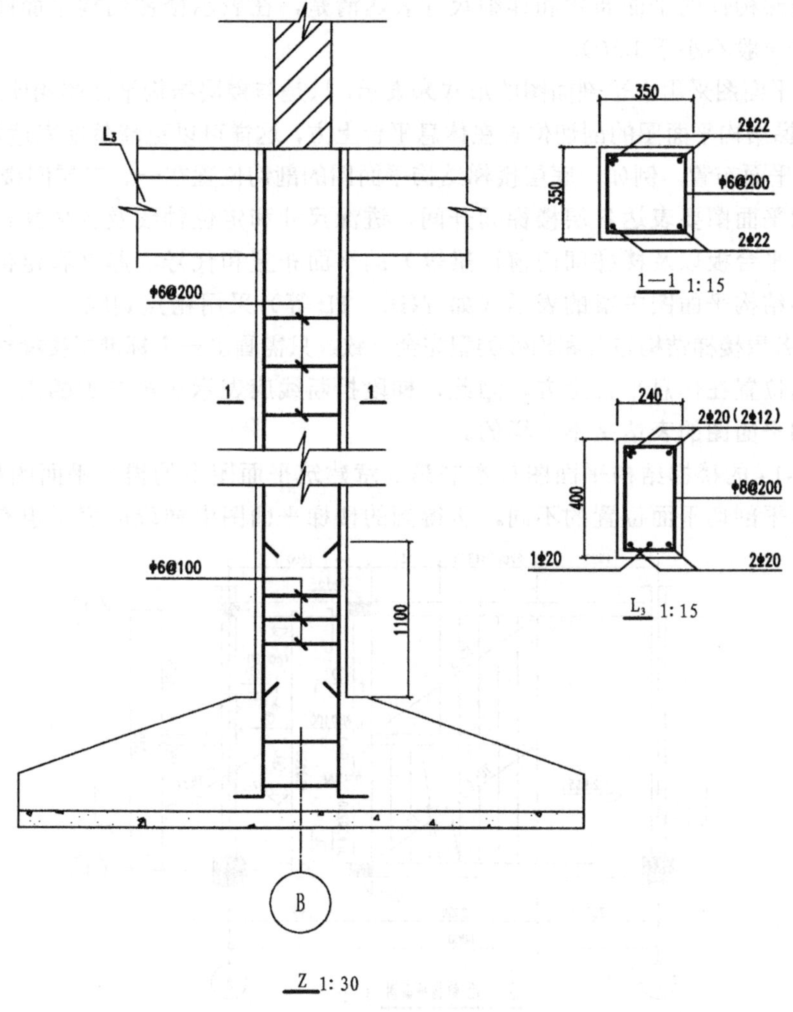

图 6-13　现浇钢筋混凝土柱配筋图

6.6.3 钢筋混凝土楼梯结构详图

钢筋混凝土楼梯从施工方式上可分为现浇钢筋混凝土楼梯和装配式钢筋混凝土楼梯。

现浇钢筋混凝土楼梯是在施工现场支模、绑扎钢筋和浇注混凝土而成的，其整体性较好，一般采用较多。

装配式钢筋混凝土楼梯则是将楼梯分为休息平台板、楼梯梁、梯段板等几部分，这些部分在构件厂或施工现场进行预制，然后进行装配。相对现浇钢筋混凝土楼梯而言，其施工程序较简单，但楼梯整体性稍差。

从结构形式上划分，钢筋混凝土楼梯包括板式楼梯和梁式楼梯。板式楼梯的每一梯段由一块梯段板组成，梯段板中不设斜梁，板的两端直接支承在楼梯梁或基础上。斜梁式楼梯是由斜梁支承梯段板，斜梁支承在楼梯梁上，楼梯梁再支承在墙上或柱上。

楼梯结构详图由各层楼梯结构平面图和楼梯结构剖面图组成。

1. 楼梯结构平面图

为了将楼梯构件的平面布置和详细尺寸表达清楚，在表示楼梯结构平面图时一般都用较大的比例（一般不小于1:50）。

楼梯结构平面图采用水平剖面图的形式来表示，只是与楼层结构平面图相比，其水平剖切位置不同。楼梯结构平面图的剖切位置在休息平台上方，这样可以更清楚地表达楼梯梁、梯段板和平台板的平面布置。例如，底层楼梯结构平面图的剖切位置在一、二层间楼梯平台上方。

楼梯结构平面图要表达各层楼梯间开间、进深尺寸和定位轴线及各楼梯构件（如楼梯梁、梯段板、平台板以及楼梯间门窗过梁等）的平面布置和代号、厚度和定位尺寸及其结构标高。楼梯结构平面图中梁的表示（如 YGL、TL 等）采用粗点划线。

如果中间各层楼梯结构布置和构件类型完全一致，只需画出一个标准层楼梯结构平面图。

由于剖切位置在休息平台上方，因此，梯段折断线应表示在第二跑梯段上，这与建筑施工图中楼梯平面图的表达是不一样的。

若将图6-14的楼梯结构平面图与本书第5章建筑平面图中的楼梯平面图相对照，就可以看出由于水平剖切平面位置的不同，所得到的楼梯平面图中梯段的表示也有差异。

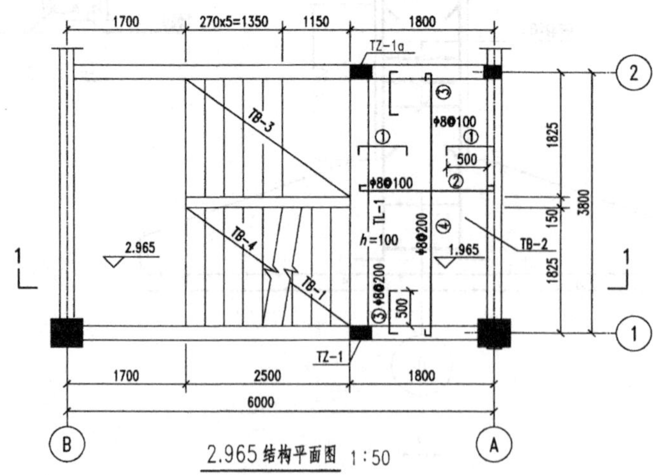

图 6-14 楼梯结构平面图（一）

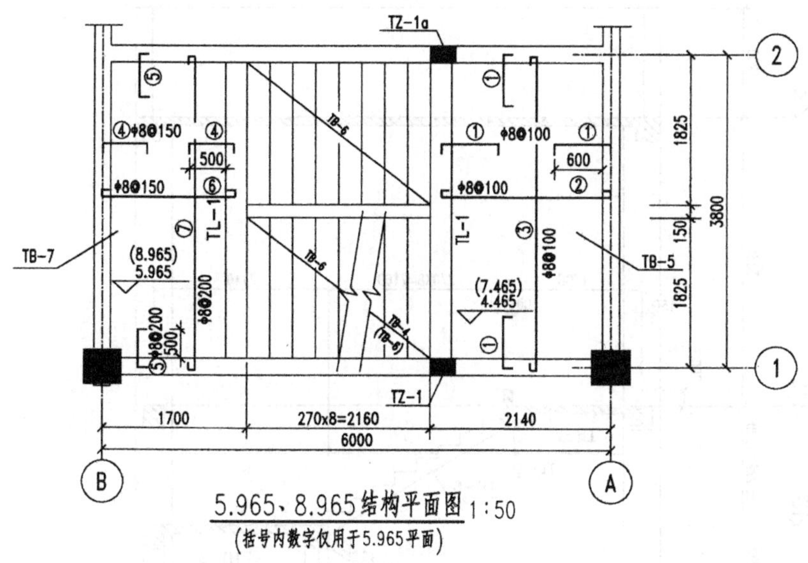

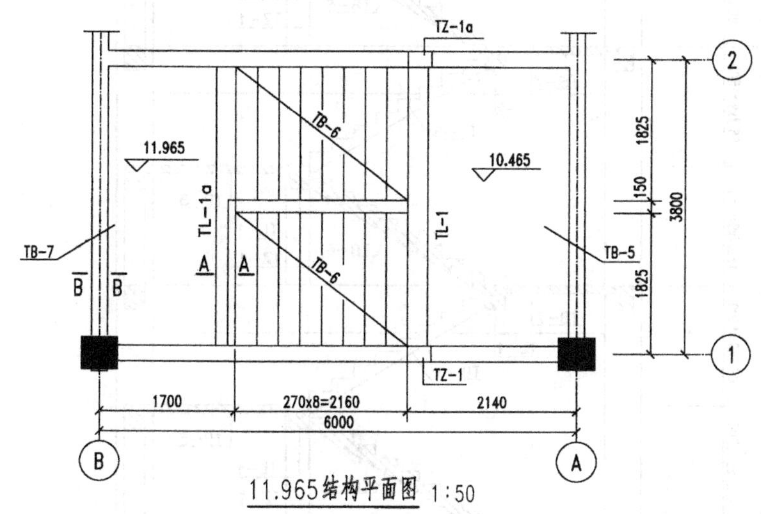

图 6-14　楼梯结构平面图（二）

2. 楼梯结构剖面图

为了把楼梯间的布置、构造情况表达清楚，仅有楼梯结构平面图是不够的，因为它只能表达楼梯间各种构件的平面布置情况。因此，还需画出楼梯结构剖面图来表示楼梯间各种构件的竖向布置和构造情况。

由楼梯底层结构平面图中所标出的剖切位置和剖视方向画出楼梯的剖面图，如图 6-15 所示。

在楼梯结构剖面图中，应标注出轴线尺寸、梯段的踏步尺寸和配筋、层高尺寸以及室内、外地面和各种梁、板底面的结构标高及各种楼梯结构构件的代号（如 TB、TL 等）。对于 TB、TL 这些构件，通常另外绘制大样图表示，如图 6-16 所示。

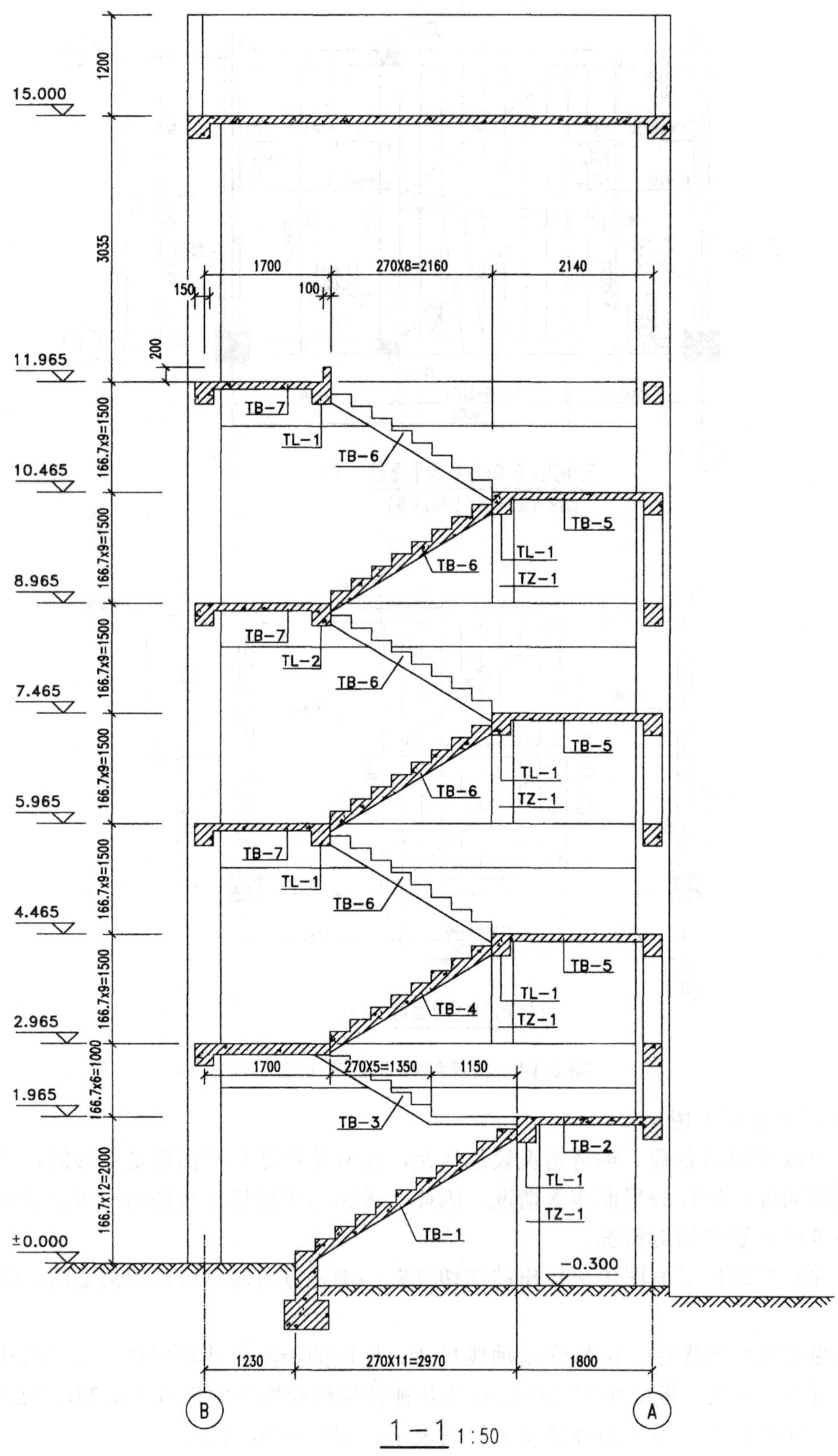

图 6-15 楼梯结构剖面图

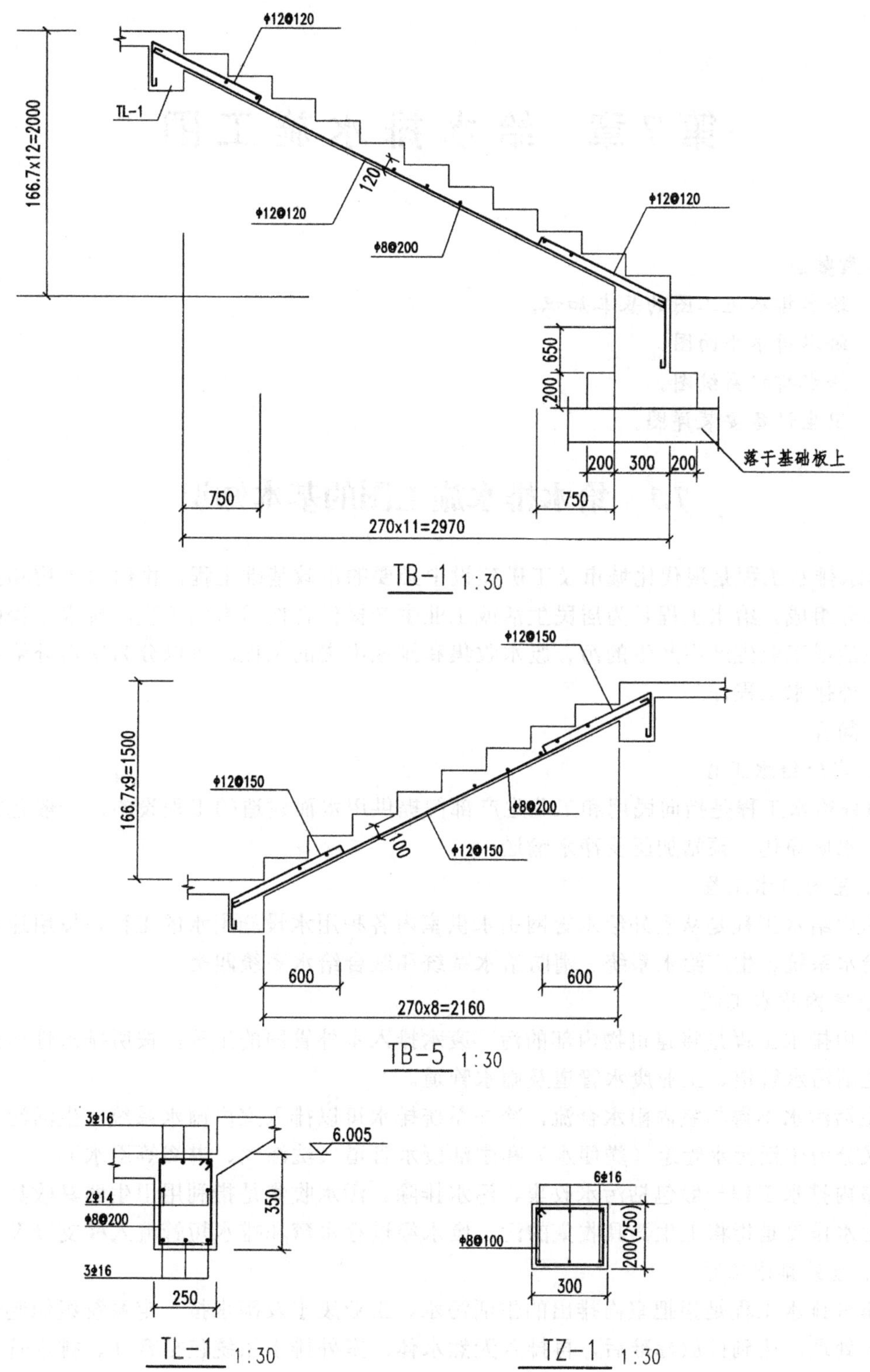

图 6-16　楼梯构件大样图

第 7 章　给水排水施工图

本章要点

- 给水排水施工图的基本知识。
- 给水排水平面图。
- 给水排水系统图。
- 卫生设备安装详图。

7.1　给水排水施工图的基本知识

给水排水工程是现代化城市及工矿建设中必要的市政基础工程，由给水工程和排水工程两部分组成。给水工程是为居民生活或工业生产提供合格用水的工程，排水工程则是将居民生活或工业生产中产生的污、废水收集和排放出去的工程，可以分为室内外给水工程和室内外排水工程。

7.1.1　简介

1. 室外给水工程

室外给水工程是指向民用和工业生产部门提供用水而建造的工程设施，一般包括水源取水、水质净化、泵站加压及净水输送。

2. 室内给水工程

室内给水工程是从室外给水管网引水供室内各种用水设施用水的工程，按用途可分为生活给水系统、生产给水系统、消防给水系统和联合给水系统四类。

3. 室内排水工程

室内排水工程是将建筑物内部的污、废水排入室外管网的工程，按所排水性质的不同分为生活污水管道、工业废水管道及雨水管道。

生活污水不得与室内雨水合流，冷却系统排水可以排入室内雨水系统。生活污水管道有时又分为生活污水管道（粪便水）和生活废水管道（洗涤池、淋浴等用水）。

室内排水工程一般包括污水收集、污水排除。污水收集是指利用卫生器具收集污、废水。污水排除是指将卫生器具收集的污、废水经过存水弯和排水短管流入横支管及干管。

4. 室外排水工程

室外排水工程是指把室内排出的生活污水、工业废水及雨水按一定系统组织起来，经过污水处理，达到排放标准后，再排入天然水体。室外排水系统包括窨井、排水管网、污水泵站及污水处理和污水排放口等，处理流程为窨井→排水管网→污水泵站→污水处理→污水排放口。

室外排水系统有分流制和合流制两种。分流制指将各种污水分门别类分别排出，它的优点在于有利于污水的处理和利用，管道可以分期建设，管道的水力条件较好；缺点是投资较大。合流制指将各种污水统一汇总排放到一套管网中，它的优点在于节约投资；缺点是当雨季排水量大时，可能出现排放不及时的现象。

7.1.2　常用管道、配件知识

1. 常用材料及配件

（1）管道。给水排水工程常用管材种类很多，根据不同的分类方法，主要有以下几类：

1）按制造材质分为金属管和非金属管。金属管包括钢管、铸铁管、铜管和铅管等；非金属管包括混凝土管、钢筋混凝土管、石棉水泥管、陶土管、橡胶管和塑料管等。

2）按制造方法分为有缝管和无缝管。有缝管又称为焊接钢管，有镀锌钢管（白铁管）和非镀锌钢管（黑铁管）两种；无缝管通常用在需要承受较大压力的管道上，在给水排水管道中很少使用。

3）按管内介质有无压力分为有压力管道和无压力管道（或称为重力管道）。一般来说给水管道为压力管道，排水管道为无压力管道。

（2）连接配件。管道是由管件装配连接而成。常用的管件有弯头、三通、四通、大小头、存水弯及检查口等，它们分别起连接、改向、分支、变径和封堵等作用。

（3）控制配件。为了控制和调节各种管道及设备内气体、液体的介质流动，需要在管道上设置各种阀门。常用的阀门有截止阀、闸阀、止回阀、旋塞阀、安全阀、减压阀和浮球阀等。

1）截止阀：一般用于气、水管道上，其主要作用是关断管道某一个部分。

2）闸阀：一般装于管道上，起启闭管路及设备中介质的作用，其特点是介质通过时阻力很小。

3）止回阀：只允许介质流向一个方向，当介质反向流动时，阀门自动关闭。

4）旋塞阀：装于管道上，用来控制管路启闭的一种开关设备。

5）安全阀：当压力超过规定标准时，从安全门中自动排出多余的介质。

6）减压阀：用于将蒸汽压力降低，并能将此压力保证在一定的范围内不变。

7）浮球阀：水箱、水池和水塔等储水装置中进水部分的自动开关设备。当水箱中的水位低于规定位置时，即自动打开，让水进入水箱；当水位达到规定位置时，即自动关闭，停止进水。

（4）量测配件。常用的量测配件有压力表、文氏表及水表等。

1）压力表：用于量测管道内的压力值。

2）文氏表：安装在水平管道上用来测定流量。

3）水表：用于量测用水量。

2. 管道与配件的公称直径

为了使管道与配件能够互相连接，其连接处的口径应保持一致，口径大小现在常用公称直径 *DN* 表示。所谓公称直径，也就是管道与配件的通用口径。管道的公称直径与管内径接近，但它不一定等于管道或配件的实际内径，也不一定等于管道或配件的外径，而只是一种公认的称呼直径，因此又称为名义直径。

一般阀门和铸铁管的公称直径等于管道的内径，但钢管的公称直径与它的内、外径均不相等。

3. 管道及配件的压力

管道及配件的压力分为公称压力、试验压力和工作压力。

（1）公称压力。公称压力用 P_g 表示，并注明压力数值。例如，P_g1.8 代表工程压力为1.8MPa 的管道。管道公称压力等级的划分是按《建筑给水排水与采暖工程施工质量验收规范》（GB 50242—2002）确定的。

1）低压管道：P_g1.6 以内为低压管道。

2）中压管道：P_g1.6～P_g10.0 为中压管道。

3）高压管道：P_g10.0 以上为高压管道。

（2）试验压力。试验压力是对管道进行水压或严密性试验而规定的压力，用 P_s 表示。例如，P_s2.0 代表试验压力为 2.0MPa。

（3）工作压力。工作压力是表示管道质量的一种参数，用 P 表示，并在 P 的右下方注明介质最高温度的数值，其数值是以介质最高温度除以 10 表示。例如，P_{25} 代表介质最高温度为 250℃。

7.1.3 给水排水制图的基本规定

7.1.3.1 图线

图线的宽度 *b* 应根据图纸的类别、比例和复杂程度，按《房屋建筑制图统一标准》（GB/T 50001—2001）中的规定选用。线宽 *b* 宜为 0.7mm 或 1.0mm。

给水排水制图采用的各种图线宜符合表 7-1 的规定。

表 7-1 给水排水施工图中图线的选用

名称	线型	线宽	用途
粗实线	————	b	新设计的各种排水和其他重力流管线
粗虚线	— — — —	b	新设计的各种排水和其他重力流管线的不可见轮廓线
中粗实线	————	$0.75b$	新设计的各种给水和其他压力流管线，原有的各种排水和其他重力流管线
中粗虚线	— — — —	$0.75b$	新设计的各种给水和其他压力流管线及原有的各种排水和其他重力流管线的不可见轮廓线
中实线	————	$0.5b$	给水排水设备、零（附）件的可见轮廓线，总图中新建的建筑物和构筑物的可见轮廓线，原有的各种给水和其他压力流管线
中虚线	— — — —	$0.5b$	给水排水设备、零（附）件的不可见轮廓线，总图中新建的建筑物和构筑物的不可见轮廓线，原有的各种给水和其他压力流管线的不可见轮廓线
细实线	————	$0.25b$	建筑的可见轮廓线，总图中原有的建筑物和构筑物的可见轮廓线，制图中的各种标注线
细虚线	— — — —	$0.25b$	建筑的不可见轮廓线，总图中原有的建筑物和构筑物的不可见轮廓线
单点长划线	——·——	$0.25b$	中心线、定位轴线
折断线	——\/——	$0.25b$	断开界线
波浪线	～～～	$0.25b$	平面图中水面线，局部构造层次范围线，保温范围示意线等

7.1.3.2 比例

给水排水制图的比例宜按表7-2的规定选用。

表 7-2 给水排水制图中常用比例的选用

名 称	比 例	备 注
区域规划图、区域位置图	1:50000、1:25000、1:10000、1:5000、1:2000	宜与总图专业一致
总平面图	1:1000、1:500、1:300	宜与总图专业一致
管道纵断面图	纵向：1:200、1:100、1:50 横向：1:1000、1:500、1:300	
水处理厂（站）平面图	1:500、1:200、1:100	
水处理构筑物、设备间、卫生间和泵房平、剖面图	1:100、1:50、1:40、1:30	
建筑给水排水	1:200、1:150、1:100	宜与建筑专业一致
建筑给水排水轴测图	1:150、1:100、1:50	宜与相应图纸一致
详图	1:50、1:30、1:20、1:10、1:5、1:2、1:1、2:1	

7.1.3.3 标高标注

1. 标高标注的一般规定

标高符号及一般标注方法应符合《房屋建筑制图统一标准》（GB/T 50001—2001）中的有关规定。室内管道的标高为了与建筑图一致以便对照阅读，采用相对标高进行标注；室外管道为了与总图对应以便定位，宜标注绝对标高，当总图无绝对标高资料时，可标注相对标高，总之应与总图标注保持一致。压力管道应标注管中心标高，沟渠和重力流管道宜标注沟（管）内底标高。

2. 标高标注的部位

标高标注的部位如下：

（1）沟渠和重力流管道的起讫点、转角点、连接点、变坡点、变尺寸（管径）点及交叉点。

（2）压力流管道中的标高控制点。

（3）管道穿外墙、剪力墙和构筑物的壁及底板等处。

（4）不同水位线处。

（5）为了与土建其他图纸配套还应标注构筑物和土建部分的相关标高。

3. 标高标注的方法

在不同的施工图上标高的标注方法各不相同，如图7-1～图7-3所示。这三张图分别表示了在平面图、剖面图和轴测图中标高的标注规定。图7-1（*a*）、（*b*）表示了在平面图中管道标高的标注方法，图7-1（*c*）表示了在平面图中沟渠标高的标注方法。图7-2表示了在剖面图中管道及水位标高的标注方法。图7-3中则表示了在轴测图中管道标高的标注方法。

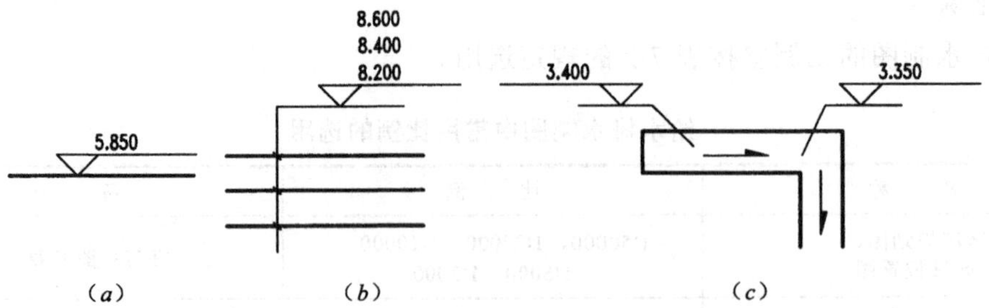

图 7-1 平面图中管道及沟渠标高标注方法

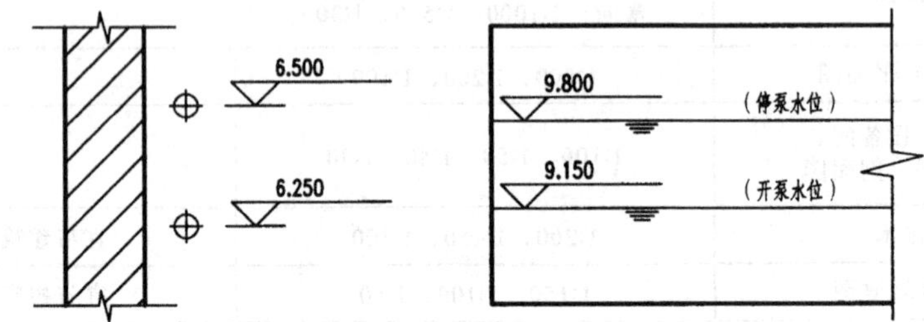

图 7-2 剖面图中管道及水位标高标注方法

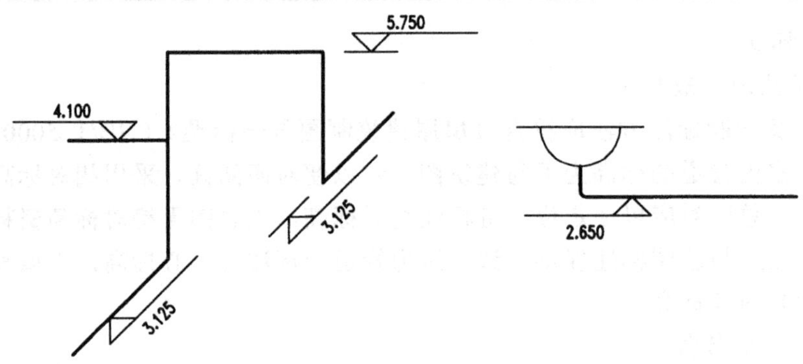

图 7-3 轴测图中管道标高标注方法

在建筑工程中，管道也可标注相对本层建筑地面的标高，标注方法为 *h*+×，×××，其中 *h* 表示本层建筑地面标高（如 *h*+0.250）。

4. 管径的标注

管径的尺寸标注应以毫米（mm）为单位，管径的表达方式应符合下列规定：

（1）水、煤气输送钢管（镀锌或非镀锌管）、铸铁管等管材，管径宜以公称直径 *DN* 表示（如 *DN*15）。

（2）无缝钢管、焊接钢管（直缝或螺旋缝）、钢管和不锈钢管等管材，管径宜以外径 *D*×壁厚表示（如 *D*108×4）。

（3）钢筋混凝土（或混凝土）管、陶土管、耐酸陶瓷管和缸瓦管等管材，管径宜以内径 *d* 表示（如 *d*230）。

（4）塑料管材管径宜按产品标准的方法表示。

（5）当设计均用公称直径 *DN* 表示管径时，应有公称直径 *DN* 与相应产品规格对照表。

管径的标注方法如图 7-4 所示。图 7-4（*a*）表示单根管道的管径表达方式，图 7-4（*b*）表示多根管道的管径表达方式。

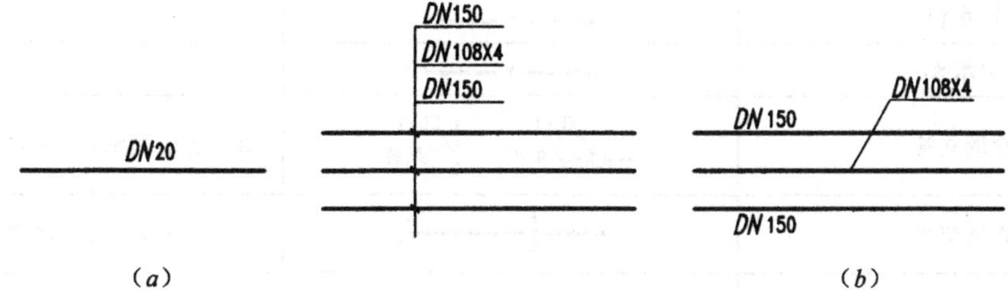

图 7-4 管径的标注方法

5. 编号方法

当建筑物的给水引入管或排水排出管的数量超过一根时，宜进行编号，编号宜按图 7-5（*a*）的方法表示；建筑物内穿越楼层的立管，其数量超过 1 根时，也宜进行编号，编号宜按图 7-5（*b*）的方法表示。图 7-5（*b*）的左图为平面图中立管的表达，右图则是系统图中立管的表达。

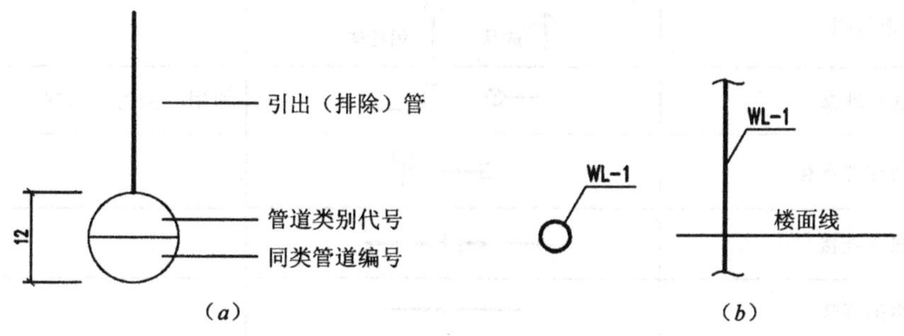

图 7-5 管道的编号方法

在图形中，当给水排水附属构筑物的数量超过 1 个时，宜进行编号。编号的方法为构筑物代号—编号。例如，HFC—1，代表的是 1 号化粪池，构筑物的代号一般采用汉语拼音的首字母来表示。编号一般按照介质流动的顺序来编排。给水构筑物的编号顺序宜为从水源到干管，再从干管到支管，最后到用户；排水构筑物的编号顺序宜为从上游到下游，先干管后支管。

6. 给水排水图例

与建筑、结构施工图一样，给水排水施工图也常常采用图例来表达特定的物体。要想看懂给水排水施工图，首先要熟悉有关的图例，表 7-3 就列出了给水排水中常用的一些图例。

表 7-3 **管 道 图 例**

名 称	图 例	备 注
生活给水管	—— J ——	
废水管	—— F ——	可与中水源水管合用

续表

名　称	图　例	备　注
污水管	W	
雨水管	Y	
管道立管	XL-1 平面 XL-1 系统	X—管道类别；L—立管；1—编号
管道交叉		在下方和后面的管道应断开
三通连接		
四通连接		
存水弯		
立管检查口		
通气帽	成品 铅丝球	
圆形地漏		通用。如为无水封，地漏应加存水弯
自动冲洗水箱		
法兰连接		
承插连接		
活接头		
管堵		
法兰堵盖		
闸阀		
截止阀	*DN*≥50 *DN*<50	
浮球阀	平面 系统	
放水龙头	平面 系统	
立式洗脸盆		
浴盆		

续表

名　称	图　例	备　注
盥洗槽		不锈钢制品
污水池		
坐式大便器		
小便槽		
淋浴喷头		
矩形化粪池	HC	HC—化粪池代号
阀门井检查井		
水表		

7.1.4　给水排水制图的图样画法

1. 图纸规定

给水排水制图的图纸规定如下：

（1）设计应以图样表示，不得以文字代替绘图。如果必须对某部分进行说明时，说明文字应通俗易懂、简明清晰。有关全工程项目的问题应在首页说明，局部问题应注写在本张图纸内。

（2）工程设计中，本专业的图纸应单独绘制。

（3）在同一个工程项目的设计图纸中，图例、术语和绘图表示方法应一致。

（4）在同一个工程项目的设计图纸中，图纸规格应一致。如有困难，不宜超过两种规格。

（5）图纸编号应遵守下列规定：

1）规划设计采用水规则—××。

2）初步设计采用水初—××，水扩初—××。

3）施工图采用水施—××。

（6）图纸的排列应符合下列要求：

1）初步设计的图纸目录应以工程项目为单位进行编写，施工图的图纸目录应以工程单体项目为单位进行编写。

2）工程项目的图纸目录、使用标准图目录、图例、主要设备器材表、设计说明等，如果一张图纸幅面不够使用时，可采用两张图纸编排。

3）图纸图号应按下列规定编排：

- 系统原理图在前，平面图、剖面图、放大图、轴测图和详图依次在后。
- 平面图中应地下各层在前，地上各层依次在后。
- 水净化（处理）流程图在前，平面图、剖面图、放大图和详图依次在后。
- 总平面图在前，管道节点图、阀门井示意图、管道纵断面图或管道高程表、详图依次在后。

2. 建筑给水排水平面图的图样画法

建筑给水排水平面图的图样画法如下：

（1）建筑物轮廓线、轴线号、房间名称和绘图比例等均应与建筑专业一致，并用细实线绘制。

（2）各类管道、用水器具及设备、消火栓、喷洒头、雨水斗、阀门、附件和立管位置等应按图例以正投影法绘制在平面图上，线型按表 7-1 的规定执行。

（3）安装在下层空间或埋设在地面下而为本层使用的管道，可绘制于本层平面图上；如果有地下层，排水管、引入管和汇集横干管可绘于地下层内。

（4）各类管道应标注管径。生活热水管要示出伸缩装置及固定支架位置；立管应按管道类别和代号自左至右分别进行编号，且各楼层相一致；消火栓可按需要分层，按顺序编号。

（5）引入管、排出管应注明与建筑轴线的定位尺寸、穿建筑外墙标高、防水套管形式。

（6）±0.000 标高层平面图应在右上方绘制指北针。

3. 屋面雨水平面图的画法

屋面雨水平面图的画法如下：

（1）屋面形状、伸缩缝位置、轴线号等应与建筑专业一致，不同层或标高的屋面应注明屋面标高。

（2）绘制出雨水斗位置、汇水天沟或屋面坡向、每个雨水斗汇水范围、分水线位置等。

（3）对雨水斗进行编号，并宜注明每个雨水斗汇水面积。

（4）雨水管应注明管径、坡度，无剖面图时应在平面图上注明起始及终止点管道标高。

4. 系统原理图的画法

系统原理图的画法如下：

（1）多层建筑、中高层建筑和高层建筑的管道以立管为主要表示对象，按管道类别分别绘制立管道系统原理图。如果绘制的立管在某层偏置（不含乙字管）设置，该层偏置立管宜另行编号。

（2）以平面图左端立管为起点，顺时针自左向右按编号依次顺序均匀排列，不按比例绘制。

（3）横管以首根立管为起点，按平面图的连接顺序，水平方向在所在层与立管相连接，如果水平呈环状管网，绘两条平行线并于两端封闭。

（4）立管上的引出管在该层水平绘出。如果支管上的用水或排水器具另有详图，其支管可在分户水表后断掉，并注明详见图号。

（5）楼地面、层高相同时应等距离绘制，夹层、跃层、同层升降部分应以楼层线反映，在图纸的左端注明楼层层数和建筑标高。

（6）管道阀门及附件（过滤器、除垢器、水泵接合器、检查口、通气帽、波纹管和固定支架等）、各种设备及构筑物（水池、水箱、增压水泵、气压罐、消毒器、冷却塔、水加热器和仪表等）均应示意绘出。

（7）系统的引入管、排水管绘出穿墙轴线号。

（8）立管、横管均应标注管径，排水立管上的检查口及通气帽注明距楼地面或屋面的高度。

5. 平面放大图的画法

平面放大图的画法如下：

（1）管道类型较多、正常比例表示不清时，可绘制放大图。

（2）比例等于和大于 1:30 时，设备和器具按原形用细实线绘制，管道用双线以中实线绘制。

（3）比例小于 1:30 时，可按图例绘制。

（4）应注明管径和设备、器具附件、预留管口的定位尺寸。

6. 剖面图的画法

剖面图的画法如下：

（1）设备、构筑物布置复杂，管道交叉多，轴测图不能表示清楚时，宜辅以剖面图，管道线型应符合表 7-1 的规定。

（2）表示清楚设备、构筑物、管道、阀门及附件位置、形式和相互关系。

（3）注明管径、标高、设备及构筑物的有关定位尺寸。

（4）建筑、结构的轮廓线应与建筑及结构专业相一致。本专业有特殊要求时，应加注附注予以说明，线型用细实线。

（5）比例等于和大于 1:30 时，管道宜采用双线绘制。

7. 轴测图的画法

轴测图的画法如下：

（1）卫生间放大图应绘制管道轴测图。

（2）轴测图宜按 45° 正面斜轴测投影法绘制。

（3）管道布图方向应与平面图一致，并按比例绘制。局部管道按比例不易表示清楚时，该处可不按比例绘制。

（4）楼地面图、管道上的阀门和附件应予以表示，管径、立管编号与平面一致。

（5）管道应注明管径、标高（亦可标注距楼地面尺寸），以及接出或接入管道上的设备、器具宜编号或注字表示。

8. 详图的画法

详图按下列规定绘制：

（1）无标准设计图可供选用的设备、器具安装图及非标准设备制造图，宜绘制详图。

（2）安装或制造总装图上，应对零部件进行编号。

（3）零部件应按实际形状绘制，并标注各部件尺寸、加工精度、材质要求和制造数量，编号应与总装图一致。

7.2 给水排水平面图

给水排水平面图是建筑给水排水工程图中最基本的图样，它主要反映卫生器具、管道及其附件相对于房屋的平面位置。

7.2.1 给水排水平面图的图示特点

1. 比例

给水排水平面图的比例，可采用与房屋建筑平面图相同的比例，一般为1:100，有时也可采用 1:50、1:200、1:300。如果在卫生设备或管路布置较复杂的房间，用 1:100 的比例不足以表达清楚时，可选择 1:50 的比例来画。本书所列的某招待所的各层给水排水平面图（见图 7-6～图 7-10）均采用 1:100 绘制。

2. 给水排水平面图的数量和表达范围

多层房屋的给水排水平面图原则上应分层绘制。底层给水排水平面图应单独绘制。若楼层平面的管道布置相同，可绘制一个标准层给水排水平面图，但在图中必须注明各楼层的层次及标高。当设有屋顶水箱及管路布置时，应单独画屋顶层给水排水平面图；但当管路布置不太复杂时，如有可能也可将屋面上的管道系统附画在顶层给水排水平面图中（用双点划线表示水箱的位置）。

3. 房屋平面图

在给水排水平面图中所画的房屋平面图，不是用于房屋的土建施工，而仅作为管道系统各组成部分的水平布局和定位基准，因此，仅需抄绘房屋的墙身、柱、门窗洞、楼梯和台阶等主要构配件，至于房屋的细部及门窗代号等均可省去。底层给水排水平面图要画全轴线，楼层给水排水平面图可仅画边界轴线。建筑物轮廓线、轴线号、房间名称和绘图比例等均应与建筑专业一致，并用细实线绘制。各类管道、用水器具及设备、消火栓、喷洒头、雨水斗、阀门、附件和立管位置等应按图例以正投影法绘制在平面图上，线型按规定执行。

4. 卫生器具平面图

室内的卫生设备一般已在房屋设计的建筑平面图上布置好，可以直接抄绘于相应的给水排水平面布置图上。常用的配水器具和卫生设备（如洗脸盆、大便器、污水池、淋浴器等）均有一定规格的工业定型产品，不必详细画出其形体，可按表 7-3 所列的图例画出；施工时可按给水排水国家标准图集来安装。而盥洗槽、大便槽和小便槽等是现场砌筑的，其详图由建筑设计人员绘制，在给水排水平面图中仅需画出其主要轮廓；屋面水箱可在屋顶平面图中按实际大小用一定比例绘出，如果未另画屋顶平面图，水箱亦可在顶层给水排水平面图上用双点划线画出，其具体结构由结构设计人员另画详图。所有的卫生器具图线都用细实线（0.25b）绘制；也可用中粗线（0.5b）按比例画出其平面图形的外轮廓，内轮廓则用细实线（0.25b）表示。

5. 尺寸和标高

房屋的水平方向尺寸，一般在底层给水排水平面图中只需注明其轴线间尺寸。至于标高，只需标注室外地面的整平标高和各层地面标高。

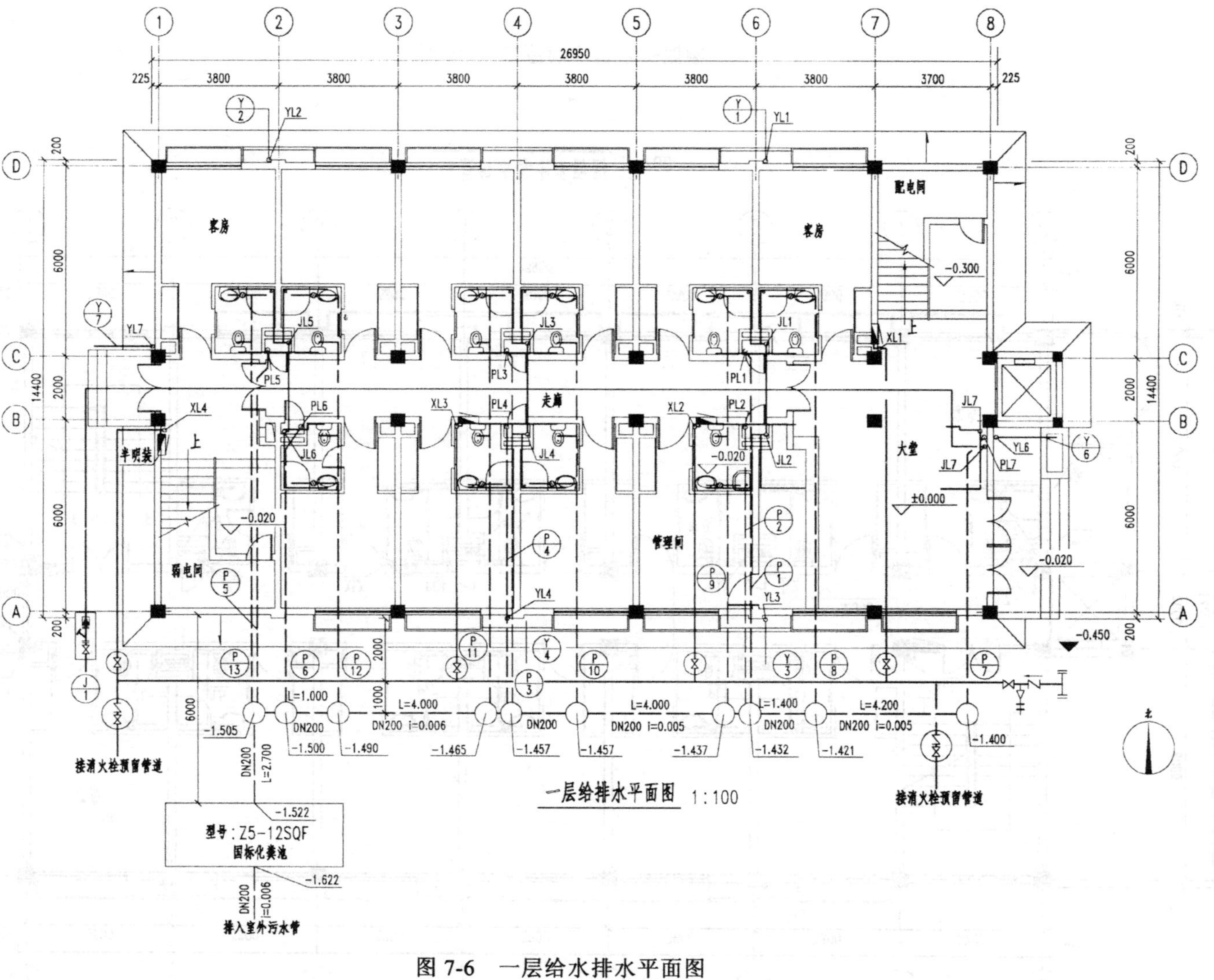

图 7-6 一层给水排水平面图

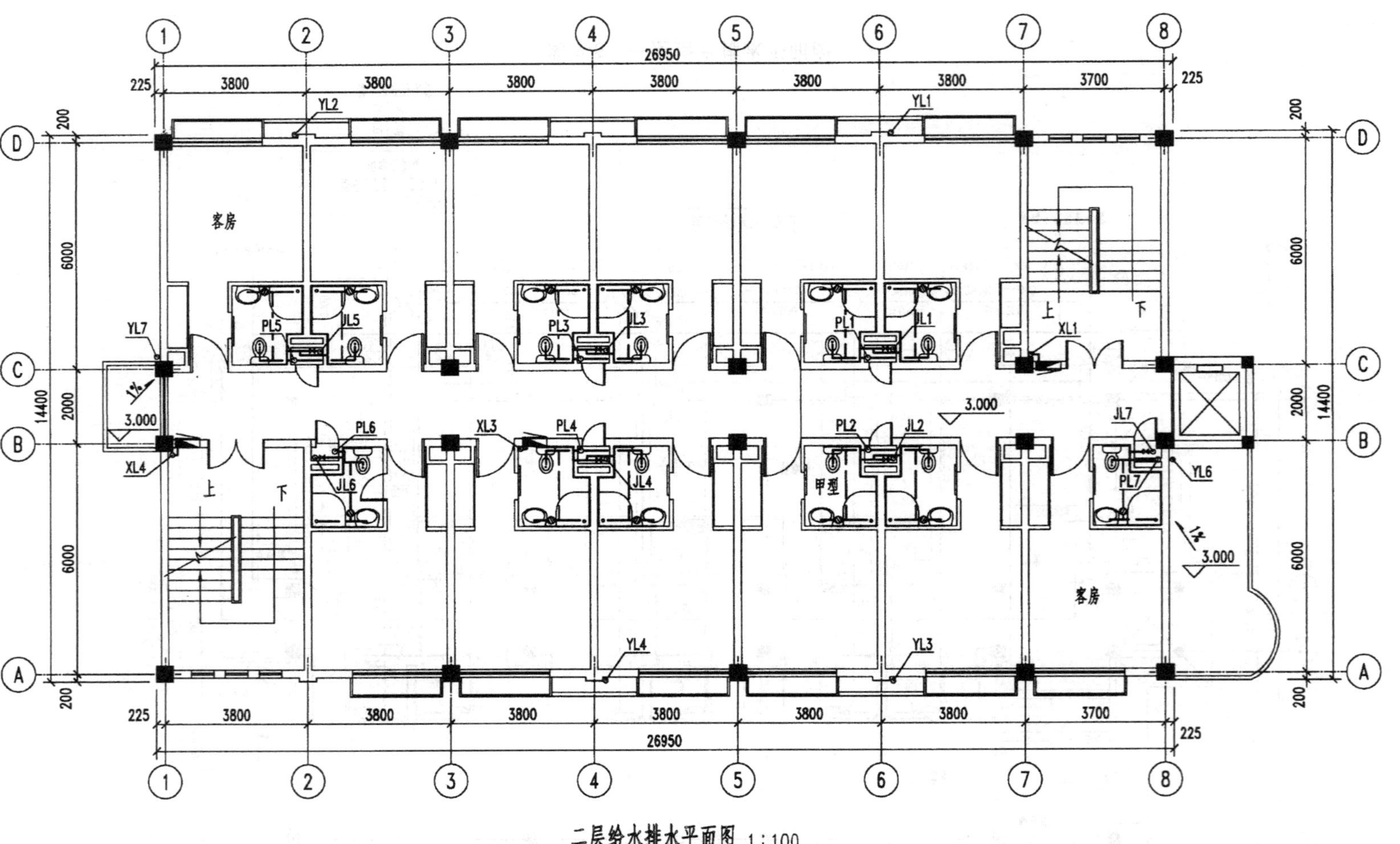

图 7-7 二层给水排水平面图

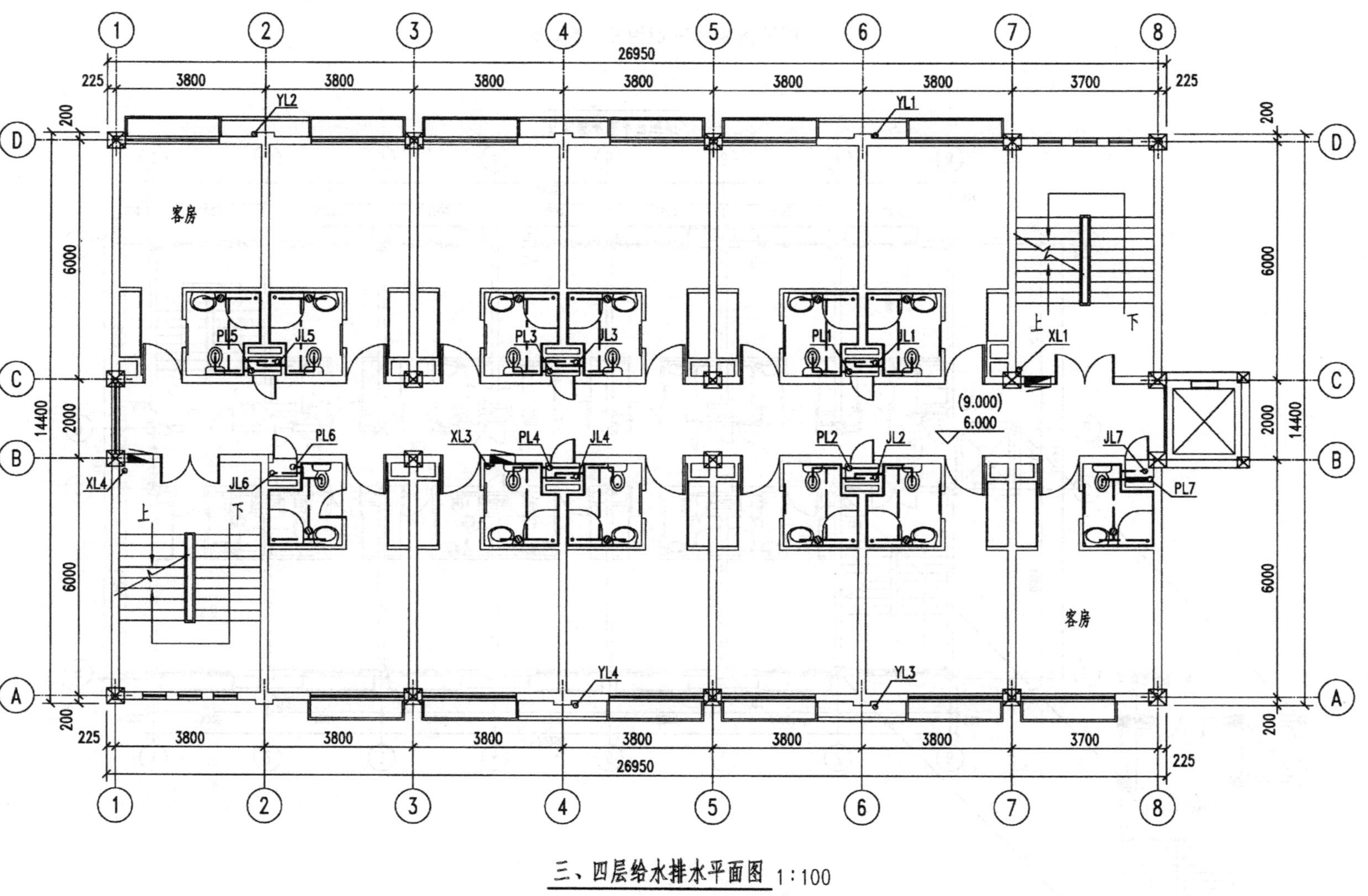

图 7-8　三、四层给水排水平面图

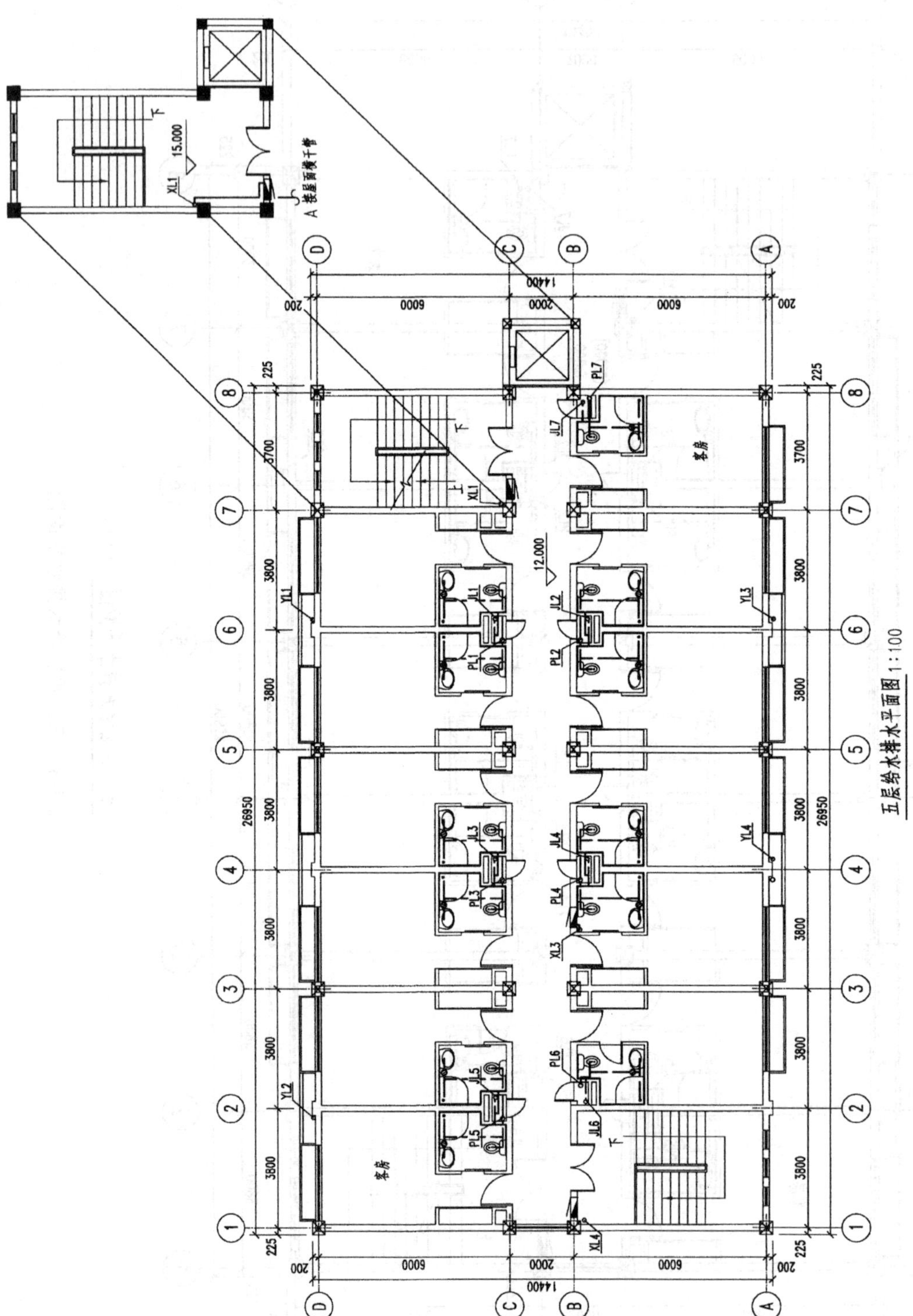

图 7-9 五层给水排水平面图

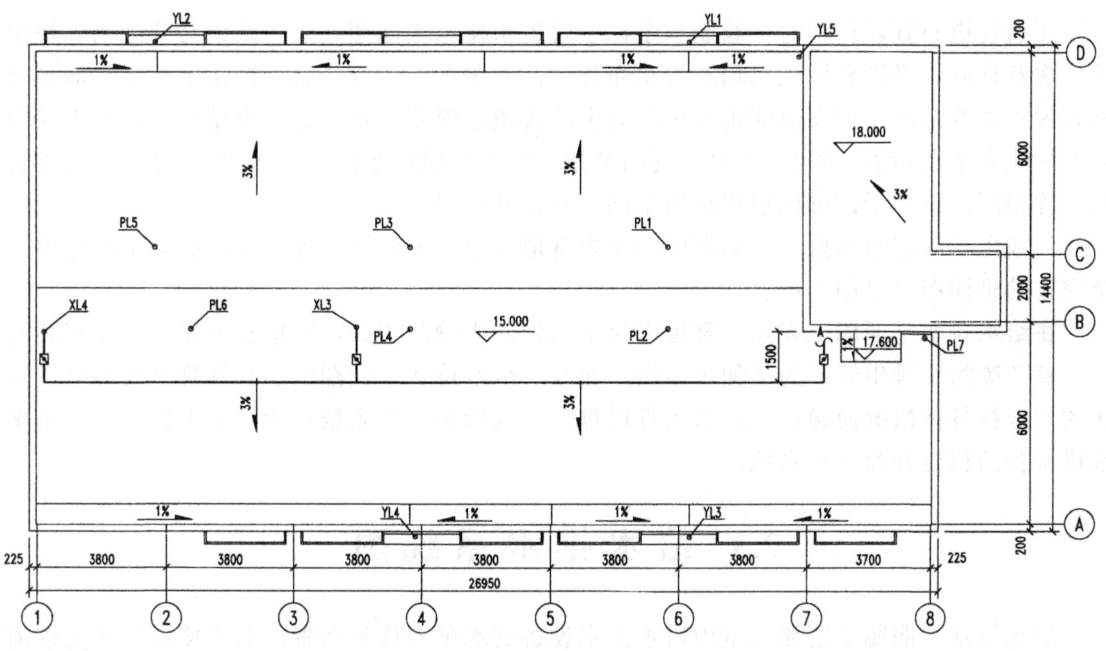

图 7-10　屋顶给水排水平面图

卫生器具和管道一般都是沿墙、靠柱设置的，因此不必标注其定位尺寸。必要时，可以墙面或柱面为基准标出。卫生器具的规格可用文字标注在引出线上，或在施工说明中写明。

管道的长度在备料时只需用比例尺从图中近似量出，在安装时则以实测尺寸为依据，所以图中均不标注管道的长度。至于管道的管径、坡度和标高，因给水排水平面图不能充分反映管道在空间的具体位置、管路连接情况，故均在给水排水系统图中予以标注。给水排水平面图中一概不标（特殊情况除外）。

7.2.2　给水排水平面图的绘图步骤

绘制给水排水施工图一般都先画给水排水平面图。给水排水平面图的绘图步骤一般如下：

（1）先画底层给水排水平面图，再画楼层给水排水平面图。

（2）在画每一层给水排水平面图时，先抄绘房屋平面图和卫生器具平面图（因这些都已在建筑平面图上布置好），再画管道布置，最后标注尺寸、标高和文字说明等。

（3）抄绘房屋平面图的步骤与画建筑平面图一样，先画轴线，再画墙体和门窗洞，最后画其他构配件。

（4）画管路布置时，先画立管，再画引入管和排水管，最后按水流方向画出横支管和附件。给水管一般画至各卫生设备的放水龙头或冲洗水箱的支管接口，排水管一般画至各设备的污、废水的排泄口。

7.2.3　给水排水平面图的阅读

多层房屋的给水排水平面图原则上应分层绘制。底层给水排水平面图应单独绘制。楼层平面的管道布置若相同时，绘制一个标准层给水排水平面图，但在图中必须注明各楼层的层次及标高。当设有屋顶水箱及管路布置时，应单独画屋顶层给水排水平面图；但当管路布置不太复杂时，如有可能也可将屋面上的管道系统附画在顶层给水排水平面图中（用双点划线表示水箱的位置）。本书所列的某招待所的各层给水排水平面图，虽然二~五层管路布置相同，但由于部分楼层楼梯间不同，故也分层绘制。

一般由于底层给水排水平面图中的室内管道需与户外管道相连，所以必须单独画出一个完整的平面图（见图 7-6）。

在给水排水平面图上表示的管道应包括立管、干管和支管，底层给水排水平面图还有引入管和废污水排出管。为了便于读图，在底层给水排水平面图中的各种管道要编号，系统的划分视具体情况而异，一般给水管以每一引入管为一个系统，污、废水管以每一个承接排水管的检查井为一个系统。

7.3 给水排水系统图

给水排水平面图主要显示室内给水排水设备的水平安排和布置，而连接各管路的管道系统因其在空间转折较多，上下交叉重叠，往往在平面图中无法完整且清楚地表达，因此，需要有一个同时能反映空间三个方向的图来表示。这种图被称为给水排水系统图（或称为管系轴测图）。给水排水系统图能反映各管道系统的管道空间走向和各种附件在管道上的位置（见图 7-11～图 7-13）。

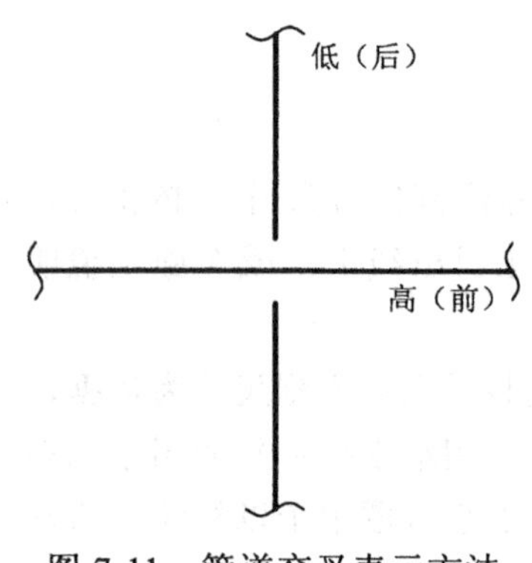

图 7-11 管道交叉表示方法

7.3.1 给水排水系统图的图示特点和表达方法

给水排水平面图是绘制给水排水系统图的基础图样。通常，给水排水系统图采用与平面图相同的比例绘制，一般为 1:100 或 1:200，当局部管道按比例不易表示清楚时，可以不按比例绘制。

给水排水系统图习惯上采用 45° 正面斜等轴测投影绘制。通常，将房屋的横向作为 *OX* 轴，纵向作为 *OY* 轴，高度方向作为 *OZ* 轴，三个方向的轴向伸缩系数相等且均取 1。当给水排水系统图与平面图采用相同的比例绘制时，*OX* 轴、*OY* 轴方向的尺寸可以直接在相应的平面图上量取，*OZ* 轴方向的尺寸按照配水器具的习惯安装高度量取。

给水和排水的系统图通常分开绘制，分别表现给水系统和排水系统的空间枝状结构，即系统图通常按独立的给水或排水系统来绘制，每一个系统图的编号应与底层给水排水平面图中的编号一致。

给水排水系统图中的管道依然用粗线型表示，其中给水管用粗实线表示，排水管用粗虚线表示。为了使系统图绘制简捷、阅读清晰，对于用水器具和管道布置完全相同的楼层，可以只画底层的所有管道，其他楼层省略，在省略处用 S 形折断符号表示，并注写“同底层”的字样。当管道的轴测投影相交时，位于上方或前方的管道连续绘制，位于下方或后方的管道则在交叉处断开，如图 7-12 所示。

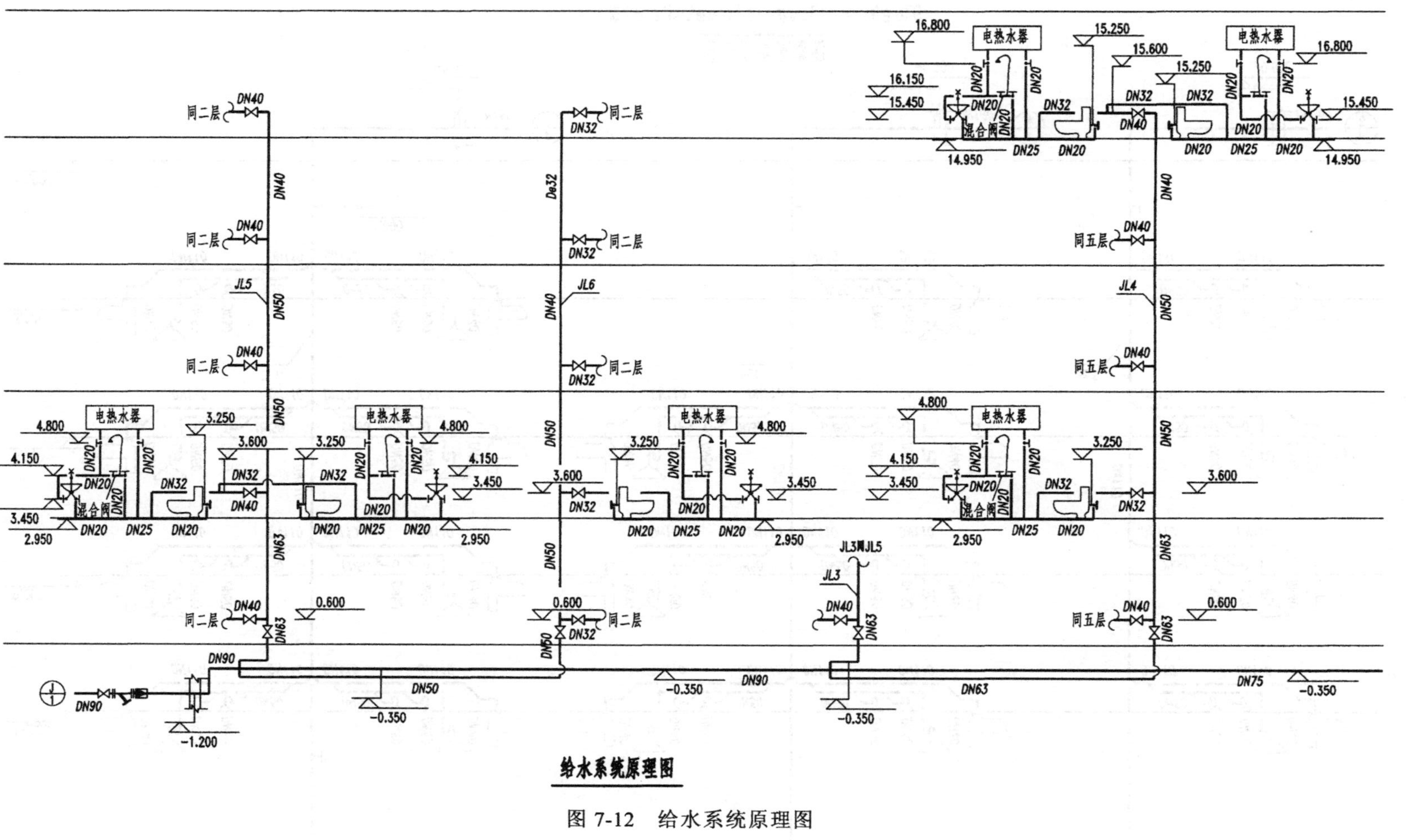

给水系统原理图

图 7-12　给水系统原理图

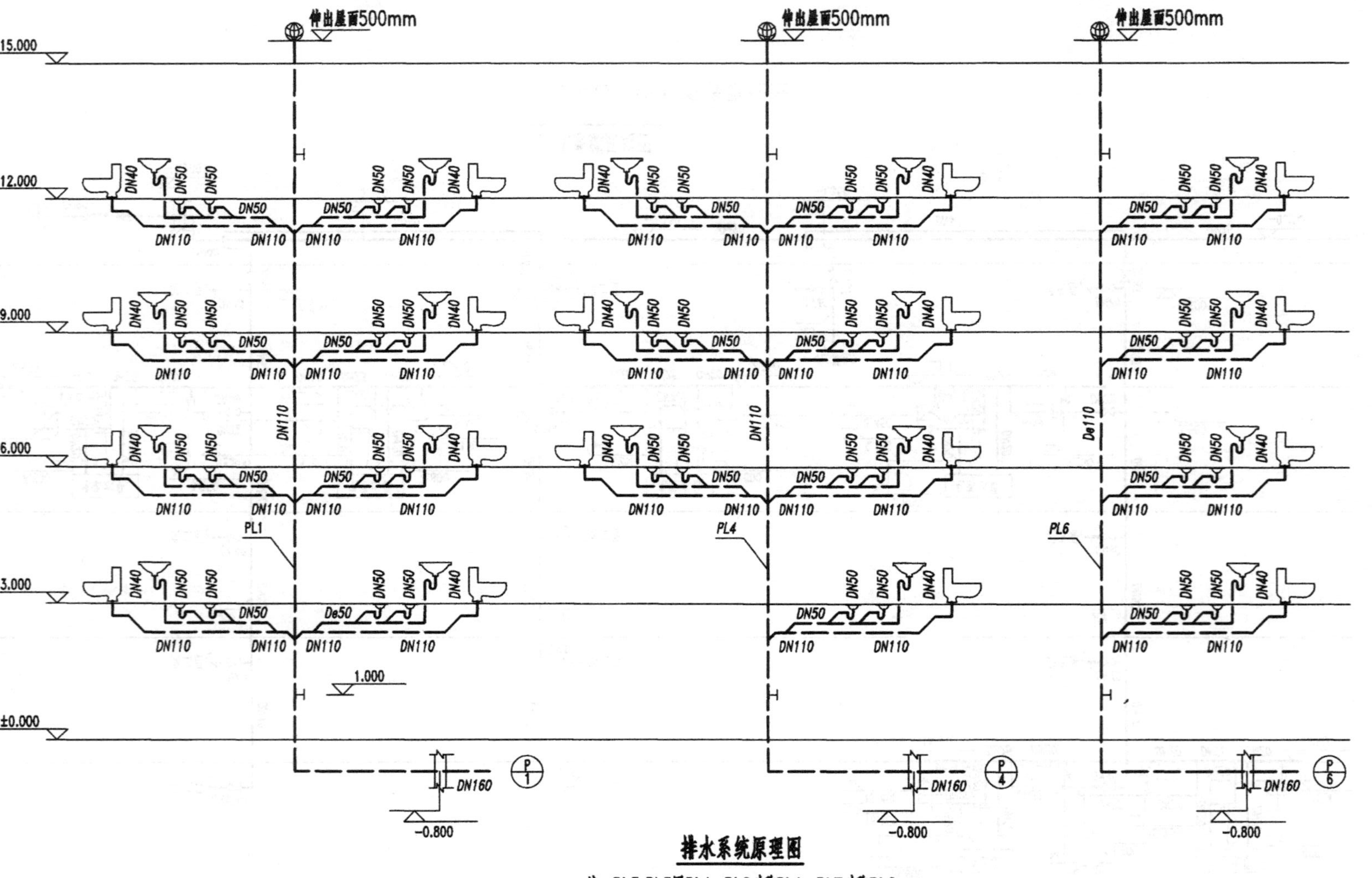

图 7-13 排水系统原理图

在给水排水系统图中，应对所有的管段的直径、坡度和标高进行标注。管段的直径可以直接标注在管段的旁边或由引出线引出，管径尺寸应以毫米（mm）为单位。给水管径的标注水管和排水管均需标注“公称直径”，在管径数字前应加以代号“*DN*”，例如 *DN*50 表示公称直径为 50mm。给水管为压力管，不需要设置坡度；排水管为重力管，应在排水横管旁边标注坡度，如“*i*=0.02”，箭头表示坡向，当排水横管采用标准坡度时，可省略坡度标注，在施工说明中写明即可。系统图中的标高数字以米（m）为单位，保留三位有效数字。给水系统一般要求标注楼（地）面、屋面、引入管、支管水平段、阀门、龙头和水箱等部位的标高，管道的标高以管中心标高为准。排水系统一般要求标注楼（地）面、屋面、主要的排水横管、立管上的检查口及通气帽、排出管的起点等部位的标高，管道的标高以管内底标高为准。

7.3.2　给水排水系统图的绘图步骤

给水排水系统图的绘图步骤如下：

（1）为使各层给水排水平面图和给水排水系统图容易对照和联系，在布置图幅时，将各管路系统中的立管穿越相应楼层的楼地面线，如有可能尽量画在同一水平线上。

（2）先画各系统的立管，定出各层的楼地面线、屋面线，再画给水引入管及屋面水箱的管路；排水管系中接画排出横管、窨井及立管上的检查口和通气帽等。

（3）从立管上引出各横向的连接管段。

（4）在横向管段上画出给水管系的截止阀、放水龙头、连接支管和冲洗水箱等，在排水管系中可接画承接支管、存水弯等。

（5）标注公称直径、坡度、标高和冲洗水箱的容积等数据。

7.3.3　给水排水系统图的阅读

给水排水系统图以平面图中的立管符号为首要对象在图面上排序，进行展开。立管的展开排列方式为：以平面图左端（或下端）的立管为基准，在系统图中自左至右展开排列各立管，立管的排列次序按平面图中的排列次序，并应使读图者能方便地互相对照。所有编号的立管（穿楼板的立管均要编号）均在系统图中绘出。

横干管以任一个立管与横干管的连接点为基点，向一侧或两侧展开，并依次连接各立管。连接次序严格按照平面图中的连接次序。

给水排水系统图中均需绘制楼层线。相同层高的楼层线间距按等距离绘制。当个别层所画内容较多而排列不开时，可适当拉大间距。夹层、跃层及楼层升降部分均用楼层线反映。楼层线标注层数和建筑地面标高。

立管的上下两端点及横管均准确地绘制在所在层内。管道均不标注标高，其标高标注在平面图中。立管端点标高在平面图中与其连接的横管上反映。

立管上所有的阀器件（包括检查口、阀门、逆止阀、减压阀、伸缩节及固定支架等）及接出支管等均要绘出，并准确地绘制在所在层内。当接出的支管另有详图时，支管线可引出后断掉。

7.4　卫生设备安装详图

给水排水平面图和给水排水系统图仅表示卫生器具及各管道的规格及布置连接情况，

至于卫生器具的镶接还要有安装详图来作为施工的依据。

常用的卫生设备安装详图，可套用给水排水国家标准图集《卫生设备图》(S342)，不必另行绘制，只需在施工图中注明所套用的卫生器具的详图编号即可。

卫生设备安装详图一般采用的比例较大，常用1:25～1:50，以能表达清楚或按施工要求而定。详图必须画得详尽、具体、明确，尺寸注写充分，材料、规格清楚。

图7-14为甲型卫生间给水排水平面大样图。

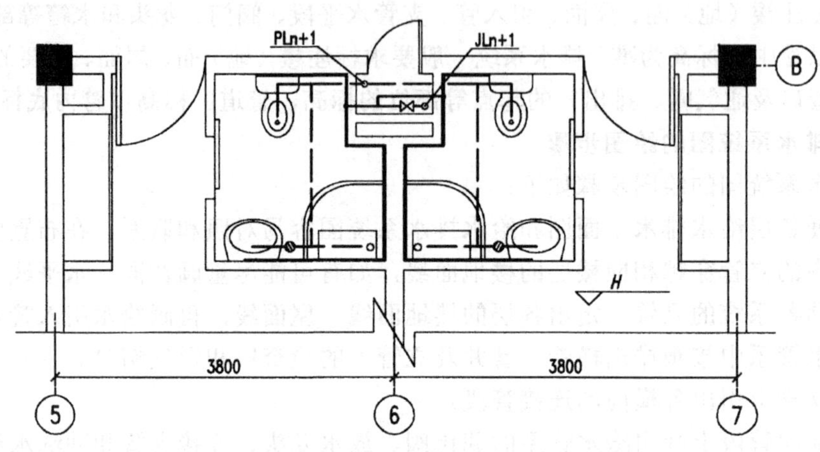

甲型卫生间给水排水平面大样图 1:50

图7-14 甲型卫生间给水排水平面大样图

第8章　建筑电气施工图

本章要点

- 电气施工图的基本知识。
- 电气施工图图例及符号。
- 电气照明施工图。
- 建筑设备电气控制施工图。
- 建筑防雷与接地电气施工图。
- 建筑弱电施工图。

8.1　电气施工图的基本知识

8.1.1　建筑电气施工图的种类

建筑电气施工图是应用非常广泛的电气图，用于说明建筑中电气工程的构成和功能，描述电气装置的工作原理，提供安装技术数据和使用维护依据。根据一个建筑电气工程的规模大小不同，其图纸的数量和种类也是不同的，常用的建筑电气施工图包括以下几项内容。

1. 图纸目录、设计说明、图例、设备材料明细表

图纸目录内容有序号、图纸名称、图纸编号和图纸张数等。

设计说明（施工说明）主要阐述电气工程设计的依据、工程的要求和施工原则、建筑特点、电气安装标准、安装方法、工程等级、工艺要求及有关设计的补充说明等。

图例即图形符号，通常只列出本套图纸涉及的一些图形符号。

设备材料明细表列出了该项电气工程所需要的设备和材料的名称、型号和数量，供概算和施工预算时参考。

2. 电气系统图

电气系统图是表现电气工程的供电方式、电能输送、分配控制关系和设备运行情况的图纸，从电气系统图可看出工程的概况。电气系统图有变配电系统图、动力系统图、照明系统图和弱电系统图等。

3. 电气平面图

电气平面图是表示电气设备、装置与线路平面布置的图纸，也是进行电气安装的主要依据。电气平面图以建筑总平面图为依据，在图上绘出电气设备、装置及线路的安装位置、敷设方法等。常用的电气平面图有变配电所平面图、动力平面图、照明平面图、防雷平面图、接地平面图和弱电平面图等。

4. 设备布置图

设备布置图是表现各种电气设备和器件的平面与空间的位置、安装方式及其相互关系

的图纸，通常由平面图、立面图、剖面图及各种构件详图等组成。设备布置图是按三视图原理绘制的。

5. 安装接线图

安装接线图又称为安装配线图，是用来表示电气设备、电器元件和线路的安装位置、配线方式、接线方法和配线场所特征等的图纸。

6. 电气原理图

电气原理图是表现某一电气设备或系统的工作原理的图纸，它是按照各个部分的动作原理采用展开法来绘制的。通过分析电气原理图可以清楚地看出整个系统的动作顺序。电气原理图可以用来指导电气设备和器件的安装、接线、调试、使用与维修。

7. 详图

详图是表现电气工程中设备的某一部分的具体安装要求和做法的图纸。

8.1.2 建筑电气施工图的基本规定

1. 图纸的格式与幅面尺寸

建筑电气施工图的图纸格式与幅面尺寸参见本书第 1 章 1.1.1 节。

2. 图线

绘制电气施工图时所采用的各种线条统称为图线，常用的图线如表 8-1 所示。

表 8-1 电气图的图线形式及应用

图线名称	图线形式	图线应用	图线名称	图线形式	图线应用
粗实线	————	电气线路、一次线路	点划线	—·—·—	控制线、信号线、围框线
细实线	————	二次线路、一般线路	双点划线	—··—··—	辅助围框线、36V 以下线路
虚线	--------	屏蔽线、机械连线			

3. 字体

电气图上的汉字、字母和数字是图的重要组成部分，因此图中的字体必须符合标准，具体标准请参见本书第 1 章 1.1.3 节。

4. 比例

图形与实际物体线性尺寸的比值称为比例，大部分电气施工图是不按比例绘制的，某些位置图则按比例绘制或部分按比例绘制，具体请参见本书第 1 章 1.1.4 节。

5. 方位

电气平面图一般按上北下南、左西右东来表示建筑物和设备的位置和朝向，但在外电总平面图中都用方位标记（指北针方向）来表示朝向。

6. 安装标高

在电气平面图中，电气设备和线路的安装高度是用标高来表示的。标高有绝对标高和相对标高两种表示方法。绝对标高是我国的一种高度表示方法，又称为海拔高度。相对标高是选定某一参考面为零点而确定的高度尺寸。建筑工程图上采用的相对标高，一般是选定建筑物室外地平面为±0.00m。

在电气平面图中，还可选择每一层地平面或楼面为参考面，电气设备和线路安装、敷设位置高度以该层地平面为基准，一般成为敷设标高。

7. 定位轴线

电力、照明和电信平面布置图通常是在建筑物平断面图上完成的。在建筑平面图中，建筑物都标有定位轴线，一般是在剪力墙、柱、梁等主要承重构件的位置画出轴线，并编上轴线号。定位轴线编号的原则是：在水平方向采用阿拉伯数字，由左向右注写；在垂直方向采用拉丁字母（其中 I、O、Z 不用），由下往上注写；数字和字母分别用点化线引出。通过定位轴线可以帮助人们了解电气设备和其他设备的具体安装位置，很容易地找到部分图纸的修改、设计变更位置。

8. 详图

为了详细表明电气设备中某些零部件、连接点等的结构、做法和安装工艺要求，有时需要将这些部分单独放大，详细表示，这种图则称为详图。图样中的某一局部或构件，如果需要另见详图，应以索引符号索引。在图样需画详图的部位加注索引符号，在所画的详图上加注详图符号。索引符号与详图符号的表示方法参见本书第 5 章 5.4.5 节。

8.1.3　建筑电气施工图的阅读程序

阅读建筑电气施工图，除应了解建筑电气施工图的特点外，还应该按照一定顺序进行阅读，才能比较迅速、全面地读懂图纸，以完全实现读图的意图和目的。一套建筑电气施工图一般应按以下顺序依次阅读并与必要的图纸相互对照参阅。

1. 看标题栏及图纸目录

通过看标题栏及图纸目录，了解工程名称、项目内容、设计日期等。

2. 看总说明

通过看总说明，了解工程总体概况及设计依据，以及图纸中未能表达清楚的各有关事项，例如供电电源的来源、电压等级、线路敷设方式、设备安装高度及安装方式、补充使用的非国标图形符号以及施工时应注意的事项等。有些分项局部问题是在各分项工程的图纸上说明的，看各分项工程图纸时，也要先看设计说明。

3. 看系统图

各分项工程的图纸中都包含有系统图，例如变配电工程的供电系统图、电力工程的电力系统图、电气照明工程的照明系统图以及电缆电视系统图等。看系统图的目的是了解系统的基本组成、主要电气设备、元件等的连接关系及它们的规格、型号和参数等，掌握该系统的基本概况。

4. 看电路图和接线图

通过看电路图和接线图，了解各系统中用电设备的电气自动控制原理，用来指导设备的安装和控制系统的测试工作。因电路图多是采用功能布局法绘制的，看图时应依据功能关系从上至下或从左至右一个回路、一个回路地阅读。若能熟悉电路中各电器的性能和特点，对读懂图纸将有很大的帮助。在进行控制系统的配线和调校工作中，还可配合阅读接线图和端子图进行。

5. 看平面布置图

平面布置图是建筑电气工程图纸中的重要图纸之一，例如变配电所设备安装平面图（还应有剖面图）、电力平面图、照明平面图以及防雷、接地平面图等。这些图纸都是用来表示设备安装位置、线路敷设部位、敷设方法及所用导线型号、规格、数量和管径大小的，是安装施工、编制工程预算的主要依据，必须熟读。

6. 看安装大样图（详图）

安装大样图（详图）是按照机械制图方法绘制的用来详细表示设备安装方法的图纸，也是用来指导施工和编制工程材料计划的重要图纸。安装大样图（详图）多采用全国通用电气装置标准图集。

7. 看设备材料表

设备材料表提供了该工程所使用的设备、材料的型号、规格和数量，是编制购置主要设备、材料计划的重要依据之一。

8.1.4 电气施工图图例及符号

电气工程中的元件、设备和装置的连接线很多，结构类型千差万别，按简图形式绘制的电气工程图中元件、设备、装置和线路及其安装方法等都是借用图形符号、文字符号和项目代号来表达的。分析电气施工图，首先要了解和熟悉这些符号的形式、内容和含义以及它们之间的相互关系。

8.1.4.1 电气图形符号的构成

电气图形符号包括一般符号、符号要素、限定符号和方框符号。

1. 一般符号

一般符号是用以表示一类产品或此类产品特征的一种通常很简单的符号，如电阻、电机、开关和电容等。

2. 符号要素

符号要素是一种具有确定意义的简单图形，必须与其他图形组合构成一个设备或概念的完整符号。例如，间热式阴极二极管，它是由外壳、阴极、阳极和灯丝四个符号要素组成的。符号要素一般不能单独使用，只有按照一定方式组合，才能构成一个完整的符号。符号要素的不同组合可以构成不同的符号。

3. 限定符号

限定符号是用以提供附加信息的一种加在其他符号上的符号。限定符号一般不代表独立的设备、器件和元件，仅用来说明某些特征、功能和作用等。限定符号一般不单独使用，当一般符号加上不同的限定符号，就可得到不同的专用符号，例如，在开关的一般符号上加不同的限定符号可分别得到隔离开关、断路器、接触器、按钮开关、转换开关等。

限定符号通常不能单独使用，但一般符号有时也可用作限定符号。例如，电容器的一般符号加到传声器符号上，即可构成电容式传声器的符号。

4. 方框符号

方框符号是用以表示元件、设备等的组合及其功能，既不给出元件、设备的细节，也不考虑所有连接的一种简单的图形符号。方框符号在框图中使用最多。此外，电路图中的外购件、不可修理件也可用方框符号表示。

8.1.4.2 电气图形符号的分类

电气图中包含有大量的电气图形符号，各种元件、器件、装置及设备等都是用规定的图形符号表示的。建筑电气施工图中常用电气设备图例可参见某招待所电气施工图电气设备图例，如表 8-2 所示。

表 8-2 某招待所电气施工图电气设备图例符号

序号	图例	名　称	型号与规格	单位	数量	备　注
1	ZAL	照明总配电箱	PV33SR，暗装机箱	只	1	挂墙明装，下沿距地 1.2m
2	ZAE	双电源总配电箱	PV33SR，暗装机箱	只	1	挂墙明装，下沿距地 1.2m
3	AL	照明配电箱	PV33SR，暗装机箱	只	10	嵌墙暗装，下沿距地 1.5m
4	5AT	电梯配电箱	PV33SR，暗装机箱	只	10	嵌墙暗装，下沿距地 1.5m
5	6AK	空调配电箱	甲方自选（户外及水型）			嵌墙暗装，下沿距地 1.5m
6	B	客房配电箱	PV33SR，暗装机箱			嵌墙暗装，下沿距地 1.5m
7	B1	服务台配电箱	PV33SR，暗装机箱			嵌墙暗装，下沿距地 1.5m
8	B2	弱电间配电箱	PV33SR，暗装机箱	只	1	嵌墙暗装，下沿距地 1.5m
9	1AEL	应急照明配电箱	PV33SR，暗装机箱			嵌墙暗装，下沿距地 1.5m
10		床头柜接线盒 1	甲方自选（用于单人间）			嵌墙暗装，下沿距地 0.3m
11		床头柜接线盒 2	甲方自选（用于双人间）			嵌墙暗装，下沿距地 0.3m
12		节电钥匙开关	K32KT			嵌墙暗装，下沿距地 1.3m
13		门铃按钮	KH250			嵌墙暗装，下沿距地 1.3m
14		门铃	现配			床头柜内暗装
15		单管荧光灯	MY—401E 1×36W	盏	6	吸顶，装于管理间及电梯井道顶部
16	J	镜前灯	HBD1012，18W	盏	6	吸顶或嵌顶
17		平圆吸顶灯	MD—41PL9ABF，.13W	盏	191	吸顶
18		筒灯	HZD226W，17W			嵌顶（或及顶）安装
19		嵌入式筒灯（紧凑型荧光灯）	MD—60PL2×13WDH，2×13W			嵌顶
20		床头壁灯	HBD1013，40W			下沿距地 1.2m
21	T	井道壁灯	～36V 1×60W			用于电梯井道
22		排风机	见暖通图			嵌顶
23		夜灯	10W			床头柜内暗装
24		安全出口灯（H 型）	Y—YJD211：20W，90min	只	22	吸壁明装，下沿距门框上方 0.1mm

续表

序号	图例	名　　称	型号与规格	单位	数量	备　注
25	EXIT	出口指示灯（11 型）	Y—YJD211；20W，90min	只	13	吸顶明装
26	←	左疏散指示灯（B 型）	Y—YJD201；20W，90min	只	13	嵌墙暗装，下沿距地 0.3m
27	→	右疏散指示灯（C 型）	Y—YJD201；20W，90min	只	37	嵌墙暗装，下沿距地 0.3m
28		单相二三极插座（带安全门）	L426/10USU，10A	只	166	嵌墙暗装，下沿距地 0.3m
29	d	落地灯插座	K426/10S			嵌墙暗装，下沿距地 0.3m
30	t	台灯插座	K426U			嵌墙暗装，下沿距地 0.3m
31	v	电视插座	K426U			嵌墙暗装，下沿距地 0.3m
32	h	刮须插座	K727			嵌墙暗装，下沿距地 1.3m
33	r	热水器插座（三孔带开关）	L15/15CS，16A			嵌墙暗装，下沿距地 2.3m
34	s	开水器插座（三孔带开关）	L15/15CS，16A			嵌墙暗装，下沿距地 1.5m
35	T	井道壁灯（单相二三极插座带安全门）	L426/10USU，10A			用于电梯井道
36		单联单控开关	L31/1/2A	只	64	嵌墙暗装，下沿距地 1.3m
37		双联单控开关	L32/1/2A	只	36	嵌墙暗装，下沿距地 1.3m
38		三联单控开关	L33/1/2A	只	74	嵌墙暗装，下沿距地 1.3m
39		单联双控开关	L31/2/2A，10A	只	56	嵌墙暗装，下沿距地 1.3m
40		风机盘管调速器	与风机盘管配套供应	只	56	嵌墙暗装，下沿距地 1.3m
41	MD	网络配线架	见系统图	台	6	壁装式机架，下沿距地 1.5m
42		单孔数据信息插座	LC01	只	42	嵌墙暗装，下沿距地 0.3m
43		单孔语音信息插座	LT01			嵌墙暗装，下沿距地 0.3m
44	TV	有线电视前端放大箱	专业公司配套	台	1	嵌墙明装，下沿距地 1.5m
45	P4	电视四分配器	专业公司配套	只	2	吊顶内安装
46	P2	电视二分配器	专业公司配套	只	2	吊顶内安装

续表

序号	图例	名　称	型号与规格	单位	数量	备　注
47		电视一分支器	专业公司配套	只	30	竖井内安装
48	TV	用户电视信号插座	L31VTV75	只	30	嵌墙暗装，下沿距地 0.3m
49	MJ	门禁控制系统	专业公司配套			服务台旁安装
50	MJn	门禁控制器	专业公司配套			吊顶内安装
51		门禁控制点	专业公司配套			门内（门把手旁）安装
52	MEB	总等电位联结端子箱	TD22—R—II	只	1	嵌墙暗装，下沿距地 0.3m
53	LEB	局部等电位联结端子箱	TD22—R—I	只	1	嵌墙暗装，下沿距地 0.3m
54		消防泵启泵按钮（带指示灯）	J—SAS—500HF	只	34	与给水排水专业配套，装于消火栓箱内

8.1.4.3 线路的标注方法

线路敷设的方式及部位常用英文单词第一个字母表示。

在建筑施工图中配电线路的标注格式及意义如下：

$$a-b\ (c\times d)\ e-f$$

式中 a——线路编号或线路用途的编号；

b——导线型号；

c——导线根数；

d——导线截面积；

e——敷设方式及穿管管径；

f——线路敷设部位代号。

常用导线型号、敷设方式及线路敷设部位代号分别如表 8-3～表 8-5 所示。

表 8-3　　常用导线型号及用途

导线型号	名　称	用　途
BV	铜芯塑料（聚氯乙烯）绝缘线	室内明装敷设或穿管敷设用
BLV	铝芯塑料（聚氯乙烯）绝缘线	
BVV	铜芯塑料（聚氯乙烯）护套线	室内明装固定敷设或穿管敷设用，可采用铝卡片敷设
BLVV	铝芯塑料（聚氯乙烯）护套线	
BXF	铜芯氯丁橡皮绝缘线	室内外明装固定敷设用
BLXF	铝芯氯丁橡皮绝缘线	
BXHF	铜芯橡皮绝缘氯丁护套线	室内外明装固定敷设用，小截面的在室内可用铝卡片敷设
BLXHF	铝芯橡皮绝缘氯丁护套线	
BBX	铜芯玻璃丝编织橡皮绝缘线	室内外明装固定敷设用
BBLX	铝芯玻璃丝编织橡皮绝缘线	室内外明装固定敷设用或穿管敷设用

表 8-4 线路敷设方式代号

代号	说明	代号	说明
K	用瓷瓶或瓷柱敷设	P（V）C	用硬塑制管敷设
PL	用瓷夹敷设	CT	用桥架（或托盘）敷设
PCL	用塑料夹敷设	PR	用塑制线槽敷设
TC	用电线管敷设	FEC	用半硬塑制管敷设
SC	用焊接钢管敷设	SR	用金属线槽敷设

表 8-5 线路敷设部位代号

代号	说明	代号	说明
SR	沿钢索敷设	BC	暗设在梁内
BE	沿屋架或屋架下弦敷设	CC	暗设在屋面内或顶板内
CLE	沿柱敷设	CLC	暗设在柱内
WE	沿墙敷设	FC	暗设在地面内或地板内
BE	沿天棚敷设	WC	暗设在墙内
ACE	在能进人的吊顶棚内敷设	AC	暗设在不能进人的吊顶棚内

例如，

WL1–BV（4×6）TC25–WC

表示 WL1 回路的导线为铜芯塑料（聚氯乙烯）绝缘线，有 4 根，每根截面面积为 6mm^2，穿管直径为 25mm 的电线管沿墙暗敷设。

8.1.4.4 照明灯具的标注方法

照明灯具的标注格式为

$$a\text{–}b\ \frac{c\times d}{e}f$$

式中 a——灯具数；

b——型号；

c——每盏灯具的灯泡数和灯管数；

d——灯泡容量，W；

e——安装高度，m；

f——安装方式。

对于壁灯，上式中安装高度是指灯具中心与地之间的距离。

灯具的安装方式有吸顶式、嵌入式、线吊式、管吊式和壁装式等，表示灯具安装方式的代号如表 8-6 所示。

表 8-6 灯具安装方式代号

代号	说明	代号	说明
S	吸顶式或直附式	CP	自在器线吊式
R	嵌入式	CP1	固定线吊式

续表

代　号	说　明	代　号	说　明
CP2	防水线吊式	T	台上安装
CP3	吊线器式	CR	顶棚内安装
CH	链吊式	WR	墙壁内安装
P	管吊式	SP	支架上安装
W	壁装式	CL	柱上安装

例如，

$$2\text{–BKB140}\frac{3\times100}{2.10}\text{W}$$

表示有 2 盏花篮壁灯，型号为 BKB140，每盏有 3 只灯泡，灯泡容量为 100W，安装高度为 2.10m，壁装式。

8.2 电气照明施工图

电气照明施工图是建筑电气图中最基本的图样之一，一般包括电气照明平面图、配电系统图及安装和接线详图等。

8.2.1 电气照明施工图的基本知识

电气照明系统一般由进户装置、配电装置、配线、灯具、插座和开关等组成。

1. 灯具的表达方式

两种灯具开关控制的基本线路如图 8-1 所示。图 8-1（*a*）为一只单联开关控制一盏灯，图 8-1（*b*）为一只单联开关控制一盏灯以及连接一只单相双眼插座。图 8-1 中的线路绘制的是最基本的一根火线和一根零线，如果有接地线，需要再另外增加一根导线。该图中采用了多线和单线两种表示法绘制，当采用单线法进行绘制时，如果导线为最基本的两根，可不标注根数。

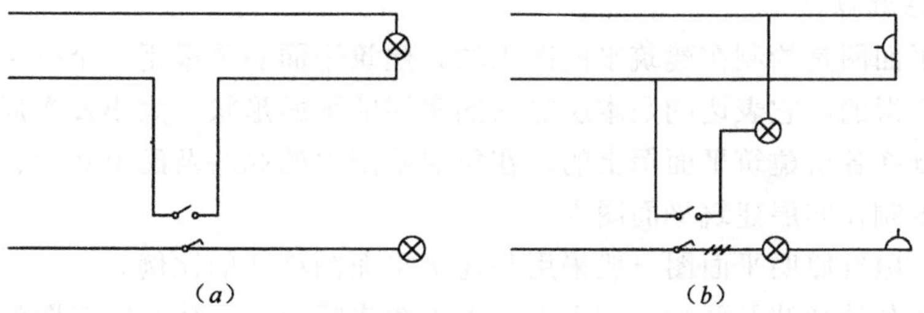

图 8-1　两种灯具开关控制的基本线路

2. 开关与插座的表达方式

按开闭电器的控制要求，开关可分为单控开关和双控开关等。插座是供随时接通用电器具的装置，有单相二极、单相三极、三相四极等，其安装方式也有明装和暗装之分。开关与插座的图示方式参见图 8-2 客房配电平面图。

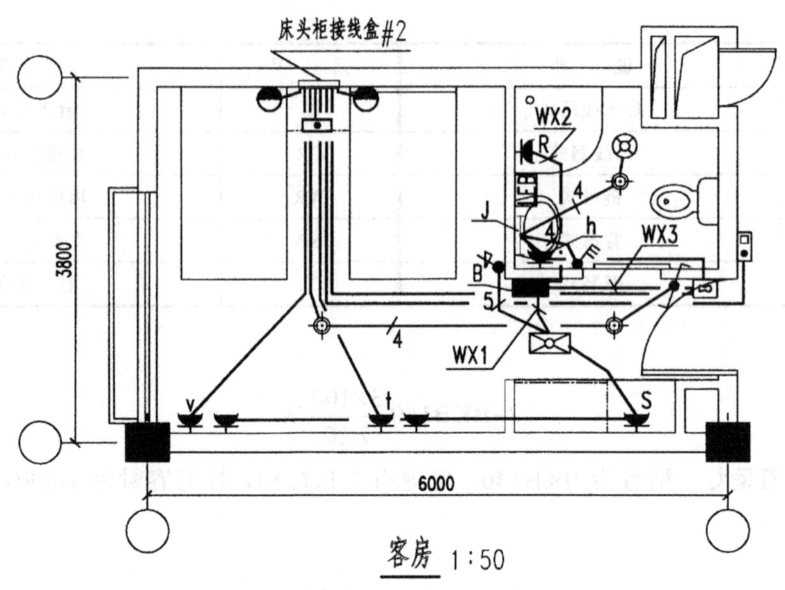

图 8-2 客房配电平面图

8.2.2 电气照明平面图

电气照明平面图是电气照明施工图中的基本图样，它表示室内供电线路、灯具、开关及插座等的平面布置情况。

1. 表达内容

电气照明平面图的表达内容如下：

（1）电源进户线的引入、规格、敷线方式和敷设方式。

（2）配电装置的位置、型号和数量。

（3）线路的位置、走向、敷线方式和敷设方式。

（4）照明灯具、开关和插座等的位置、型号、数量、安装方式及其相互之间的关系。

2. 图示方法和画法

电气照明平面图是绘制在建筑平面图上的。建筑平面图是采用一个位于窗台上方的剖切平面剖切后而得的，它表达的是本层之内的房屋的平面形状、大小及布局等。电气照明平面图则是绘制在各层建筑平面图上的，在每层范围内的线路及配电装置、用电设备无论位置高低，均绘制在同层建筑平面图内。

（1）比例。电气照明平面图一般采用与建筑平面图相同的比例。

（2）建筑部分的画法及要求。由于电气施工图实际上也是建筑施工图的配套图纸，也是在建筑施工图的图纸上绘制出来的，因此，绘制电气施工图之前先要绘制建筑施工图，在绘制电气照明平面图之前当然也要先绘制建筑平面图。

电气照明平面图中的建筑部分仍需严格按比例绘制，但绘制的深度不及建筑平面图，只需用细线简要画出房屋的平面形状和主要构配件，并标注定位轴线的编号和尺寸，对于建筑平面图中的细部构造及尺寸标注一概不需绘制。

3. 电气部分画法及要求

电气部分画法及要求如下：

（1）线路一般采用单线表示法，不考虑其可见性，一律采用粗实线（或中粗线）来表示。绘制出的线路也并不一定是实际的线路敷设部位，只是线路布局的一种表达。

（2）配电装置、灯具、开关和插座等采用图例进行表达。

4. 尺寸标注

尺寸标注的具体要求如下：

（1）线路。在电气照明平面图中要标注线路编号、导线型号、导线根数、导线截面、敷线方式和敷设部位，但不标注具体的线路尺寸，这是因为图上线的长度往往并不是实际线路的敷设情况，在具体计算线路的长度时，可采用比例尺量取的方法获得实际的导线长度。

（2）灯具。在电气照明平面图中要标注灯具型号、灯具数、灯泡数、灯泡容量、安装高度和安装方式。为了简化图中的标注，也可不标注灯具型号，改注在施工说明中。灯具的定位尺寸一般也不在图上标注，有要求时可以采用比例尺进行量取。

（3）开关、插座。开关、插座在电气照明平面图中由图例已经可以表达其型号及安装方法，至于安装高度一般也不在电气照明平面图中标注，可以在施工说明里写明安装高度或按有关电气施工及验收规范进行安装。例如，一般跷板开关的安装高度为距离地面 1.3m。

8.2.3 配电系统图

单面投影是不能决定空间物体的，仅有电气照明平面图也肯定不能全面表达电气照明的空间情况。除了需要电气照明平面图表达室内供电线路以及灯具、开关和插座等的平面布置情况外，还需要画出配电系统图来表达整个照明供电系统的空间全貌和连接情况。

1. 表达内容

配电系统图的表达内容如下：

（1）建筑物的供电方式和容量分配。

（2）配电装置的情况，组成配电箱的电度表、熔断器和开关等的数量及型号等。

（3）供电线路是如何布置的，线路的编号、导线型号、导线根数、导线截面，以及敷线方式和敷设部位。

2. 图示方法和画法

（1）比例。配电系统图不是投影图，只是将各种电气符号用线条连接起来，并标注文字代号而形成的一种简图，因此它的图形是不按比例绘制的。

（2）图样画法。为了清楚地表示出电气照明工程的组成及其相互之间的关系，各种配电装置及供电线路按规定的图例进行绘制，按规定的格式进行标注。

8.2.4 电气照明施工图读图举例

由于电气照明施工图是建筑施工图的配合图，所以要想阅读电气照明施工图首先要具有基本的阅读建筑施工图的能力，弄清楚房屋的内部布局、结构形式等土建方面的知识；其次还要具备一定的电气方面的基础知识，如电工原理、接线方法等；最后还要熟悉各种电气中常用的图例、代号等。

房屋内电气工程的图纸主要由电气照明平面图和配电系统图两部分组成，配电系统图着重表达整个系统的全貌，电气照明平面图则具体表达每层电气的布置情况。读图时一般先看配电系统图，再看电气照明平面图，最后看安装和接线详图，每一类图纸并不是孤立地进行阅读，而是要交叉配合阅读。具体到每一张图纸，可以采用按照介质流动的方向来阅读：电源进户线→总配电箱→供电干线→分配电箱→配线→用电设备。

首先我们来了解一下如何阅读配电系统图。例如，图 8-3 为某招待所的电力照明配电系统图。电源进线符号为 2（YJV—0.6/1kV—4×95）—SC100—FC，表示进户线为两根 4 芯（每芯截面为 95mm^2）的铜芯交联聚乙烯绝缘聚氯乙烯护套电缆，穿在一根直径为 100mm 的焊接钢管内，室外埋地暗敷设，进入总配电箱 ZAL，ZAL 内分出若干条供电干线（包括一根专用接地线），分别供给一层至五层及电梯照明。供给一层至五层的干线标注为 YJV—0.6/1kV—5×16—MT40—FC/WC，表示一根 5 芯（每芯截面为 16mm^2）的铜芯交联聚乙烯绝缘聚氯乙烯护套电缆，穿在一根直径为 40mm 的电线管内，室外埋地暗敷设，进入室内后再沿墙暗敷设。

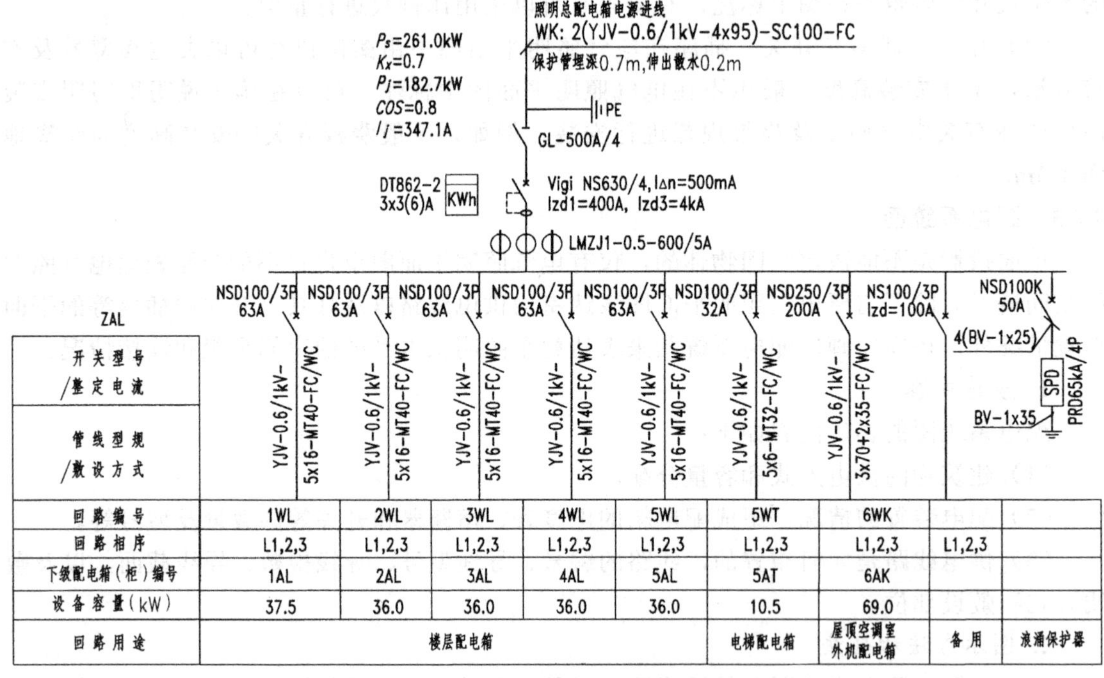

图 8-3 总配电箱配电系统图

图 8-4 为一层配电平面图。图 8-5 为一层照明平面图。WE4 回路供给第二层及第三层走道照明，WE5 供给第四层及第五层走道照明，WE7 供给二层及以上走道疏散照明。图 8-6 为屋顶防雷平面图，从该图中可以看出，在屋顶平面上用 D10 热镀锌圆钢做避雷带，避雷带交圈后利用柱内两根外侧对角主筋做防雷引下线，从屋顶一直引至室外地坪以下。

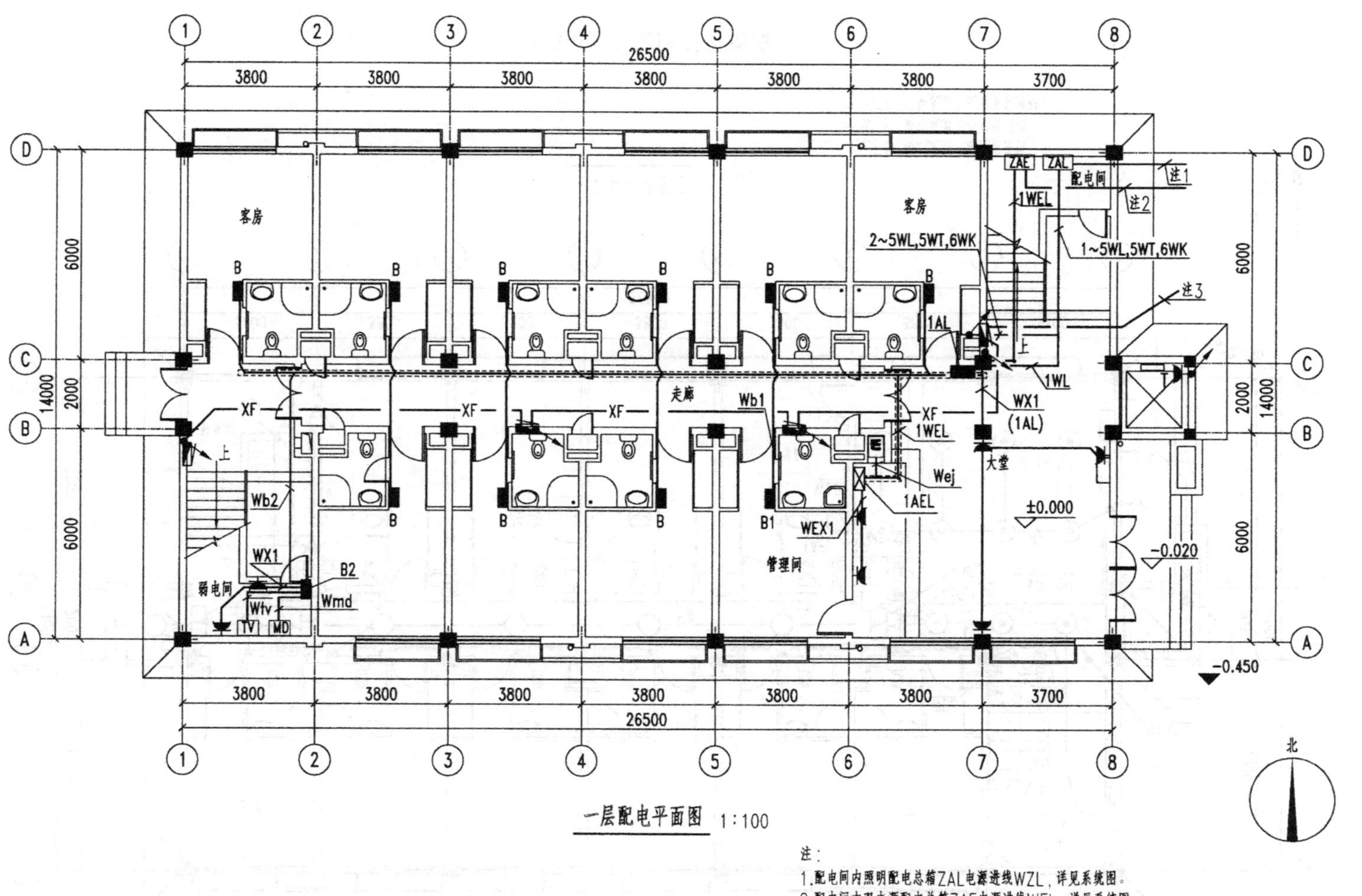
一层配电平面图　1:100
注：
1.配电间内照明配电总箱ZAL电源进线WZL，详见系统图。
2.配电间内双电源配电总箱ZAE电源进线WEL，详见系统图。
3.消火栓室外部分控制管线，KVV22-4X2.5-SC50-FC/WC以上进出建筑物保护管均为埋深0.7m，伸出0.2m。XF：KVV-4X1.5-SC20-FC/WC。

图 8-4　一层配电平面图

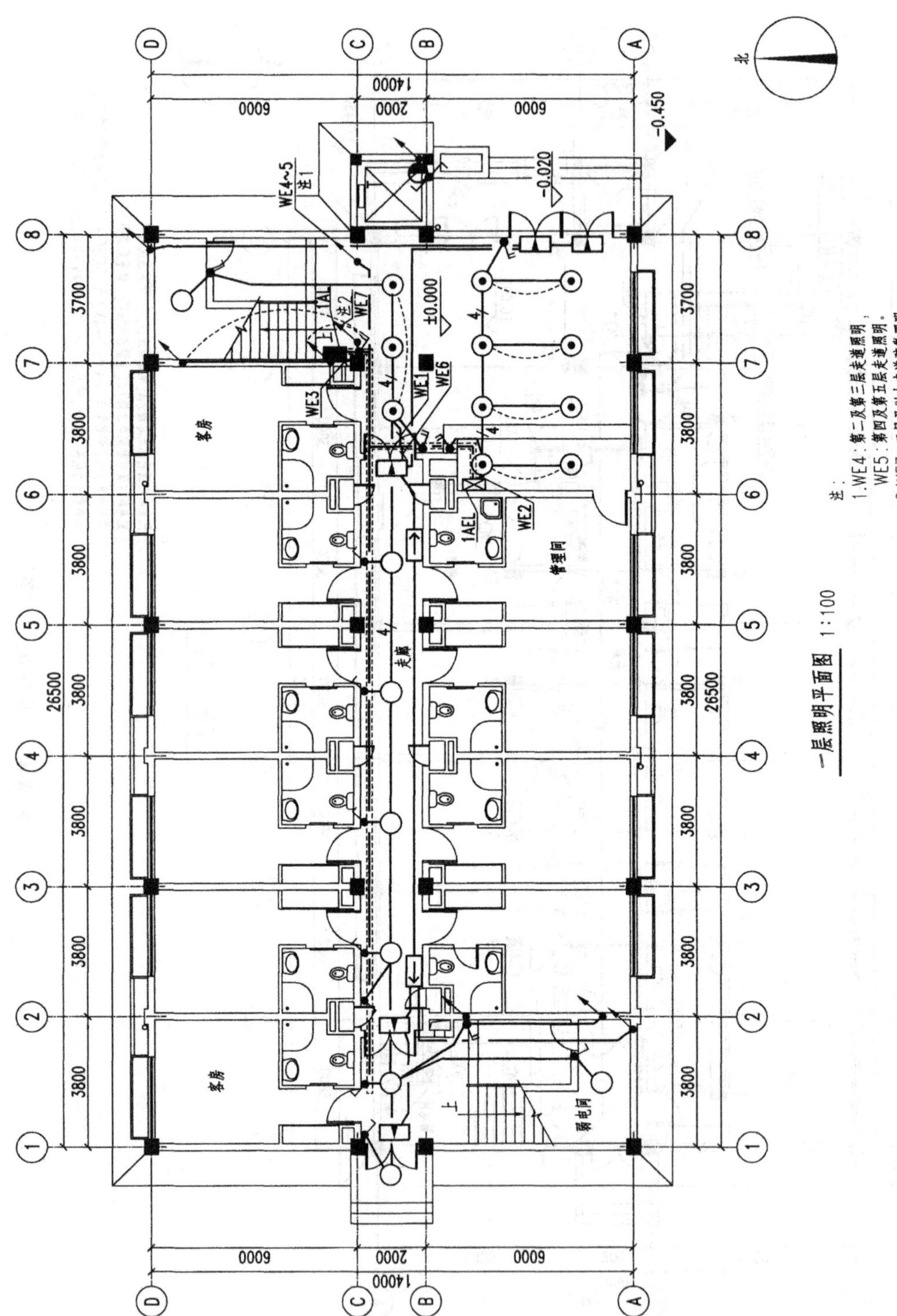
一层照明平面图 1:100
注：
1.WE4：第二及第三层走道照明，
WE5：第四及第五层走道照明。
2.WE7：二层及以上走道疏散照明。

图 8-5 一层照明平面图

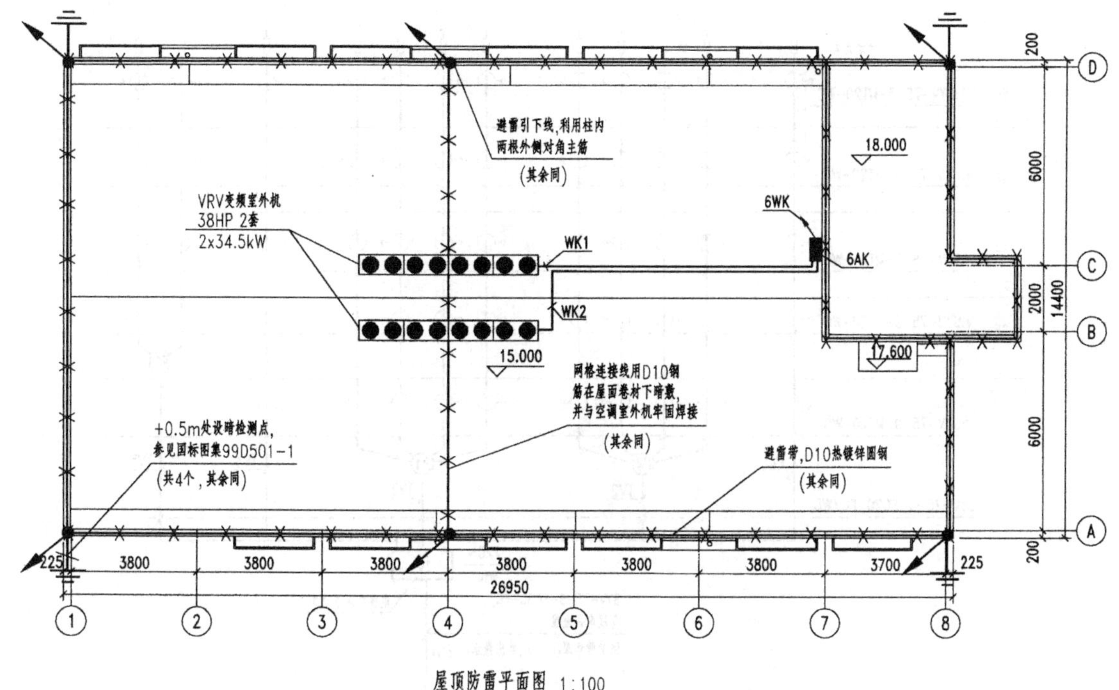

图 8-6 屋顶防雷平面图

8.3 弱电施工图

随着人们生活条件的不断提高，如今的房屋对电气的要求已经不再局限于简单的照明用电了，电视、电话和电脑的普及已经成为一种趋势。在房屋建造时就将电视、电话和电脑网络线路铺设到位，既免除了投资的重复，又方便了住户。电视、电话和电脑网络及消防报警施工图统称为弱电施工图，一般包括弱电平面图、弱电系统图和接线详图等。

弱电施工图的基本原理与电力照明施工图基本一致，线路的敷设也大同小异，主要的区别在于两者采用的导线不一样。在此还是以某招待所为例来简单介绍弱电施工图的阅读。

图 8-7 和图 8-8 分别为电视及电话、电脑网络系统图。电视、电话线从室外进线后，分别进入接线盒进行再分配，电视进线和电视终端的数量可以不同，甚至可以一路进线，只需要在接线盒内加分配器即可；电视、电话进线数量与号码数量有关。在这两个图中，电视是一根电缆线引入，进线的符号为 SYV—75—9—SC50—FC，表明每根电缆线的电阻为 75Ω，截面面积为 9mm^2，穿在一根直径为 50mm 的焊接钢管内，室外埋地暗敷设；电话电缆进线符号为 HYA22—75（2×0.5）—SC50—WC/FC，表明电缆线由 75 组线组成，每组含有两根截面面积为 0.5mm^2 的线，穿在直径为 50mm 的焊接钢管内，室外埋地暗敷设，进入室内后再沿墙暗敷设。电缆线有一定的规格，且一般要放一定的余量。

图 8-9 为一层弱电平面图。室外引线由电视前端放大箱和网络配线架进入室内后，沿墙暗敷设，并将电视、电话和电脑网络线引至各楼层，接至各接口。在读图的时候，一定要将系统图与平面图参照起来阅读。

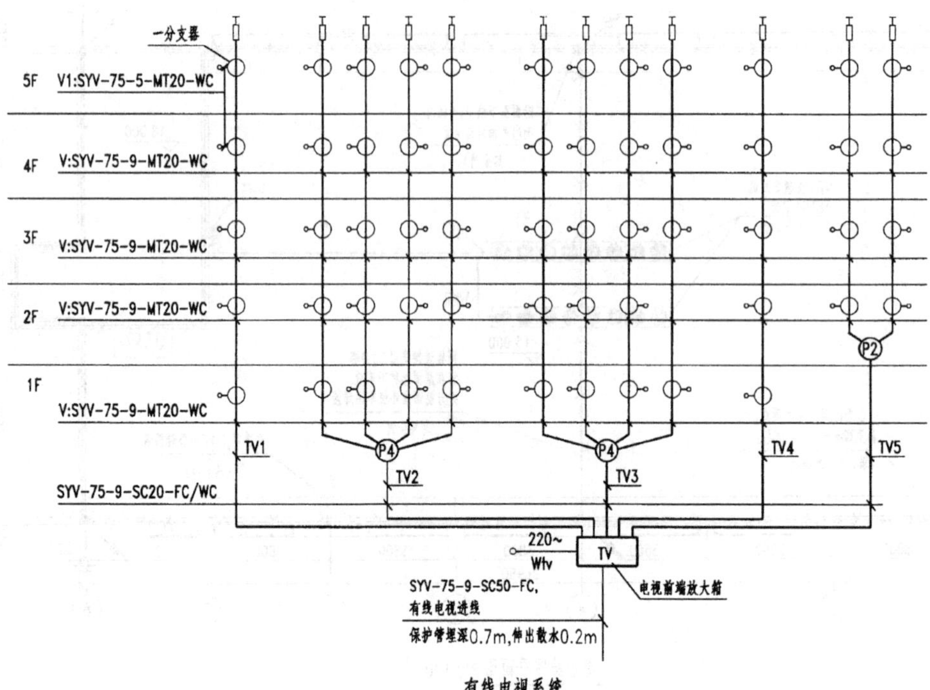

图 8-7 电视系统图

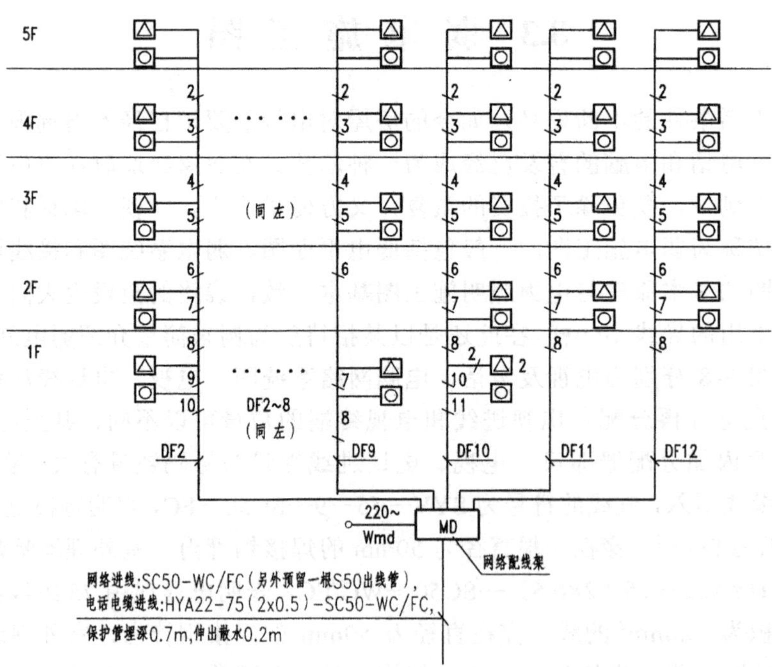

图 8-8 电话、电脑网络系统图

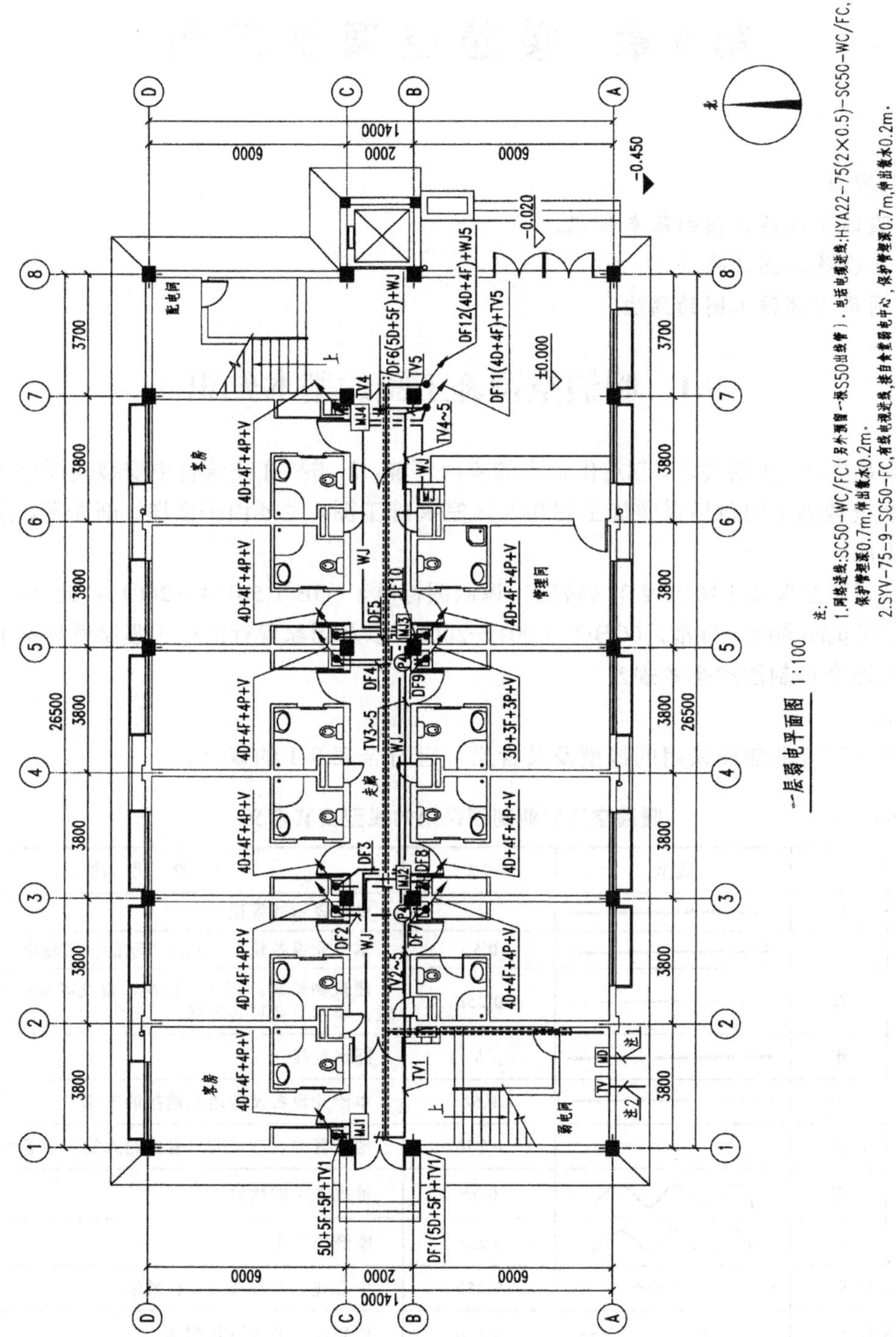
一层弱电平面图 1:100
注：
1.网络进线:SC50-WC/FC(另外预留一根S50出线管)，电话电缆进线:HYA22-75(2×0.5)-SC50-WC/FC,
保护管埋深0.7m,伸出散水0.2m。
2.SYV-75-9-SC50-FC,有线电视进线,接自本室弱电中心,保护管埋深0.7m,伸出散水0.2m。
北
客房
管理间
走廊
配电间
弱电间
4D+4F+4P+V
3D+3F+3P+V
5D+5F+5P+TV1
DF1(5D+5F)+TV1
DF6(5D+5F)+WJ
DF11(4D+4F)+TV5
DF12(4D+4F)+WJ5
TV1
TV2~5
TV3~5
TV4~5
MJ1
MJ2
MJ3
MJ4
WJ
进1
进2
±0.000
-0.020
-0.450
26500
14000
3800
3700
6000
2000

图 8-9　一层弱电平面图

第 9 章　暖通空调施工图

本章要点

- 暖通空调施工图的基本知识。
- 采暖施工图的画法。
- 通风空调施工图的画法。

9.1　暖通空调施工图的基本知识

为满足生产、生活要求，创造出适宜的室内环境，常需要在建筑物中安装暖通空调设备。

暖通空调施工图包括采暖施工图和通风空调施工图，主要由平面图、剖面图、系统图、详图等组成。

绘制暖通空调施工图应遵守《暖通空调制图标准》（GB/T 50114—2001）；此外，还应符合《房屋建筑制图统一标准》（GB/T 50001—2001）以及国家现行的有关强制性标准的规定。

9.1.1　暖通空调制图的基本规定

1. 图线

暖通空调专业制图采用的线型及其含义，宜符合表 9-1 的规定。

表 9-1　　暖通空调专业制图采用的线型及其含义

名称		线型	线宽	一般用途
实线	粗	————	b	单线表示的管道
	中	————	$0.5b$	本专业设备轮廓、双线表示的管道轮廓
	细	————	$0.25b$	建筑物轮廓；尺寸、标高、角度等标注线及引出线；非本专业设备轮廓
虚线	粗	— — — — —	b	回水管线
	中	— — — — —	$0.5b$	本专业设备及管道被遮挡的轮廓
	细	— — — — —	$0.25b$	地下管沟、改造前风管的轮廓线；示意性连线
波浪线	中	∿∿∿	$0.5b$	单线表示的软管
	细	∿∿∿	$0.25b$	断开的界限
单点长划线		—— · —— · ——	$0.25b$	中心线、对称线、定位轴线
双点长划线		—— ·· —— ·· ——	$0.25b$	假想或工艺设备轮廓线
折断线		——╲╱——	$0.25b$	不需画全的断开界线

注　图样中也可以使用自定义图线及含义，但应明确说明，且其含义不应与《暖通空调制图标准》（GB/T 50114—2001）相反。

2. 比例

暖通空调专业制图的总平面图、平面图的比例，宜与工程项目设计的主导专业一致，其他图的比例可按表 9-2 选用。

表 9-2　　暖通空调专业部分制图比例

图　名	常用比例	可用比例
剖面图	1:50、1:100、1:150、1:200	1:300
局部放大图、管沟断面图	1:20、1:50、1:100	1:30、1:40、1:50、1:200
索引图、详图	1:1、1:2、1:5、1:10、1:20	1:3、1:4、1:15

3. 常用图例

暖通空调制图中常用的图例如表 9-3 所示。

表 9-3　　暖通空调制图常用图例

名称	图　例	附　注	名称	图　例	附　注
阀门（通用）、截止阀			散热器及手动放气阀	15　15　15	左图为平面图画法，中图、右图为系统图画法
闸阀			离心风机		左图为左式风机，右图为右式风机
手动调节阀			轴流风机	或	
止回阀	或	左图为通用，右图为升降式止回阀，流向同左	水泵		
疏水阀		又称为“疏水器”	矩形散流器		散流器为可见时，虚线改为实线
集气罐排气装置		左图为平面图	弧形散流器		
矩形补偿器			绝热管		
弧形补偿器			固定支架		

9.1.2 暖通空调图样画法及标注

1. 管道转向、分支、重叠及密集处的画法

（1）单线管道转向的画法如图 9-1 所示。

（2）双线管道转向的画法如图 9-2 所示。

（3）单线管道分支的画法如图 9-3 所示。

（4）双线管道分支的画法如图 9-4 所示。

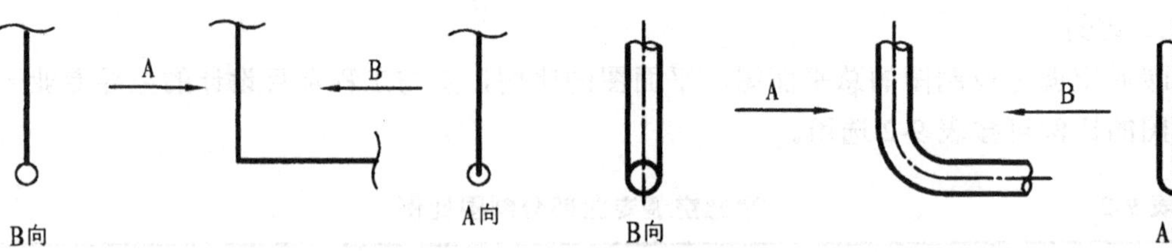

图 9-1 单线管道转向的画法

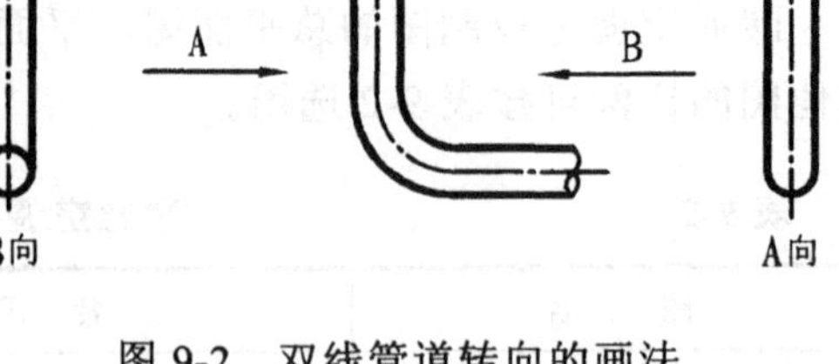

图 9-2 双线管道转向的画法

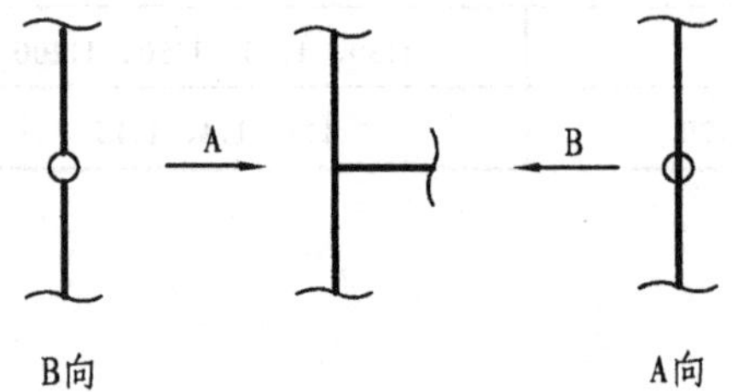

图 9-3 单线管道分支的画法

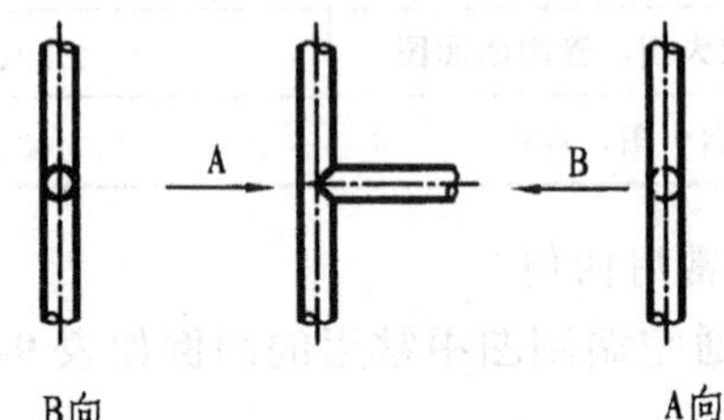

图 9-4 双线管道分支的画法

（5）送风管转向的画法如图 9-5 所示。

（6）回风管转向的画法如图 9-6 所示。

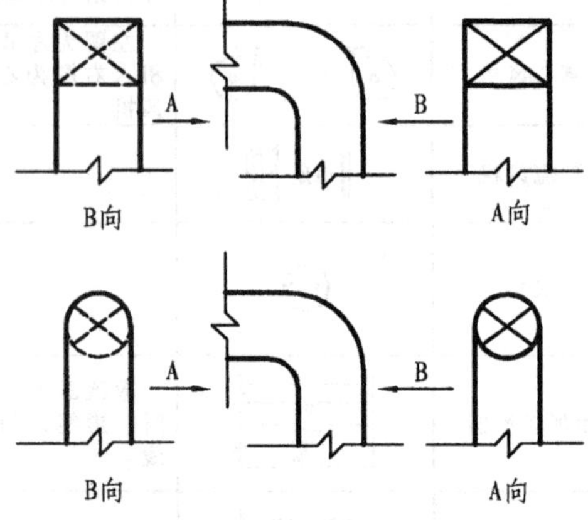

图 9-5 送风管转向的画法

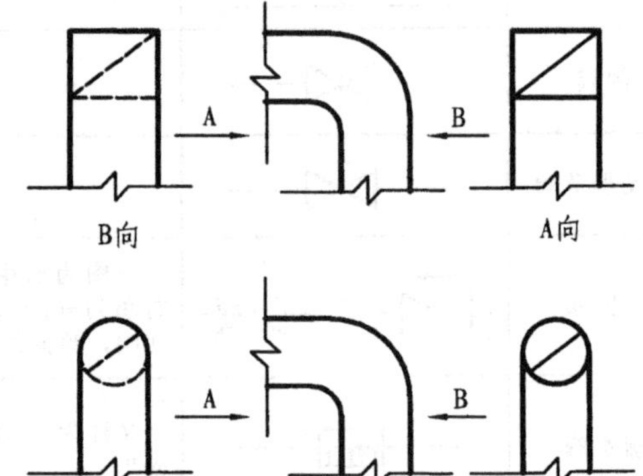

图 9-6 回风管转向的画法

（7）平面图、剖面图中管道因重叠、密集需断开时，应采用断开画法，如图 9-7 所示。

图 9-7 管道断开画法

（8）管道在本图中断，转至其他图面表示（或由其他图面引来）时，应注明转至（或来自）的图纸编号，如图 9-8 所示。

（9）管道交叉的画法如图 9-9 所示。

（10）管道跨越的画法如图 9-10 所示。

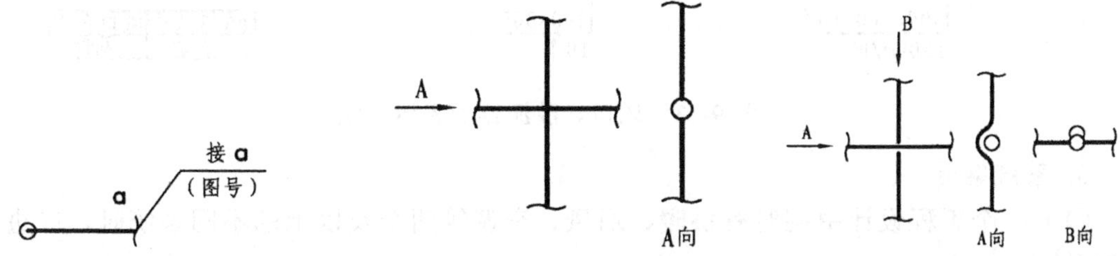

图 9-8　管道在本图中断的画法　　图 9-9　管道交叉的画法　　图 9-10　管道跨越的画法

2. 管道标高、管径及尺寸标注

（1）在不宜标注垂直尺寸的图样中，应标注标高。标高以米（m）为单位，精确到厘米或毫米。

（2）水、汽管道所注标高未予说明时，表示管中心标高。

（3）水、汽管道标注管外底或顶标高时，应在数字前加"底"或"顶"字样。

（4）矩形风管所注标高未予说明时，表示管底标高；圆形风管所注标高未予说明时，表示管中心标高。

（5）低压流体输送用焊接管道规格应标注公称直径或压力。公称直径的标记由字母"*DN*"后跟一个以毫米表示的数值组成，如 *DN*15、*DN*32；公称压力的代号为"PN"。

（6）输送流体用无缝钢管、螺旋缝或直缝焊接钢管、铜管、不锈钢管，当需要注明外径和壁厚时，用"*D*（或 ϕ）外径×厚"表示，如"*D*108×4"、"ϕ108×4"。在不致引起误解时，也可采用公称直径表示。

（7）金属或塑料管用"*d*"表示，如"*d*10"。

（8）圆形风管的截面定型尺寸应以直径符号"ϕ"后跟以毫米（mm）为单位的数值表示。

（9）矩形风管（风道）的截面定型尺寸应以"*A*×*B*"表示。"*A*"为该视图投影面的边长尺寸，"*B*"为另一边尺寸。*A*、*B* 的单位均为毫米（mm）。

（10）平面图中无坡度要求的管道标高可以标注在管道截面尺寸后的括号内，如"*DN*32（2.50）"、"200×200（3.10）"。必要时，应在标高数字前加"底"或"顶"的字样。

（11）水平管道的规格宜标注在管道的上方，竖向管道的规格宜标在管道的左侧，双线表示的管道的规格可标注在管道轮廓线内，如图 9-11 所示。

（12）多条管线规格的标注方式如图 9-12 所示。管线密集时采用中间图的画法，其中短斜线也可统一用圆点表示。

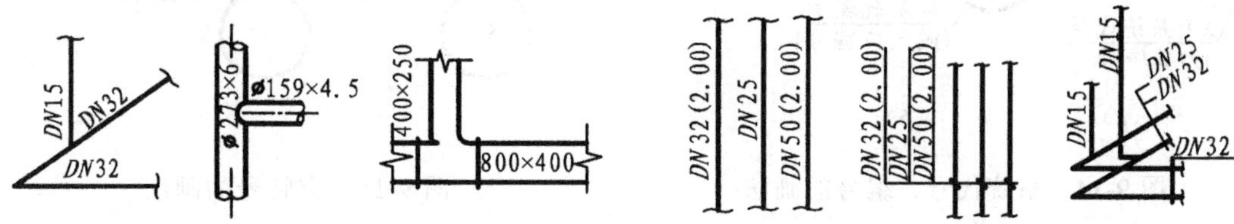

图 9-11　管道截面尺寸的画法　　图 9-12　多条管线规格的标注方式

（13）风口、散流器的规格、数量及风量的表示方法可如图 9-13 所示。

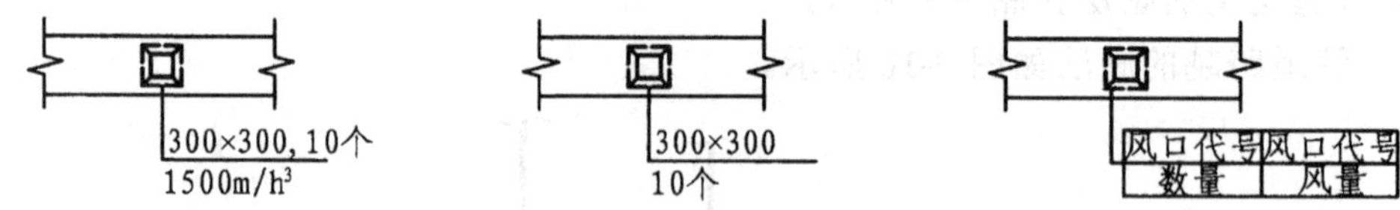

图 9-13 风口、散流器的表示方法

3. 系统编号

（1）一个工程设计中同时有供暖、通风、空调等两个及以上的不同系统时，应进行系统编号。

（2）暖通空调系统编号、入口编号，应由系统代号和顺序号组成。

（3）系统代号由大写拉丁字母表示（见表 9-4）；顺序号由阿拉伯数字表示，如图 9-14（*a*）所示。当一个系统出现分支时，可采用图 9-14（*b*）的画法。

表 9-4　　暖通空调系统编号

序号	字母代号	系统名称	序号	字母代号	系统名称
1	N	（室内）供暖系统	9	X	新风系统
2	L	制冷系统	10	H	回风系统
3	R	热力系统	11	P	排风系统
4	K	空调系统	12	JS	加压送风系统
5	T	通风系统	13	PY	排烟系统
6	J	净化系统	14	P（Y）	排风兼排烟系统
7	C	除尘系统	15	RS	人防送风系统
8	S	送风系统	16	RP	人防排风系统

（4）系统编号宜标注在系统总管处。

（5）竖向布置的垂直管道系统应标注立管号，如图 9-15 所示。在不致引起误解时，可只标注序号，但应与建筑轴线编号有明显区别。

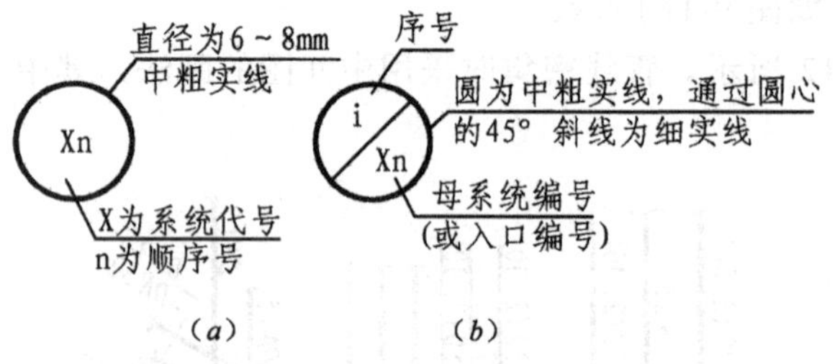

图 9-14 系统代号、编号的画法

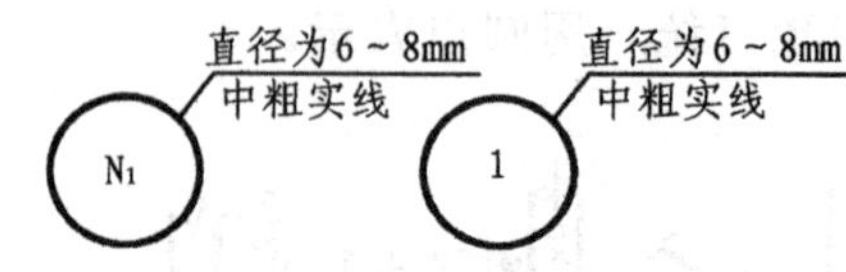

图 9-15 立管号的画法

9.2 采暖施工图

9.2.1 采暖工程概述

采暖工程就是用人工方法向室内供给热量，保持一定的室内温度，以创造适宜的生活环境或工作环境的技术。

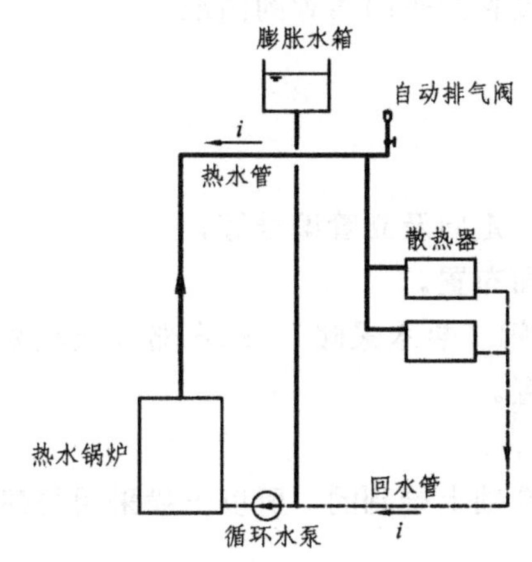

图 9-16 集中式热水采暖系统示意图

所有供暖系统都由热媒制备(热源)、热媒输送(热水管道)和热媒利用（散热设备）三个主要部分组成。根据这三个主要组成部分的相互位置关系，供暖系统可分为局部供暖系统和集中式供暖系统。热源和散热设备分别设置，用热水管道相连接，由热源向各个房间或建筑物供给热量的供暖系统，称为集中式供暖系统。

图 9-16 为集中式热水采暖系统的示意图。热水锅炉与散热器分别设置，通过热水管道相连接。循环水泵使热水在锅炉内加热，在散热器冷却后返回锅炉重新加热。该图中的膨胀水箱用于容纳供暖系统升温时的膨胀水量，并使系统保持一定的压力。

9.2.1.1 供热管道

供热管道就是将热媒（热水或蒸汽）输送到建筑物内部，并通过散热装置将热能释放出来，使室内保持适宜的温度环境。

室内供热管道分供热管网和回水管网两部分。

1. 供热管网

供热管网包括以下几部分：

（1）供热总管：与室外管网相连接并将热媒引入室内。

（2）供热干管：将热媒从总管水平输送到房屋的各地段。

（3）供热立管：把热媒垂直输送到房屋的各个楼层。

（4）供热支管：将热媒从立管连通到各散热器。

2. 回水管网

回水管网包括以下几部分：

（1）回水支管：将回水从散热器排到立管。

（2）回水立管：将回水从上至下排入底层。

（3）回水干管：将房屋内各地段的回水汇入总管。

（4）回水总管：与室外管道相连接，使回水循环利用。

9.2.1.2 散热器

散热器的功能是将供暖系统的热媒所携带的热量，通过散热器壁面传给房间。散热器一般应安装在外墙的窗台下，这样，沿散热器上升的对流热气流能阻止和改善从玻璃窗下降的冷气流与玻璃冷辐射的影响，使流经室内的空气比较暖和舒适。

9.2.1.3 采暖系统的辅助装置和管道配件

为了使采暖系统正常工作，还要安装各种辅助装置，如集气罐、伸缩器、膨胀水箱、疏水器及各种类型的阀门。各种辅助装置及阀门的图例如表 9-3 所示。

采暖施工图一般由设计说明、采暖平面图、系统图、详图、设备及主要材料表等组成。本章主要介绍采暖平面图和采暖系统图。

9.2.2 采暖平面图

采暖平面图是在建筑平面图中表达采暖管道及散热设备的平面布置的图纸。

1. 采暖平面图的内容

采暖平面图主要包括以下内容：

（1）散热器的平面位置、规格及数量。

（2）采暖管道系统的干管、立管、支管的平面位置、走向及立管编号等。

（3）采暖干管上的阀门、固定支架、补偿器等的平面布置。

（4）采暖系统的有关设备，如膨胀水箱、自动排气阀（热水采暖）、疏水器（蒸汽采暖）的平面位置、规格、型号以及设备连接管的平面布置。

2. 图示方法

（1）绘图比例：采暖平面图是在房屋建筑平面图的基础上绘制的，所以一般采用与建筑平面图相同的比例。

（2）绘图数量：应分层绘制采暖平面图。一般应画出房屋底层、标准层及顶层采暖平面图。当各层的建筑结构和管道布置不相同时，应分层绘制。

（3）图线画法：采暖平面图中的建筑部分只是作为管道及设备的布置和定位的基准，因此只需用细线画出房屋主要构配件（墙、柱、楼梯、门窗洞等）的轮廓和轴线，其余细部可以省略。

采暖干管用粗实线绘制，回水干管用粗虚线绘制，散热器、阀门等附件用中实线绘制。

无论管道是在楼地面之上或楼地面之下，无论是明装或暗装，均不考虑其可见性，仍按规定的线型绘制。

（4）剖切位置：各层采暖平面图是在各层管道系统之上水平剖切后向下投影所绘制的水平投影图。

（5）尺寸标注：采暖管道和设备一般是沿墙靠柱设置的，通常不必标注其定位尺寸，必要时可以墙面或轴线为定位基准标注。管道的管径、坡度和标高等均注在采暖系统图中，平面图可不标注。管道的长度一般也不标注，而以安装时的实测尺寸为准，具体安装要求详见有关施工规范。在采暖平面图中一般还需注出房屋定位轴线的编号和尺寸以及各楼地面的标高等。

9.2.3 采暖系统图

（1）轴测类型：按《暖通空调制图标准》（GB/T 50114—2001）的规定，采暖系统图一般按 45° 的正面斜等测绘制。通常将 OZ 轴竖放表达管道高度方向的尺寸，OX 轴与房屋横向一致，OY 轴作为房屋纵向并画成45° 斜线方向。

（2）表达内容：采暖系统图主要表明采暖系统中管道及其设备的空间布置与走向。

（3）绘图比例：采暖系统图常采用与采暖平面图相同的比例绘制，特殊情况下可以放大比例或不按比例绘制。当局部管道被遮挡、管线重叠时，可采用断开画法，断开处宜用小写拉丁字母连接表示，也可用双点划线连接示意。

（4）图线画法：采暖系统图中供热干管用粗实线绘制，回水干管用粗虚线绘制，散热设备、管道阀门等图例用中实线绘制。

（5）尺寸标注：应在采暖系统图中标注管道直径、标高、坡度，散热器规格和数量，立管编号，标注各楼层地面标高，以及有关设备附件的高度尺寸等。

9.2.4 采暖施工图读图举例

室内采暖系统是安装于房屋建筑内的，所以首先要了解房屋的结构、形式和构造等土建方面的基本情况，然后再阅读采暖工程的设计与施工说明，熟悉有关的设计资料、标准规范、采暖方式、设备型号、技术要求及引用的标准图等，这样的准备工作对阅读采暖施工图是很有帮助的。

采暖平面图和系统图是采暖施工图的主要图样，看图时应互相联系和对照。一般是按管道的连接顺着热媒流动的方向阅读，这样就能较快地掌握整个室内采暖系统的来龙去脉。

图 9-17、图 9-18 是某建筑物二、三层的采暖平面图和系统图。现将该建筑物的采暖设计说明如下。

1. 采暖设计说明

（1）设计依据冬季室外温度为-13℃，室内温度为 18℃。

（2）该建筑物为某供热泵站锅炉房，锅炉房采用上供上回双管同程式，二、三层采暖管网采用上供下回单管顺流同程式机械循环。

（3）散热器选用 760 型，带足落地安装，散热器每组超过 12 片时中部加一组。

（4）管材选热镀锌钢管采暖。管道采用 J11T—16 型截止阀，集气罐选用 MP—IIDN15 自动排气阀。

（5）未注明的立管、支管管径均为 *DN*20。

（6）明装管道，支架及散热器分别刷两道红丹防腐漆，两道银粉漆。

（7）管道穿越梁、墙、楼板时应设置钢套管，套管管径比穿管管径大两号，套管与穿管之间的缝隙应添满柔性材料。

（8）系统安装完毕后应做水压试验，试验压力 0.6MPa，1 小时内压力降不大于 0.05Pa 并不渗漏，为合格。系统在运行前应进行调试，以使各环路流量分配符合设计要求。

（9）其余未经说明之处均应按国家标准图集及《建筑给水排水及采暖工程施工质量验收规范》（GBJ 50242—2002）中的有关规定严格执行，并与土建工程紧密配合，做好预留洞及预埋件工作。

2. 样图的阅读

图 9-17 是某建筑物二、三层的采暖平面图。该工程为热水采暖系统，管道布置为上供下回单管顺流同程式。供热管道从室内西北角①轴线和Ⓖ轴线相交处穿一层、二层楼面送至三层顶部；然后沿外墙内侧布置，先向南再折向东，最后向北，形成水平供热干管。干管沿水流的方向设上升的坡度 0.003，在最高处设有一集气罐。在各采暖地段共设有 10 根立管，向下通到二层。立管位于墙角处，有支管与散热器相连。散热器为 760 型，热水流经散热器释放出热量。回水从支管经立管流到回水干管，回水干管设于一层板顶，最高点

标高为 4.300m。

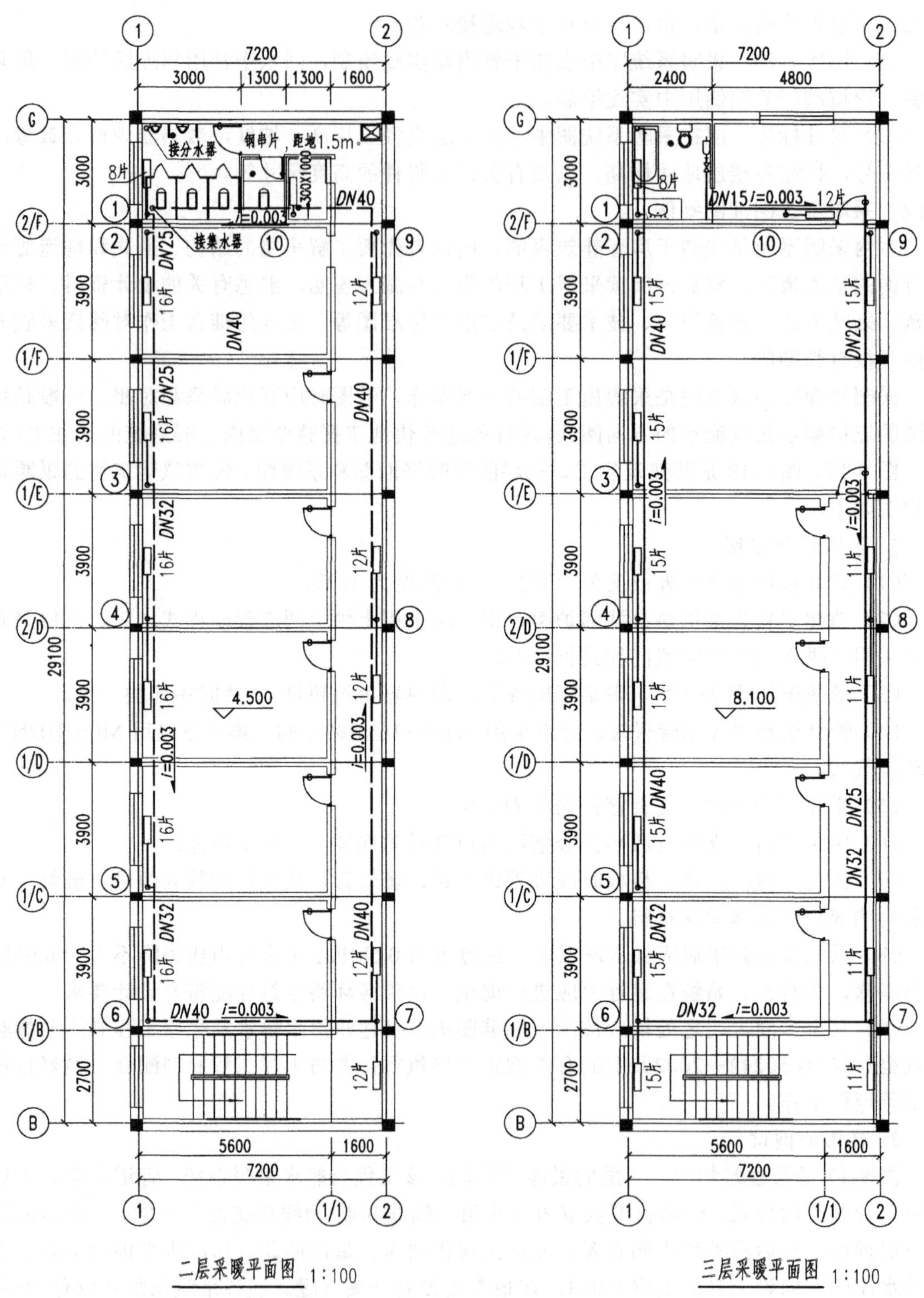

图 9-17 二、三层采暖平面图

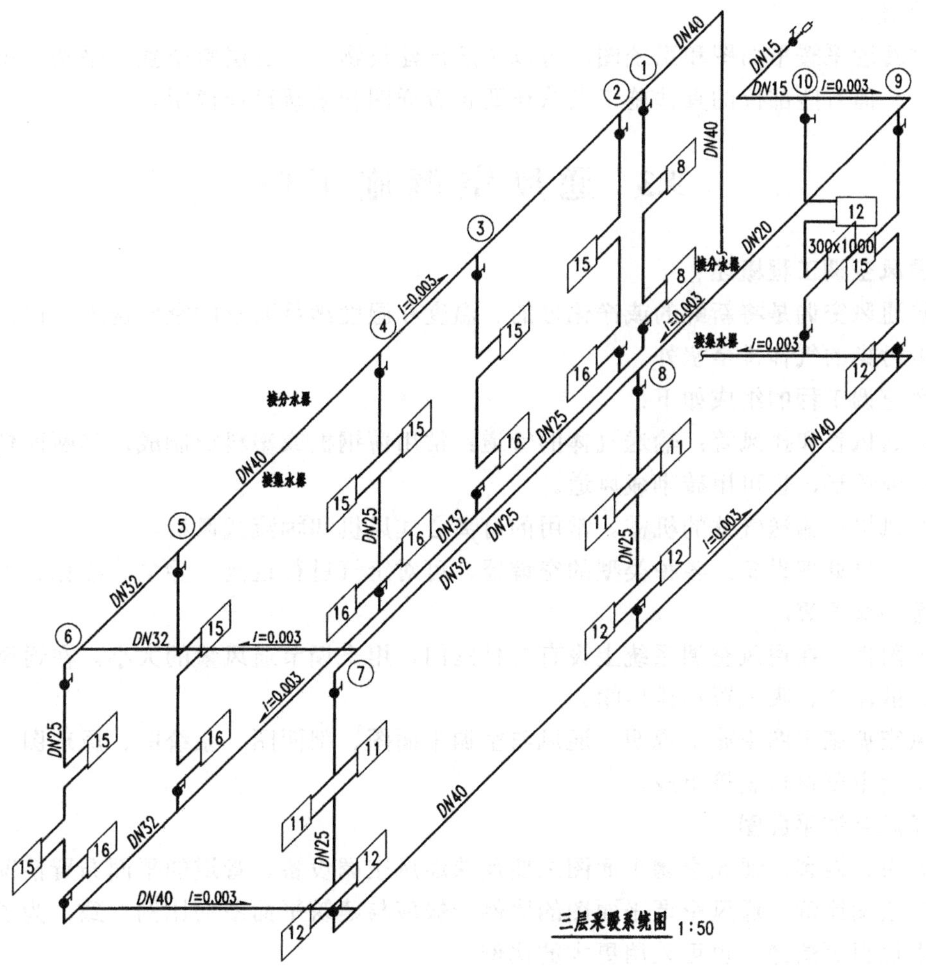

图 9-18　三层采暖系统图

图 9-17 中分别绘制了二层和三层采暖平面图，可以看出各楼层房间内散热器的数量和位置。

由于供热干管安装在三层顶棚下，所以在三层平面图中用粗实线画出了供热干管的布置，以及干管与立管的连接情况。回水干管安装在一层顶棚下，但由于一层采暖管线与二、三层采暖管线是分别独立布置的，所以二、三层采暖系统回水干管用粗虚线画在二层平面图中。散热器与管道的连接关系在系统图中表示得更清楚。每组散热器是与立管串联的，为了使各楼层温度均匀，楼下各房间内的散热器的片数要比楼上略多一些。

各段管道的直径一般在平面图中不标注，而是注在系统图中。总管为 *DN*40，干管依次为 *DN*40、*DN*32、*DN*25、*DN*20、*DN*15，注明的立管直径为 *DN*25，未注明的立管、支管管径均为 *DN*20（在采暖设计说明中写出）。

在采暖系统图中还可以看出管道上各阀门的位置，每根立管的两端均设有阀门，集气罐排气管的末端也设有阀门。此外，在供热入口处接有分水器，在回水总管出口接有集水器。

通过阅读采暖平面图和系统图，可以了解该建筑物二、三层整个独立采暖系统的空间布置情况，但有些部位的具体施工做法还要查看详图和采暖设计说明。

9.3 通风空调施工图

9.3.1 通风空调工程概述

建筑通风空调是将新鲜的或净化过的、温度和湿度满足要求的空气送入室内，并将混浊的或被污染的气体排至室外。

通风空调工程的组成如下：

（1）送风管和排风管：输送气体的管道，常用薄钢板或塑料板制成，其断面较大，一般为圆形或矩形，也可用砖砌成风道。

（2）风机：输送气体的机械。常用的有离心式风机和轴流式风机。

（3）空气处理设备：各种类型的空调器，可对空气进行过滤、除尘、净化、加热、制冷、加湿和减湿等。

（4）附件：在通风空调系统上设有各种阀门，用来调节通风量的大小。在通风管上还有风口、散流器、吸风罩和排风帽。

通风空调施工图由施工说明，通风与空调平面图、剖面图、系统图、原理图、详图，以及设备及主要材料表等组成。

9.3.2 通风空调平面图

（1）表达内容：通风空调平面图主要反映通风空调设备、管道的平面布置情况。

（2）绘图比例：通风空调平面图的比例一般应与建筑平面图的比例一致，为了把风管的布置表达得更清楚，也可采用更大的比例。

（3）图线画法：通常用细实线画出建筑平面图中墙身、门窗洞、柱、楼梯等构件的主要轮廓；主要的设备一般只用中实线画出轮廓形状；风管用双线表示并按比例绘制，用中实线表示风管的两条外轮廓线；其他部件和附件用图例表示。

（4）尺寸标注：通风空调平面图中应标注风管的断面尺寸，并应以定位轴线为基准标注风管和设备的定位尺寸。风管宜注其中心线与轴线间的距离；此外，还要注出设备和部件的名称或编号。

（5）剖切位置：通风空调平面图是从本层平顶处水平剖切后向下投影所画出的水平投影图，应能反映该层通风空调系统的全貌。

9.3.3 通风空调剖面图

（1）表达内容：通风空调剖面图主要反映通风设备、管道及其部件在竖直方向上的空间位置与连接情况，以及通风空调系统与建筑结构的相互位置及高度方向的尺寸关系等。比较复杂的通风空调系统一般还需要绘制剖面图。

（2）绘图比例：与通风空调平面图的比例一致。

（3）图线画法：通风空调剖面图的线型与通风空调平面图基本相同。用细实线画出建筑平面图中墙身、门窗洞、柱和楼梯等构件的主要轮廓，主要的设备一般只用中实线画出轮廓形状，风管用双线表示并按比例绘制。

（4）尺寸标注：通风空调剖面图应标注设备、管道中心或管底的标高，还需注出这些部位距该层楼面或地面的高度尺寸。一般还需注出房屋的屋面、楼面和地面等处的标高。

（5）剖切位置：剖切位置的选择应使剖面图能反映整个通风空调系统的全貌。剖切符号应标注在通风空调平面图中。

9.3.4　通风空调系统图

（1）轴测类型：通风空调系统图一般按45°的正面斜等测绘制。通常将 *OZ* 轴竖放，表达管道高度方向的尺寸；将 *OX* 轴与房屋横向一致；*OY* 轴作为房屋纵向并画成45°斜线方向。

（2）表达内容：通风空调系统图主要表明通风空调系统中管道及其设备的空间布置与走向。

（3）绘图比例：通风空调系统图常采用与通风空调平面图相同的比例绘制。

（4）图线画法：一般情况下，通风空调系统图中的风管采用单线画法，用粗实线表示管道的空间布置和走向。设备和部件用中实线或细实线绘制，设备只需按外形轮廓绘制，部件画出图例。

（5）尺寸标注：应在通风空调系统图中标注风管各段的断面尺寸、主要部位的标高、设备标高和各楼层地面标高。设备和部件的名称和编号也需注出。

9.3.5　通风空调施工图的读图举例

通风空调工程与房屋的关系密切，先要看建筑和结构施工图，了解房屋的形式、各房间的功能和布局等基本情况；然后再阅读通风空调工程的设计和施工说明，了解有关的数据资料、技术标准、通风方式、设备性能和施工要求等情况。

阅读通风空调施工图时，各主要图样应互相对照起来看，一般是按照通风空调系统中空气的流向，从进口到出口依次进行，这样可弄清通风空调系统的全貌。再通过查阅有关的设备安装详图和管件制作详图，就能掌握整个通风空调工程的全部情况。

图9-19～图9-21是某商场二、三层空调管道的平面图及系统图。室内空调系统采用低速全空气空调方式，分层划分空调系统、设置空调机房。气流组织方式为顶送侧回，方形散流器送风。室内空调机组采用BFK系列变风量柜式空调机组。

空调机房在每层楼的左边，送风总管从空调器向上直通至屋面下，标高9.750m，风管拐弯后穿空调机房隔墙进入商场二层。送风干管、支管都是暗装于顶棚内，送风口在顶棚下与散流器相连，散流器把新鲜洁净的空气均匀吹向室内。散流器的标高为9.100m。

通风空调平面图是从房屋的屋面处水平剖切的，这样可以画出整个系统的水平投影。通风空调系统图表示出该空调系统的整体布置情况，更具有立体感。通风空调平面图和系统图已经完全表达了整个空调系统的全貌，所以本设计没有画出剖面图。

从这些图中还可以看出空调系统各部分的主要尺寸。送风管的断面均为矩形，其断面尺寸沿新风流向是逐段变小的。风管各部分的定位尺寸也都详细地注在图中。

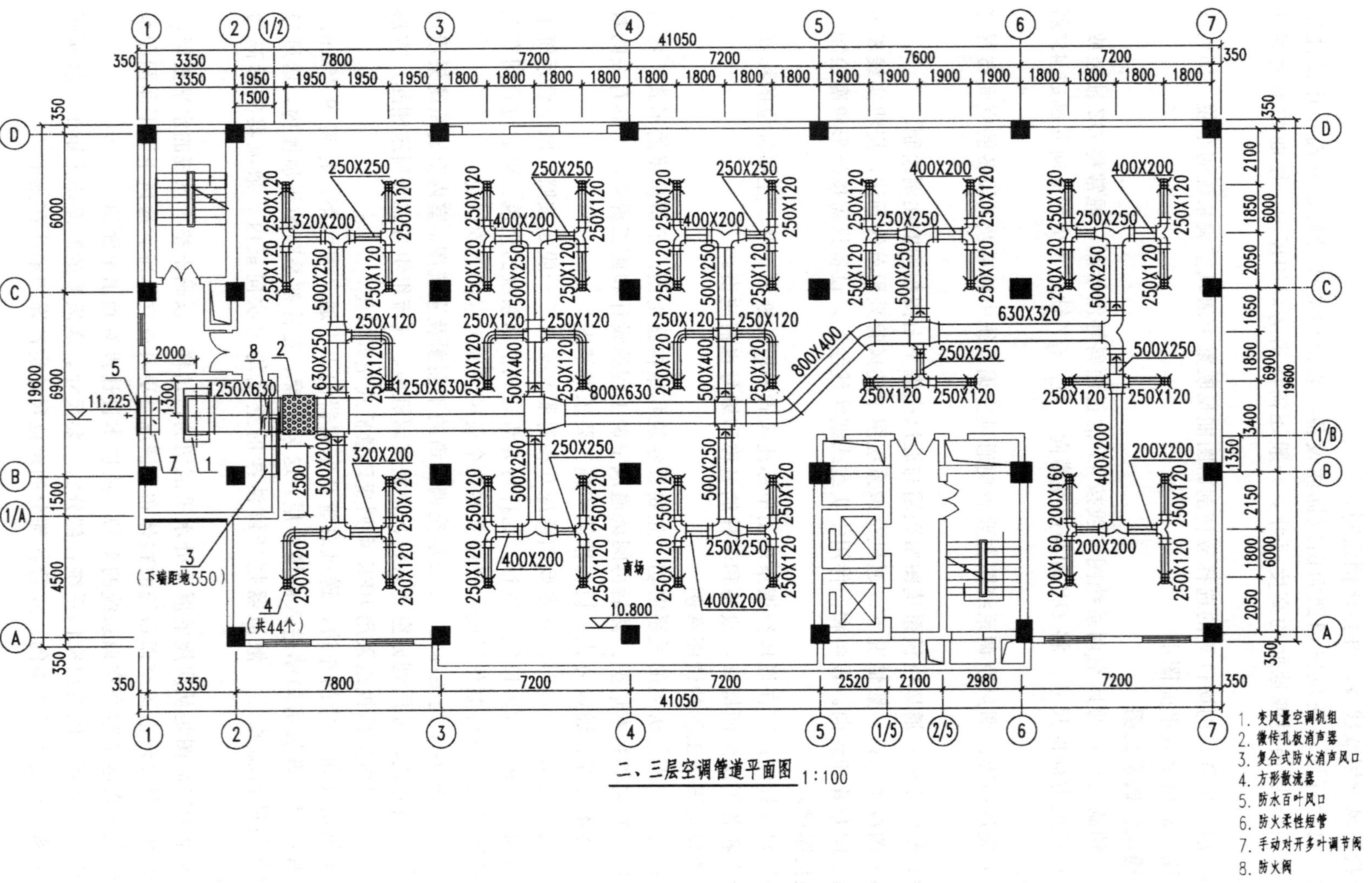

图 9-19 某商场二、三层空调管道平面图

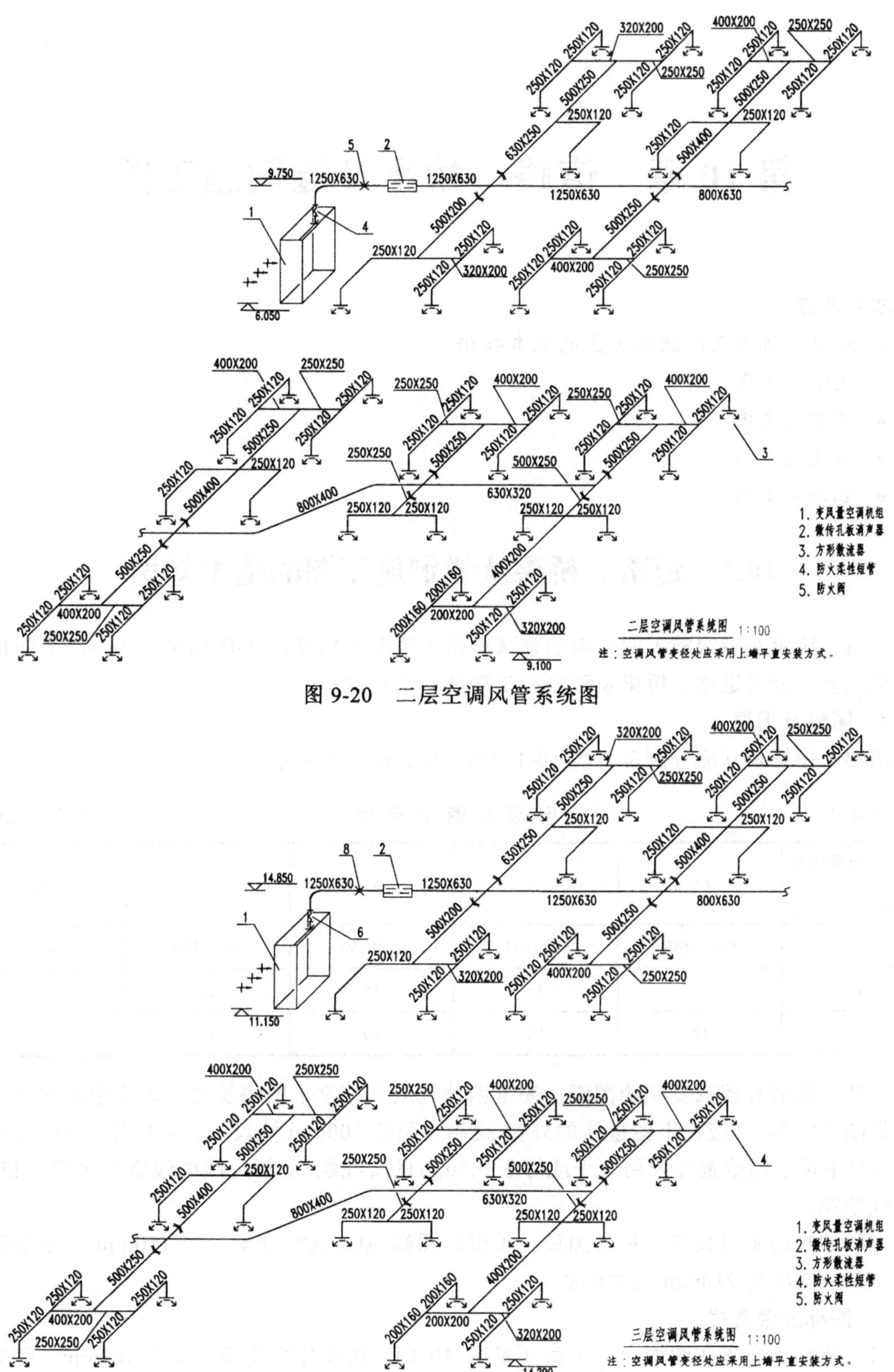

图 9-20 二层空调风管系统图

图 9-21 三层空调风管系统图

第 10 章　道路、桥梁及隧洞施工图

本章要点

- 道路、桥梁及隧洞施工图的基本知识。
- 道路施工图。
- 桥梁施工图。
- 隧道施工图。
- 涵洞施工图。

10.1　道路、桥梁及隧洞施工图的基本知识

道路、桥梁及隧洞施工图采用的是《道路工程制图标准》(GB 50162—92)。下面按照该标准的要求分述道路、桥梁及隧洞施工图的有关规定。

10.1.1　图幅及图框

图幅及图框尺寸应分别符合表 10-1 和图 10-1 所示的规定。

表 10-1　　**图 幅 及 图 框 尺 寸**　　单位：mm

图幅代号 / 尺寸代号	A0	A1	A2	A3	A4
$b \times l$	841×1189	594×841	420×594	297×420	210×297
a	35	35	35	30	25
c	10	10	10	10	10

需要缩微后存档或复制的图纸，图框四边均应具有位于图幅长边、短边中点的对中标志（见图 10-1），并应在下图框线的外侧,绘制一段长 100mm 标尺，其分格为 10mm（见图 10-2)。对中标志的线宽宜采用大于或等于 0.5mm 的实线绘制，标尺线的线宽宜采用 0.25mm 的实线绘制。

图幅的短边不得加长。长边加长的长度，图幅 A0、A2、A4 应为 150mm 的整倍数，图幅 A1、A3 应为 210mm 的整倍数。

10.1.2　图标及会签栏

（1）图标应布置在图框内右下角（见图 10-1）。图标外框线线宽宜为 0.7mm，图标内分格线线宽宜为 0.25mm。

（2）图标应采用图 10-3 所示中的一种。

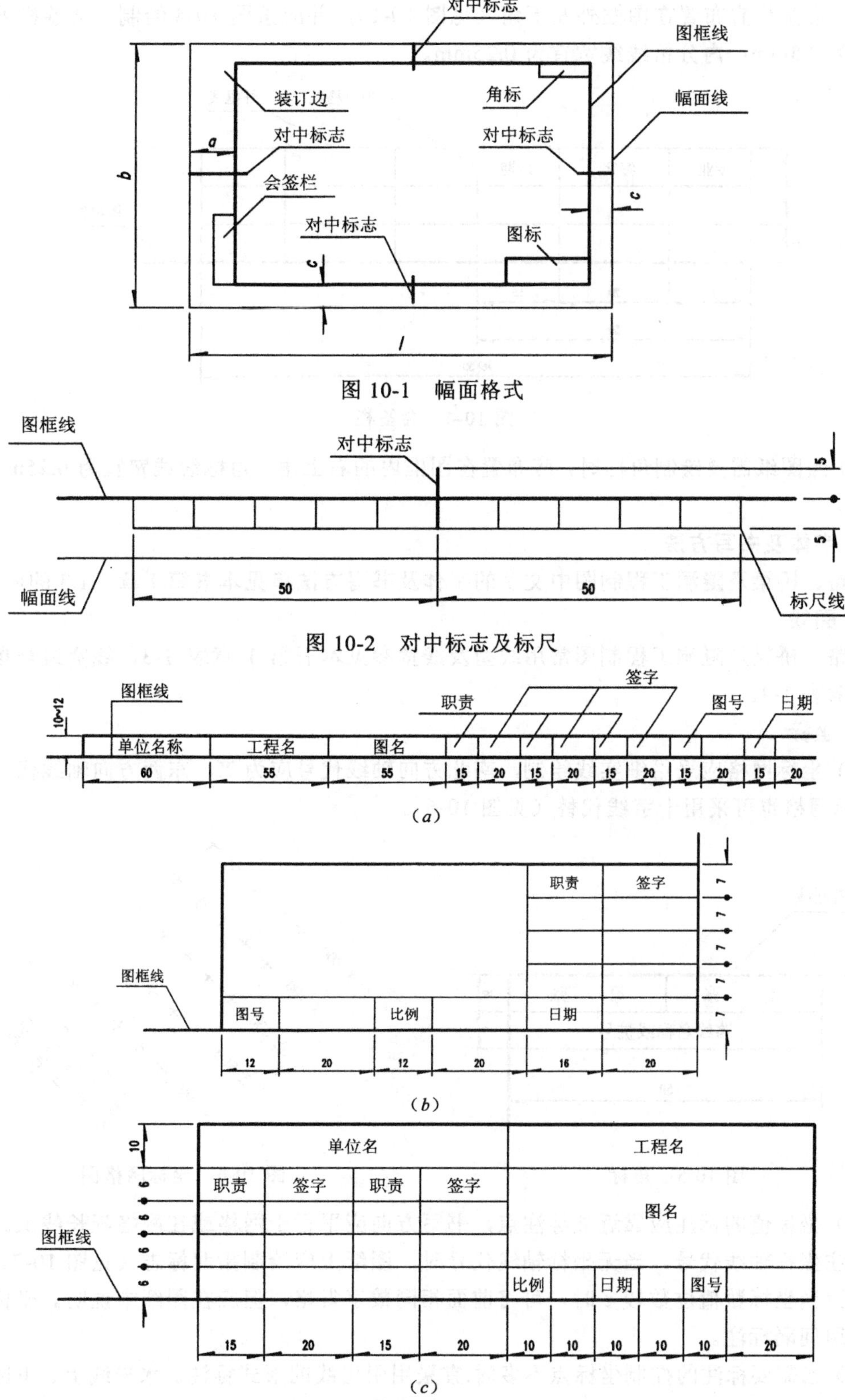

图 10-1　幅面格式

图 10-2　对中标志及标尺

（a）

（b）

（c）

图 10-3　图标

（3）会签栏宜布置在图框外左下角（见图 10-1），并应按图 10-4 绘制。会签栏外框线线宽宜为 0.5mm；内分格线线宽宜为 0.25mm。

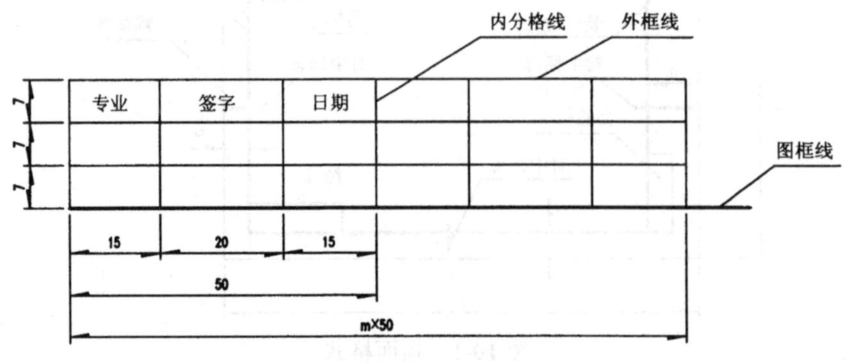

图 10-4 会签栏

（4）当图纸需要绘制角标时，应布置在图框内的右上角，角标线线宽宜为 0.25mm（见图 10-5）。

10.1.3 字体及书写方法

道路、桥梁及隧洞工程制图中文字的字体及书写方法参见本书第 1 章 1.1.3 的内容。

10.1.4 图线

道路、桥梁及隧洞工程制图常用线型及线宽参见本书第 1 章表 1-3，线宽组合参见本书第 1 章表 1-4。

10.1.5 坐标

（1）坐标网格应采用细实线绘制，南北方向轴线代号应为 X，东西方向轴线代号应为 Y。坐标网格也可采用十字线代替（见图 10-6）。

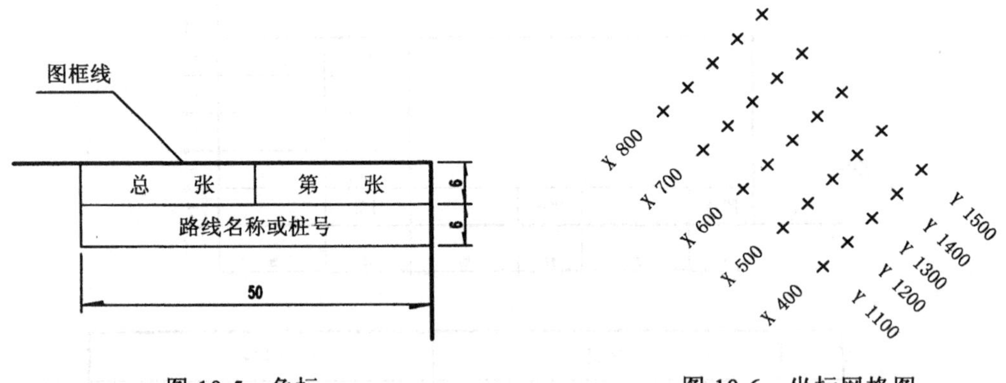

图 10-5 角标　　图 10-6 坐标网格图

（2）坐标值的标注应靠近被标注点，书写方向应平行于网格或在网格延长线上。数值前应标注坐标轴线代号。当无坐标轴线代号时，图纸上应绘制指北标志（见图 10-7）。

（3）当坐标数值位数较多时，可将前面相同数字省略，但应在图纸中说明。坐标数值也可采用间隔标注。

（4）当需要标注的控制坐标点不多时,宜采用引出线的形式标注。水平线上、下应分别标注 X 轴、Y 轴的代号及数值（见图 10-8）。当需要标注的控制坐标点较多时，图纸上可仅标注点的代号，坐标数值可在适当位置列表示出。坐标数值的计量单位应采用米（m），并精确至小数点后三位。

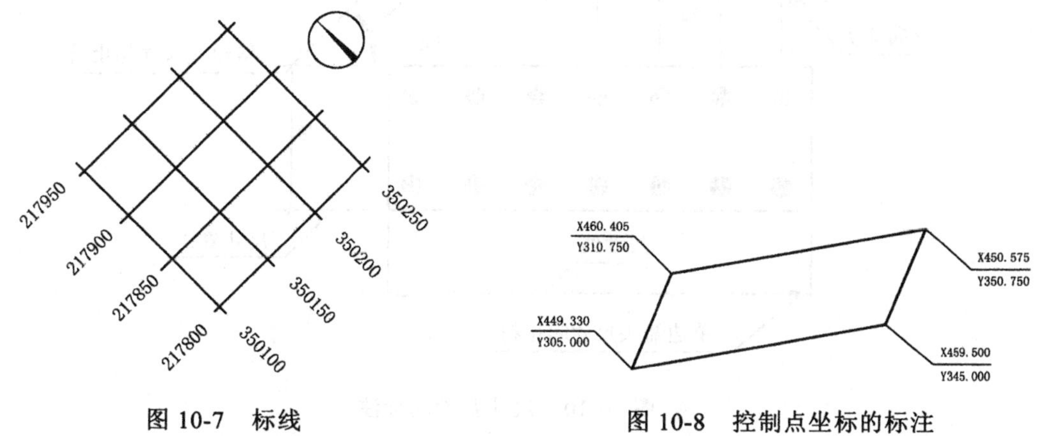

图 10-7　标线　　图 10-8　控制点坐标的标注

10.1.6　比例

（1）绘图的比例应为图形线性尺寸与相应实物实际尺寸之比。比例大小即为比值大小，如 1:50＞1:100。

（2）绘图比例的选择，应根据图面布置合理、匀称、美观的原则，按图形大小及图面复杂程度确定。

（3）比例应采用阿拉伯数字表示，宜标注在视图图名的右侧或下方，字高可为视图图名字高的 0.7 倍［见图 10-9（*a*）］。

当同一张图纸中的比例完全相同时，可在图标中注明，也可在图纸中适当位置采用标尺标注。当竖直方向与水平方向的比例不同时，可用 *V* 表示竖直方向比例，用 *H* 表示水平方向比例［见图 10-9（*b*）］。

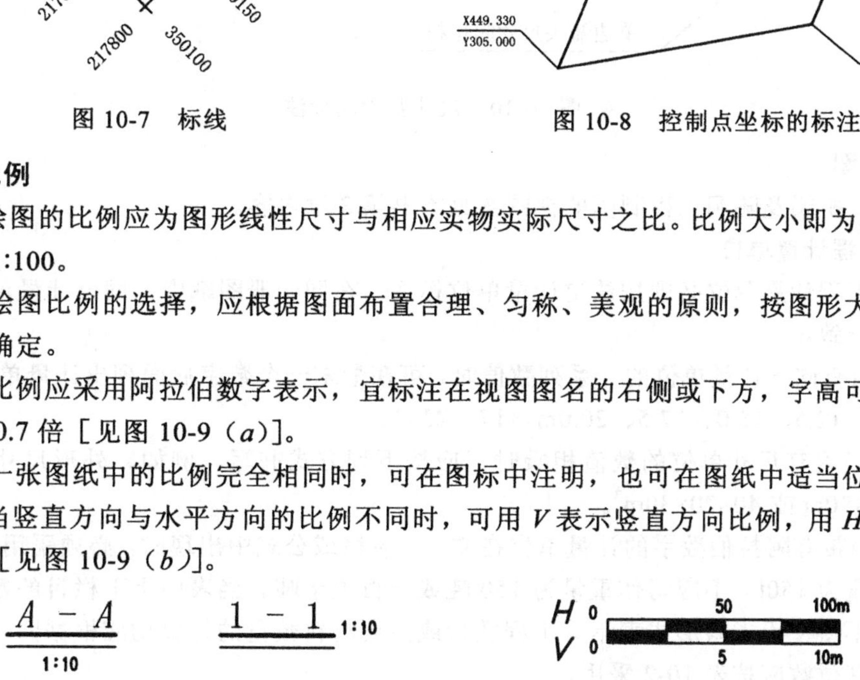

（*a*）　　（*b*）

图 10-9　比例的标注

10.1.7　尺寸标注

道路、桥梁及隧洞工程图与建筑施工图在尺寸标注上有所不同，主要体现在以下几点：

（1）尺寸界线与尺寸线均应采用细实线。尺寸起止符宜采用单边箭头表示，箭头在尺寸界线的右边时，应标注在尺寸线之上；反之，应标注在尺寸线之下。箭头大小可按绘图比例取值。

（2）尺寸起止符也可采用斜短划线表示。将尺寸界线按顺时针旋转 45°，作为斜短划线的倾斜方向。在连续表示的小尺寸中，也可在尺寸界线同一水平的位置，用黑圆点表示尺寸起止符。

（3）尺寸数字宜标注在尺寸线上方中部。当标注位置不足时，可采用反向箭头。最外边的尺寸数字可标注在尺寸界线外侧箭头的上方，中部相邻的尺寸数字可错开标注（见图 10-10）。

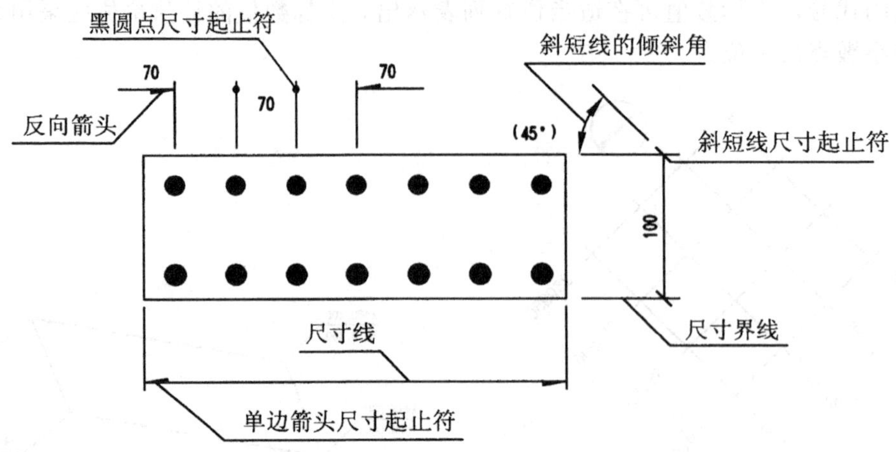

图 10-10 尺寸要素的标注

10.1.8 视图

道路、桥梁及隧洞工程制图的视图参见本书第 3 章内容。

10.1.9 工程计量单位

（1）工程计量单位必须按法定计量单位标注。在同一册图纸中，同一计量单位的名称与符号应一致。

（2）当有同一计量单位的一系列数值时，可在最末一个数字后面列出计量单位，例如，7.5、10.0、12.5、15.0、17.5、20.0m，17～23℃。

（3）当附有尺寸单位的数值相乘时，应按下列方式书写，例如，外形尺寸 $L \times b \times h$：40m×20m×30m 或 $40 \times 20 \times 30 \text{m}^3$。

（4）当带有阿拉伯数字的计量单位在文字、表格或公式中出现时，必须采用符号表示，例如，重量为 150t，不应写作重量为 150 吨或一百五十吨。当表中上下栏目的数值或文字相同时，不得使用省略形式表示。工程数量或主要材料数量的计算均应根据四舍五入的原则处理，其位数应按表 10-2 采用。

表 10-2 数量的取用位数

工程材料 项 目	单 位	取用位数	
		明细表	部分汇总表
混凝土	m^3	小数点后两位	小数点后一位
石方、土方	m^3	整数位	整数位
钢筋长度	m	小数点后两位	小数点后一位
钢筋重量	kg	小数点后一位	整数位
型钢、铁件等的重量	kg	小数点后一位	整数位
预应力筋长度	m	小数点后一位	整数位
预应力筋重量	kg	小数点后一位	整数位

续表

工程材料 项　目	单　位	取　用　位　数	
		明细表	部分汇总表
木材	m^3	小数点后两位	小数点后一位
模板	m^2	小数点后一位	整数位
防水层	m^2	整数位	整数位
勾缝面积	m^2	整数位	整数位
石灰土、砂	m^3	整数位	整数位
生石灰	t	小数点后两位	小数点后一位
石油沥青	t	小数点后两位	小数点后一位

注　总表取用位数均采用整数位，但总表中的重量单位均以吨计。

（5）图纸中的单位，标高以米计；里程以千米（或公里）计；百米桩以百米计；钢筋直径及钢结构尺寸以毫米计，其余均以厘米计。当不按以上要求采用时，应在图纸中予以说明。

10.1.10　图纸编排

（1）工程图纸应按封面、扉页、目录、说明、材料总数量、工程位置平面图、主体工程和次要工程等顺序排列。

（2）扉页应绘制图框，各级负责人签署区应位于图幅上部或左部；参加项目的主要成员签署区、设计单位等级、设计单位证书号,应位于图幅的下部或右部，排列应力求匀称。

（3）图纸目录应绘制图框，目录本身不应编入图号与页号。

10.2　道 路 施 工 图

道路是一个三维空间的结构物，它的中线是一条空间曲线。中线在水平面上的投影称为路线的平面。沿着中线竖向剖切，再行展开就成为纵断面。中线各点的法向切面是横断面。道路的平面、纵断面和横断面是道路几何线形的基本组成部分。本节将对这几种图的画法分别加以介绍。

10.2.1　道路路线平面图

10.2.1.1　道路路线平面图示例

道路路线平面图的作用是表达路线的方向、平面线型以及沿线两侧一定范围内的地形、地物情况。

图 10-11 为某公路 K1+980～K3+180 段的路线平面图。

10.2.1.2　道路路线平面图画法

下面介绍道路路线平面图的绘制步骤及绘制方法。

1. 比例

根据地形起伏情况的不同，道路路线平面图采用不同的比例，通常在城镇区为 1:500 或 1:1000，山岭区为 1:2000，丘陵区和平原区为 1:5000 或 1:10000。图 10-11 所示地形为平

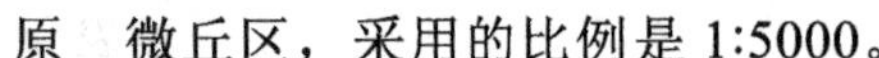
原 微丘区，采用的比例是 1:5000。

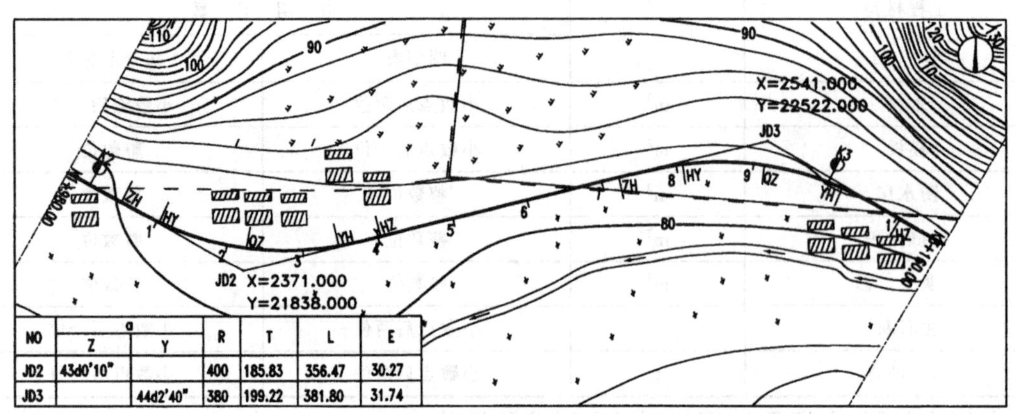

NO	α Z	α Y	R	T	L	E
JD2	43d0'10"		400	185.83	356.47	30.27
JD3		44d2'40"	380	199.22	381.80	31.74

图 10-11 某公路 K1+980～K3+180 段的路线平面图

2. 指北针

为了表示地区的方位和路线的走向，地形图上需画出指北针，一般画在地形图的右上角部位。

3. 等高线

等高线宜用细实线表示，每隔四条细实线绘制一条中粗实线，并标有相应的高程数字。图 10-11 中每两根等高线之间的高差为 2m。

4. 地物、地貌

在道路路线平面图中，地形上的地貌、地物，如河流、房屋及道路等，按规定图例绘制，如表 10-3 所示。

表 10-3 **地物及地貌平面图例**

序号	名称	图例	序号	名称	图例
1	房屋		6	旱田	
2	涵洞		7	小路	
3	水稻		8	河流	
4	大车路		9	梨	
5	桥梁				

5. 导线、交点

画出导线，定出交点。交点表示道路的转弯处，并给交点编号。如图 10-11 所示，JD2

表示第 2 号交点。导线采用细实线绘制。

6. 设计路线

依据导线走向，画出设计路线，路线的平面线型有直线型和曲线型。在路线的转折处应设平曲线。平曲线一般由圆与缓和曲线组成。缓和曲线宜采用样条曲线绘制，设计路线均采用加粗的粗实线绘制。

7. 里程桩号

道路路线长度用里程桩号表示。里程桩号的标注应在道路中线上从路线起点至终点，按从小到大、从左到右的顺序排列。公里桩宜标注在路线前进方向的左侧，用符号“◐”表示，公里数注写在公里桩符号的上方，例如 K2 表示距离起点 2km；百米桩宜标注在路线前进方向的右侧，用垂直于路线的短线表示，数字写在短细线端部，字头朝向上方，如图 10-11 所示。

8. 平曲线标注

在设置了缓和曲线后，整个平曲线上有五个主点桩，其分别表述如下：

ZH——第一段缓和曲线起点（直缓点）。

HY——第一段缓和曲线终点（缓圆点）。

QZ——平曲线的中点（曲中点）。

YH——第二段缓和曲线的终点（圆缓点）。

HZ——第二段缓和曲线的起点（缓直点）。

在图纸的适当位置，应列表标注平曲线要素，例如交点编号、交点位置、圆曲线半径、缓和曲线长度、切线长度、曲线总长度、外距等。

如图 10-11 所示，α 为偏角（α_z 为左偏角，α_y 为右偏角），它是沿路线前进方向向左或向右偏转的角度。该图中 R 为圆曲线半径，T 为切线长，E 为外距，L 为曲线长。

10.2.2　道路路线纵断面图

10.2.2.1　道路路线纵断面图示例

道路路线纵断面图反映了路线纵坡的变化、路中线位置地面的起伏、设计线与原地面的高差等情况，它与路线平面、道路横断面结合起来，可以完整地表达出路线作为空间曲线的立体线型效果。

图 10-12 为某公路 K1+980～K3+180 段的路线纵断面图。

10.2.2.2　道路路线纵断面图画法

下面介绍道路路线纵断面图的绘制步骤及绘制方法。

1. 纵断面图布局

纵断面的图样应布置在图幅上部，测设数据应采用表格形式布置在图幅下部，高程标尺应布置在测设数据表的上方左侧，如图 10-12 所示。

2. 比例

纵断面的坐标采用直角坐标。以横坐标表示水平距离，即路线里程，其比例尺与平面图比例尺一致；纵坐标表示高程。一般横、纵坐标比例尺之比为 1:10。图 10-12 中横坐标比例尺采用 1:5000，纵坐标比例尺采用 1:500。

3. 地面线

沿着横坐标方向从左向右在数据表中标出里程桩号及相应地面高程，计算出桩号间距，并用细实线在图样中绘出地面线。

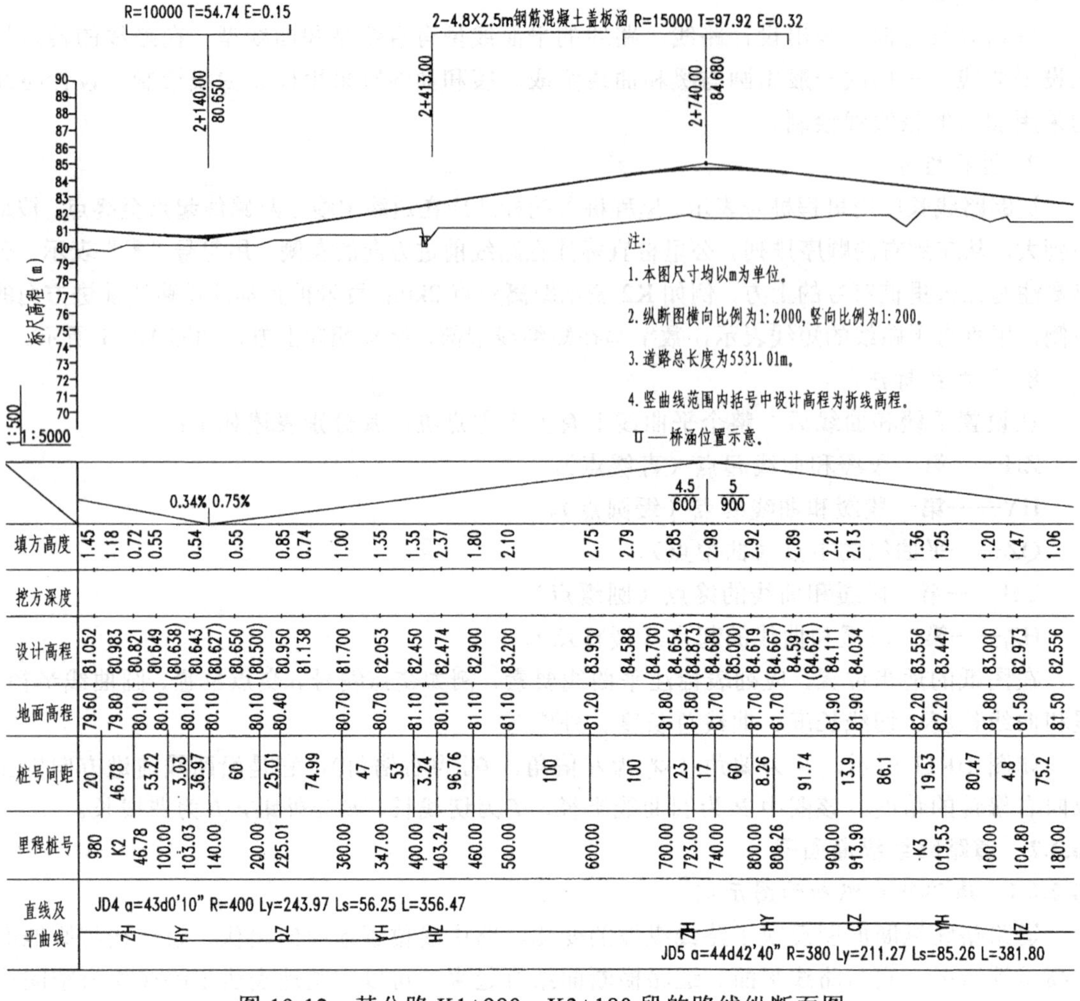

图 10-12 某公路 K1+980～K3+180 段的路线纵断面图

4. 直线及平曲线

用中粗实线在数据表中画出直线及平曲线，以便在进行竖曲线设计时考虑平纵协调性，获得视觉舒适、诱导效果良好的空间曲线。

5. 设计线

设计线由直线和竖曲线组成。在道路路线纵断面图中，道路的设计线用粗实线表示。

在设计线的纵向坡度变更处，应按《公路工程技术标准》（JTG B01—2003）的规定设置竖曲线，以利于汽车行驶。相邻坡度线的交点为变坡点。竖曲线可选用圆曲线和抛物线两种形式，一般采用抛物线，可以用样条曲线绘制。

竖曲线分为凸曲线和凹曲线两种，分别用“⊓”和“⊥”符号表示，并在其上标注竖曲线的半径 R、切线长 T 和外矢距 E。图 10-12 中分别设置了一个凹形竖曲线和凸形竖曲线。

6. 工程构筑物

道路沿线的工程构筑物（如桥梁、涵洞等），应在设计线的上方或下方用竖直引出线标注，竖直引出线应对准构筑物的中心位置，并注出构筑物的名称、规格和里程桩号。例如，在涵洞中心位置用“ ”表示，并进行标注。

7. 设计高程

从图中读出各桩号点以及变坡点的设计高程，填入测设数据表中。如图 10-12 所示，2+140.00 为里程桩号，80.650 为高程，0.34%与 0.75%为纵面坡度，4.5 为相邻变坡点的高差，600 为相邻变坡点的坡长，数据表中设计高程一栏中带括号的数据为折线高程。

8. 坡度、坡长

相邻变坡点之间的距离为坡长，将相邻变坡点的高差与对应的坡长相比，得到设计线各段的纵向坡度，填入数据表中。表格中的对角线表示坡度方向，左下至右上表示上坡，左上至右下表示下坡，坡度和距离分注在对角线的上下两侧，如图 10-12 所示。

9. 填高、挖深

比较设计线与地面线的相对位置，得出填方高度和挖方深度，填入测设数据表中。

10.2.3　道路路基横断面图

10.2.3.1　道路路基横断面图示例

道路路基横断面由行车道、路肩、中间带、边沟、边坡及护坡道等部分组成，反映了路基的形状和尺寸。

图 10-13 为取自某公路 K1+980～K3+180 段的三个路基横断面图。

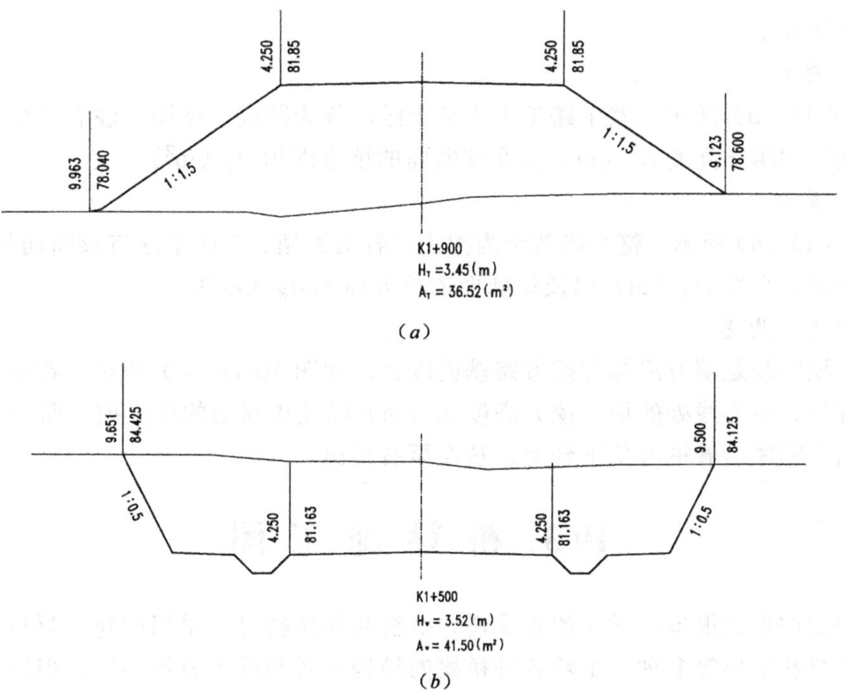

图 10-13　路基横断面图（一）

（*a*）填方路基；（*b*）挖方路堑

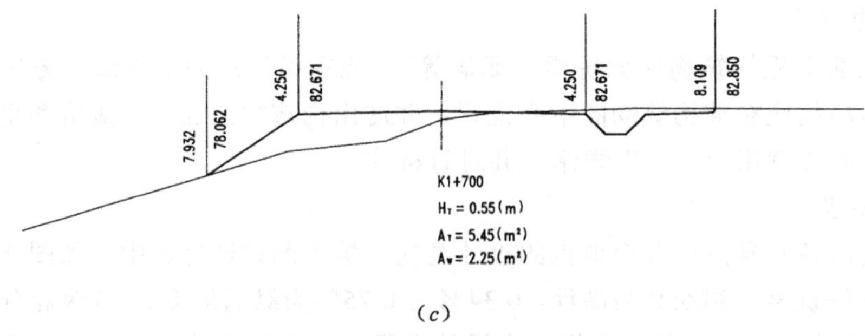

(c)

图 10-13 路基横断面图（二）

（c）半填半挖路基

如图 10-13（a）所示，4.250 为离路中线距离，81.85 为高程，1:1.5 为边坡坡度，K1+900 为里程桩号，H_T为中心线处填方高度，A_T为该断面的填方面积。

如图 10-13（b）所示，1:0.5 为边坡坡度，H_W为挖方高度，A_W为挖方面积。

如图 10-13（c）所示，A_T为填方面积，A_W为挖方面积。

10.2.3.2 道路路基横断面图画法

下面介绍道路路基横断面图的绘制方法。

1. 比例尺

横断面图的比例一般为 1:200、1:100 或 1:50。图 10-13 采用 1:200。

2. 线型

路中线、路肩线、边坡线和护坡线用粗实线表示，原有地面线用细实线表示，路中心线用细点划线表示。

3. 填方路基

如图 10-13（a）所示，整个路基全为填土区，称为路堤。在图下注有该断面的里程桩号、中心线处的填方高度 H_T（m）以及该断面的填方面积 A_T（m^2）。

4. 挖方路基

如图 10-13（b）所示，整个路基全为挖土区称为路堑。在图下注有该断面的里程桩号、中心线处的挖方高度 H_W（m）以及该断面的挖方面积 A_W（m^2）。

5. 半填半挖路基

半填半挖路基是填方路基与挖方路基的综合，如图 10-13（c）所示。在图下注有该断面的里程桩号、中心线处的填（挖）高度 H（m）以及该断面的填（挖）面积 A_T和 A_W。路基断面图应顺序沿着桩号从下到上、从左至右画出。

10.3 桥梁施工图

桥梁的结构形式很多，常见的有梁桥、拱桥和斜拉桥等，采用的建筑材料有砖、石、混凝土、钢料和木料等多种。虽然各种桥梁的结构形式和建筑材料不同，但图示方法基本相同，一般可以分为桥位平面图、桥位地质纵断面图、桥型布置图、构造图和大样图等几种。桥位平面图主要表明桥梁和路线连接的平面位置，以及与地形、地物的相互关系，其画法与路线平面图相同，只是所用比例较大。桥位地质纵断面图是根据水文调查和钻探所得的地质、水文资料，绘制桥位所在河床位置的地质断面图，表示桥梁所在位置的地质、水文情况，作为桥梁设计的依据。桥型布置图和构造图是指导桥梁施工的最主要图样，下面将对其进行详细介绍。

10.3.1　桥型布置图

10.3.1.1　桥型布置图示例

桥型布置图一般由立面图、平面图和剖面图组成；主要表达桥梁的结构形式、跨径、孔数、总体尺寸以及各主要构件的相互关系，桥梁各部分的标高、材料、数量以及总的技术说明等，作为施工时确定墩台位置、安装构件和控制标高的依据。

图 10-14 为某连续梁桥的桥型布置图。

10.3.1.2　桥型布置图画法

下面介绍桥型布置图的绘制方法。

1. 立面图

桥梁立面图主要表明桥台、桥墩及桩等主要部分的外观视图，是垂直于桥梁行车方向得到的桥梁平视图。

（1）比例：一般为 1:200～1:2000，图 10-14 中的立面图采用 1:1200。

（2）路基地面线：根据现场测量数据，画出路基中心地面线、路基左侧地面线和路基右侧地面线，用细实线绘制并在线中折断分别加以标注。

（3）水位标高：标出设计水位高程（即百年洪水位）和一般（局部）冲刷线，用倒三角形和细实线标出。

（4）河床断面：画出河床的断面形状，用不同阴影线表示不同的地质材料，并在不同地质材料交界面处标出高程和材料名称。

（5）桥墩、桥台：根据设计资料，用粗虚线绘制桥墩、桥墩桩基、桥墩承台及桥台桩基，用粗实线绘制墩柱及桥台，用细点划线绘制中心线，并标注各个顶面、底面的标高，以便读出桩和桥台基础的埋置深度。如果混凝土桩埋置深度较大，为了节省图幅，也可以连同地质资料一起采用折断画法。

（6）箱梁、护栏：根据设计资料，用粗实线绘制箱梁、护栏和路面轮廓线。

（7）里程桩：在桥梁的起点、中点和终点位置标上里程桩号，以便读图和施工放样，并标出桥梁在路线中的指示方向。

（8）尺寸标注：对桥梁的上部结构和下部结构的长度进行标注。

（9）横剖面位置：标出横剖面的剖切位置。

2. 平面图

桥梁平面图是从上向下投影得到的桥面俯视图。

（1）比例。一般为 1:200～1:2000，图 10-14 中的平面图采用 1:1200。

（2）里程桩：在立面图的正下方，画出桥梁平面图的中心线，用细点划线绘出，并标出公里桩和百米桩。

（3）行车道：根据设计资料，按着桥面行车道的设计宽度，绘出桥面轮廓线。

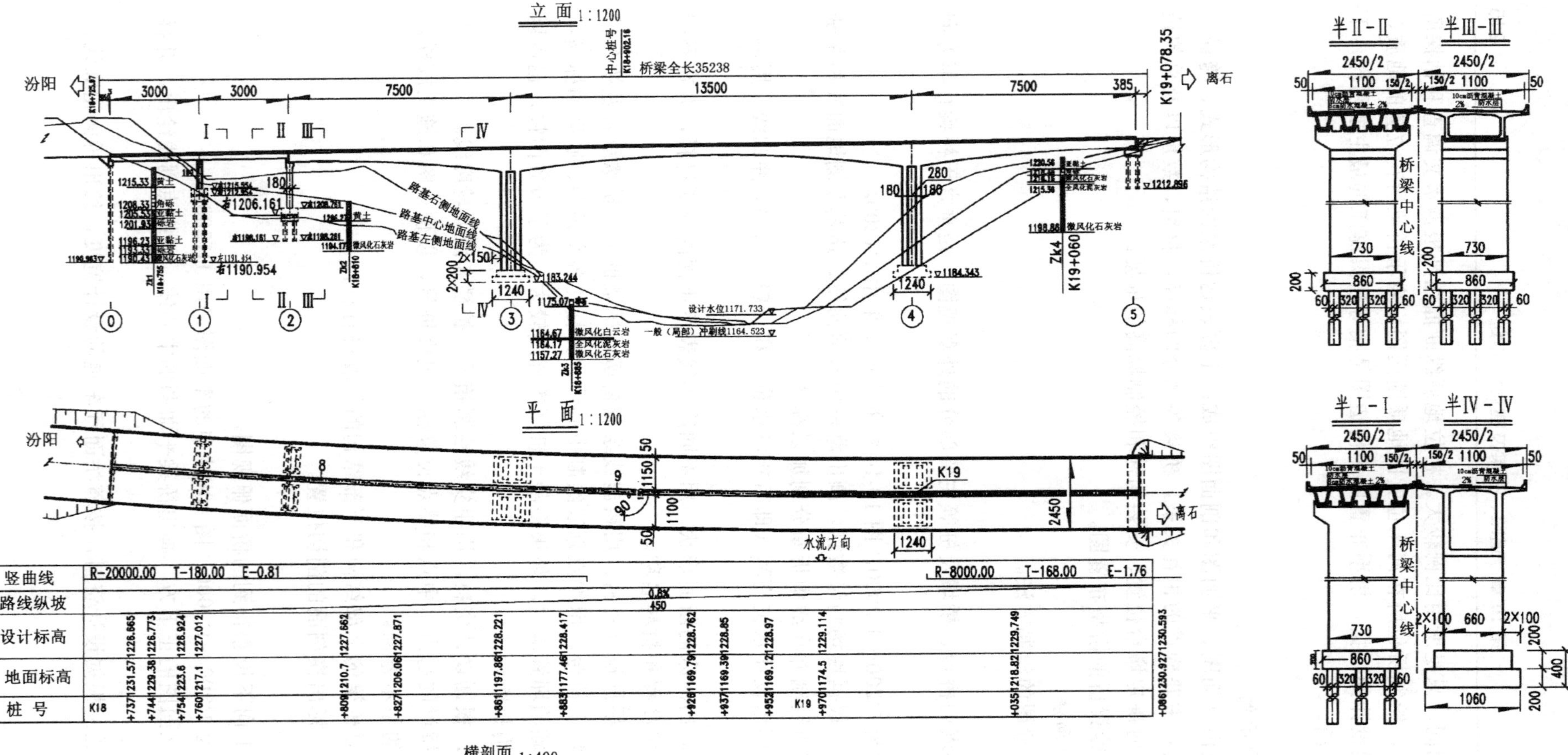

注：

1. 本图尺寸标高、桩号以米(m)计，余均以厘米（cm）计。
2. 设计标准：
   桥面宽度 2X净-11m
   车辆荷载 汽车-超20级、挂车-120
   地震基本烈度 7度
   洪水频率 1/100
3. 本桥范围为平曲线为圆曲线+直线，圆曲线半径为3268.12m；在桥长范围内路线竖曲线为圆曲线+直线+圆曲线，直线段纵坡为0.8%。
4. 本桥桥梁全长352.38m。上部采用一联2×30m预应力混凝土先简后连箱梁+连续刚构。下部桥墩采用薄壁墩、钻孔灌注桩基础、扩大基础；桥台采用桩柱式台，钻孔灌注桩基础。

图 10-14　某连续梁桥的桥型布置图

（4）桥墩、桥台：根据设计资料，用粗虚线绘制桥墩、桥台以及桩基的平面位置。

（5）锥坡、边坡：根据设计资料，用细实线在桥梁的端部绘制桥台锥坡和边坡。

（6）尺寸标注：在平面图中标注桥面的宽度、行车道的宽度以及墩台的宽度，并标出桥梁平面纵轴线与桥台平面支撑轴线的夹角。此外，还应标出桥梁在路线中的指示方向以及水流方向。

3. 横剖面图

桥梁横剖面图是沿着垂直于行车方向剖切桥梁而得到的横断面图。

（1）比例：一般采用比立面图和平面图放大的比例画出，以便更清楚地表达横剖面图。图 10-14 中的横剖面图采用 1:400 的比例。

（2）轮廓线：根据设计资料，画出Ⅰ—Ⅰ剖面的左半部和Ⅱ—Ⅱ剖面的右半部的梁、墩及基础的轮廓线，用粗实线绘出。墩及基础可以采用折断画法。图 10-14 中的横剖面图是采用Ⅰ—Ⅰ剖面的左半部和Ⅱ—Ⅱ剖面的右半部拼合而成的，中间采用中心线隔开，用细点划线绘制中心线。

（3）尺寸标注：对桥梁横剖面图进行尺寸标注。

10.3.2　桥梁构造图

桥梁构造图分为一般构造图和钢筋构造图，下面将对主要桥梁构件的一般构造图和钢筋构造图的画法分别进行介绍。

10.3.2.1　T 梁一般构造图

1. T 梁一般构造图示例

T 梁一般构造图包括 T 梁立面图、T 梁平面图和 T 梁横剖面图。

图 10-15 为 T 梁一般构造图。

2. T 梁一般构造图画法

下面介绍 T 梁一般构造图的绘制方法。

（1）T 梁立面图：T 梁立面图是垂直于桥梁行车方向得到的 T 梁平视图。

1）比例：T 梁立面图的比例为 1:50～1:200，图 10-15 中的立面图采用 1:100。

2）侧面轮廓线：根据 T 梁设计尺寸，画出 T 梁侧面轮廓线，包括 T 梁的边线、桥面连续预留槽、现浇封锚端，用粗实线绘制。现浇封锚端、翼缘、深肋用阴影线填充。

3）中心线：T 梁中部画出跨径中心线、在 T 梁端部画出与座中心线及理论跨径中心线，采用细点划线绘制。

4）尺寸标注：对 T 梁立面图进行尺寸标注。

（2）T 梁平面图：在 T 梁立面图的正下方，画出 T 梁平面图（包括顶平面图、底平面图）。

1）比例：T 梁平面图的比例大小与 T 梁立面图相同。

2）中心线：画出 T 梁跨径中心线、理论跨径中心线及端横隔梁中心线、边梁梁肋中心线以及中梁梁肋中心线。

3）轮廓线：根据 T 梁的平面设计尺寸，画出 T 梁轮廓线、桥面连续预留槽、翼缘板现浇段的平面位置，用粗实线绘制；顶平面图中梁肋边线用虚线绘制。

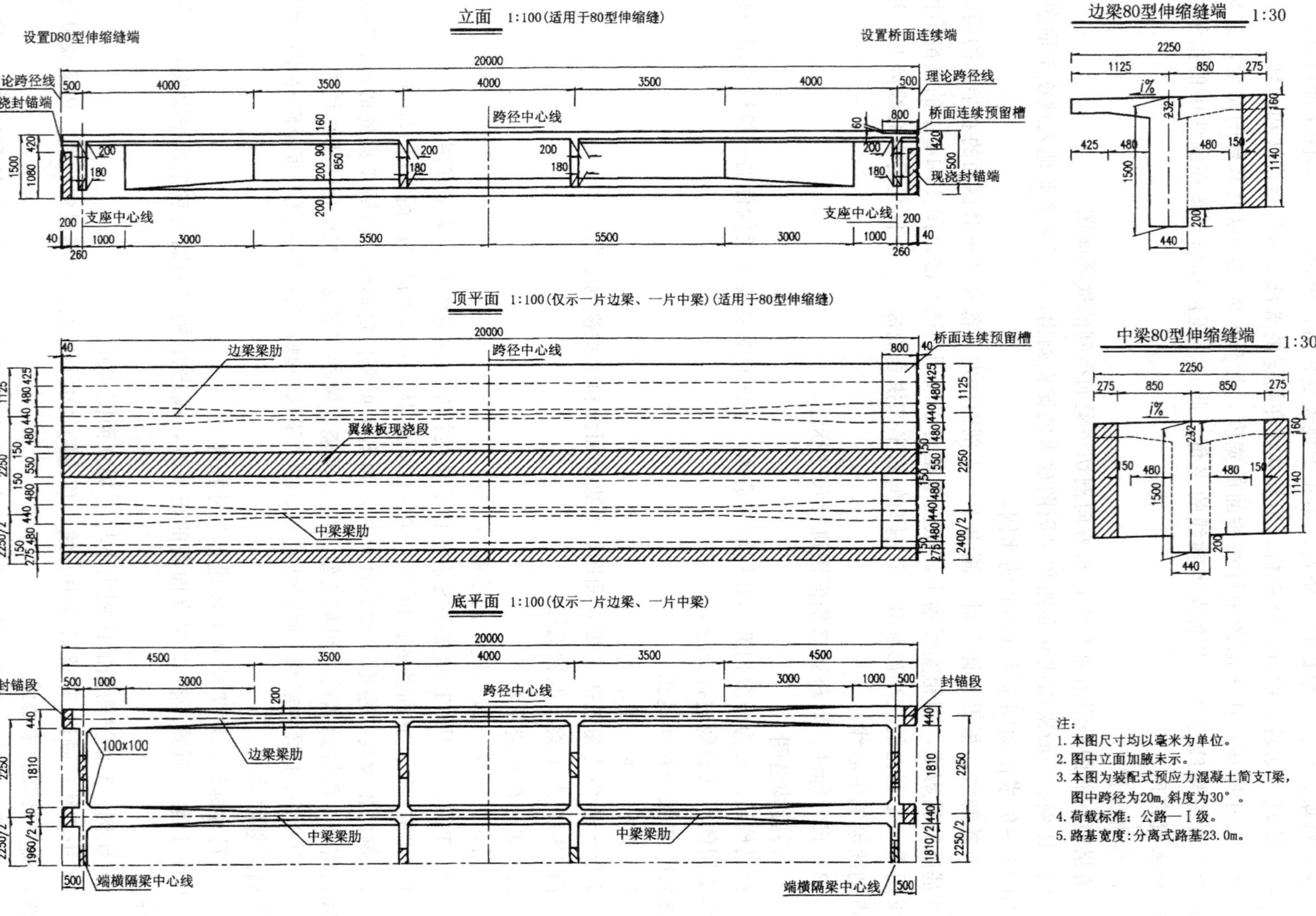

图 10-15 T梁一般构造图

4）尺寸标注：对 T 梁平面图进行尺寸标注，并标注出支座中心的位置，用两条相互平行且垂直于支座中心线的细实线绘制。

（3）T梁横剖面图：画出T梁横剖面图。

1）比例：T梁横剖面图的比例为1:5～1:50。

2）中心线：画出T梁横剖面的中心线，用细点划线绘制。

3）轮廓线：根据T梁设计尺寸，画出T梁横剖面的轮廓线，用粗实线绘制。

4）尺寸标注：对T梁横剖面图进行尺寸标注。

10.3.2.2　桥墩一般构造图

1. 桥墩一般构造图示例

桥墩一般是由墩帽、墩柱和基桩组成的，桥墩一般构造图包括桥墩立面图、桥墩平面图和桥墩侧面图。

图 10-16 为桥墩一般构造图。

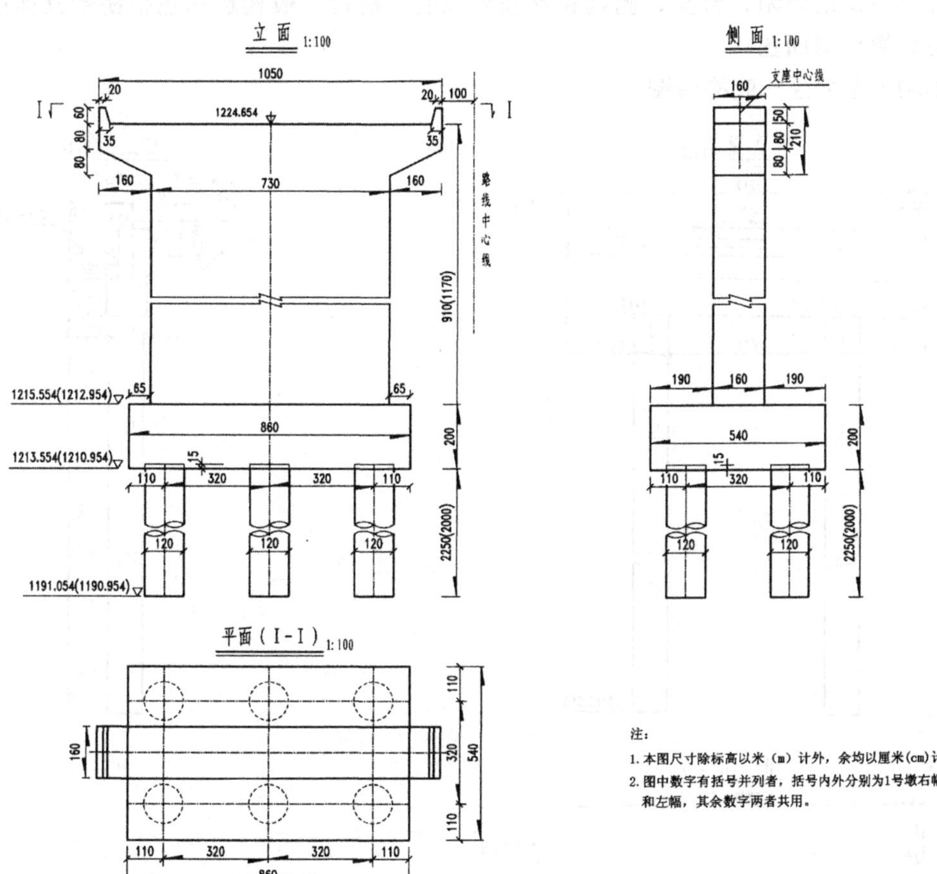

图 10-16　桥墩一般构造图

2. 桥墩一般构造图画法

下面介绍桥墩一般构造图的绘制方法。

（1）比例：桥墩一般构造图的比例为 1:50～1:200，图 10-16 采用 1:100。

（2）立面图：根据桥墩设计资料，画出桥墩立面轮廓线，包括墩帽、墩身、侧墙和桩基，桩基可以画折断线，用粗实线绘制。路线中心线用细点划线绘制。沿着路线中心线，桥墩立面图可以只绘出一半，图 10-16 仅绘出半跨桥墩。最后进行尺寸标注，并在桥墩立面图中标示出桩底和桩顶的标高位置。

（3）平面图：根据桥墩设计资料，画出桥墩平面轮廓线，用粗实线绘制；用虚线画出桩基的位置；路线中心线用细点划线绘制。沿着路线中心线，桥墩平面图可以只绘出一半，图 10-16 仅绘出半跨桥墩。最后进行尺寸标注。

（4）侧面图：根据桥墩设计资料，画出桥墩侧面轮廓线，包括墩帽、墩身、侧墙和桩基，桩基可以画折断线，用粗实线绘制。最后进行尺寸标注，并标示出帽顶支座中心线。

10.3.2.3 桥台一般构造图

1. 桥台一般构造图示例

桥台一般是由台帽、台身、侧墙和桩基组成的。桥台一般构造图包括桥台立面图、桥台平面图和桥台侧面图。

图 10-17 为桥台一般构造图。

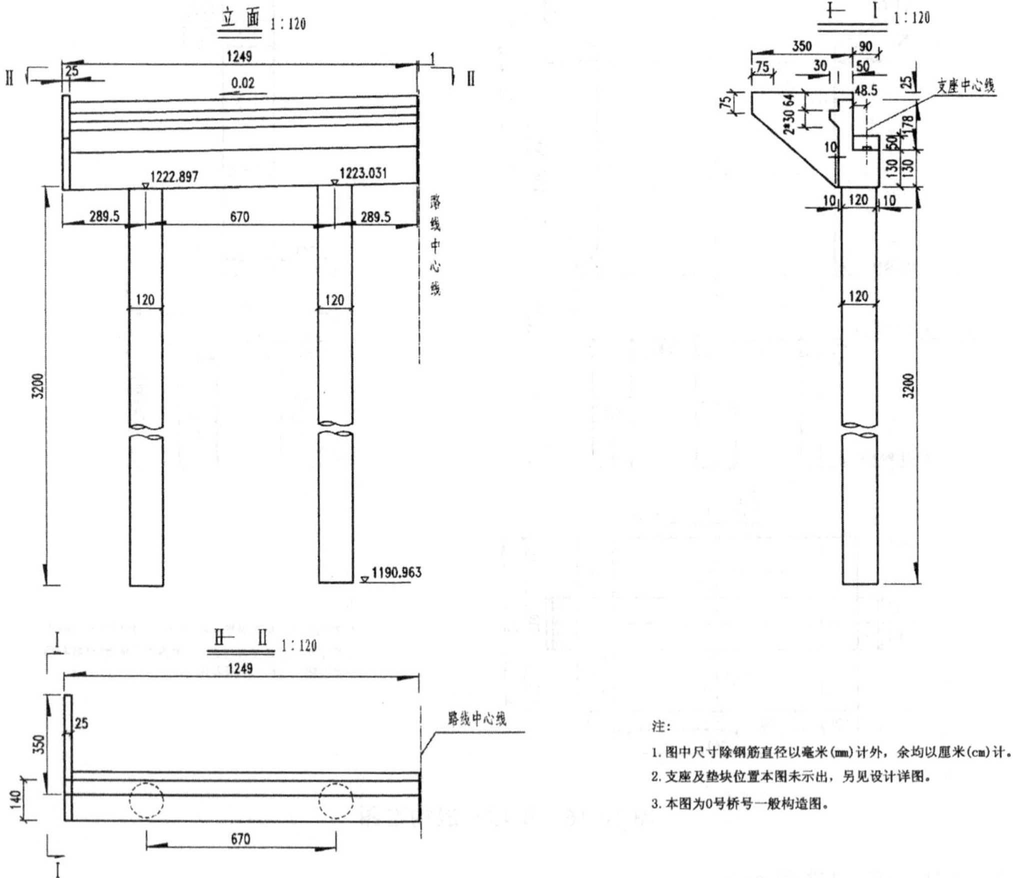

图 10-17 桥台一般构造图

2. 桥台一般构造图画法

下面介绍桥台一般构造图的绘制方法。

桥台一般构造图的比例为 1:50～1:200，图 10-17 采用 1:120。

桥台一般构造图的绘制基本与桥墩一般构造图的绘制相同，这里不再赘述。

10.3.2.4　桥梁钢筋构造图

1. 桥梁钢筋构造图示例

图 10-18 为箱梁钢筋构造图。箱梁钢筋构造图包括箱梁立面图、箱梁平面图及钢筋详图。图 10-18 中，①～④为主筋，⑨～⑬为构造筋。

图 10-19 为桥墩钢筋构造图。桥墩钢筋构造图包括桥台立面图、桥墩断面图及钢筋详图。图 10-19 中，①为主筋，其他为构造筋。

图 10-20 为桥台钢筋构造图。桥台钢筋构造图包括桥台立面图、桥台断面图及钢筋详图。图 10-20 中，①为主筋，其他为构造筋。

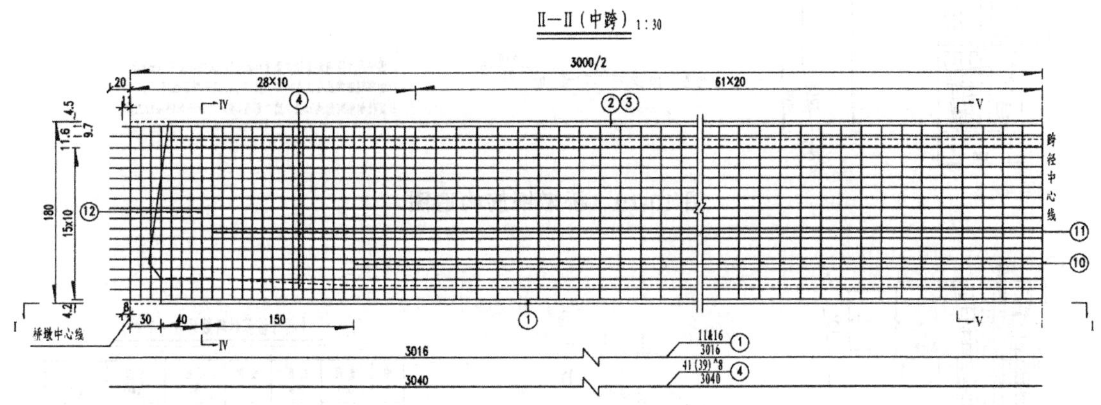

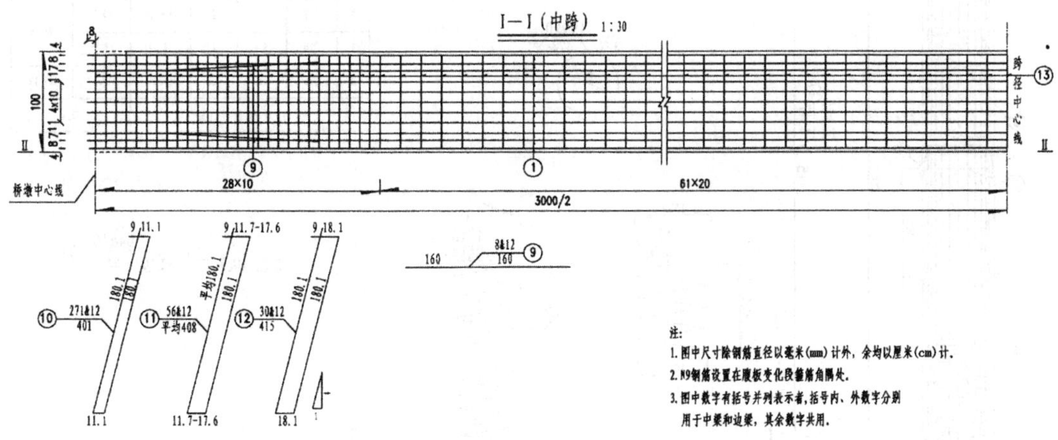

图 10-18　箱梁钢筋构造图

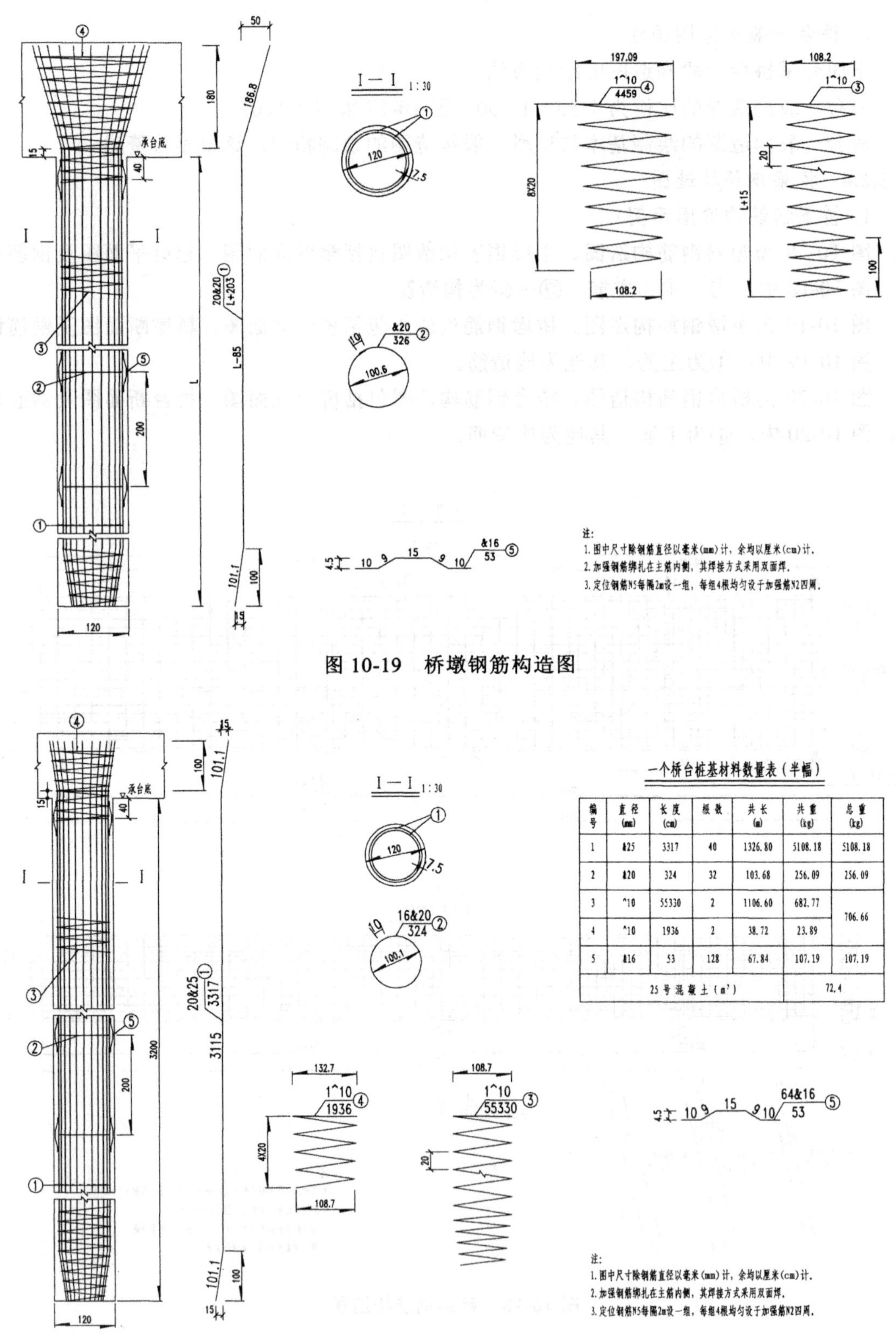

注:
1. 图中尺寸除钢筋直径以毫米(mm)计，余均以厘米(cm)计。
2. 加强钢筋绑扎在主筋内侧，其焊接方式采用双面焊。
3. 定位钢筋N5每隔2m设一组，每组4根均匀设于加强筋N2四周。

编号	直径 (mm)	长度 (cm)	根数	共长 (m)	共重 (kg)	总重 (kg)
1	&25	3317	40	1326.80	5108.18	5108.18
2	&20	324	32	103.68	256.09	256.09
3	^10	55330	2	1106.60	682.77	706.66
4	^10	1936	2	38.72	23.89	
5	&16	53	128	67.84	107.19	107.19
25号混凝土(m^3)					72.4	

图 10-19 桥墩钢筋构造图

图 10-20 桥台钢筋构造图

2. 钢筋构造图画法

下面介绍钢筋构造图的绘制方法。

（1）比例：钢筋构造图的比例一般为 1:5～1:50。

（2）轮廓线：画出混凝土边界线，用细实线绘制。

（3）钢筋：根据构件钢筋的设计要求，画出钢筋构造图，用粗实线或者实心黑圆点绘制。

（4）折断线：采用细实线绘制。

（5）指示线：采用细实线绘制。

（6）尺寸、数量标注：标注钢筋的数量、直径、长度、间距及编号。编号应采用阿拉伯数字表示。当给钢筋编号时，宜先编主筋，后编构造筋。编号宜标注在引出线右侧的圆圈内，圆圈内的直径为 4～8mm。编号也可标注在钢筋断面图对应的方格内。将冠以 N 字的编号标注在钢筋的侧面，根数应标注在 N 字之前。

10.4 隧道施工图

隧道是道路穿越山岭的建筑物，它虽然形体很长，但中间断面形状很少变化，所以隧道工程图除了用平面图表示它的位置外，它的构造图主要用隧道洞门图、横断面图（表示洞身形状和衬砌）及避车洞图等来表达。隧道的平面图及构造图的画法类同于桥型布置图和桥梁主要构件的构造图的画法，这里不再赘述，本节主要介绍隧道施工图的画法。

10.4.1 隧道施工图示例

隧道施工图主要包括围岩施工方案设计图、中隔墙工字钢设计图以及工字钢大样图。

图 10-21 为某隧道施工图。

10.4.2 隧道施工图画法

下面介绍隧道施工图的绘制方法。

1. 围岩施工方案设计图

图 10-21 给出了某隧道洞口浅埋段Ⅱ类围岩施工方案设计图。围岩施工方案设计图的比例一般为 1:5～1:200，该图采用 1:100。中心线采用细点划线绘制，工字钢及围岩衬砌采用粗实线绘制，锚杆采用加粗实线绘制，半径等用细实线绘制；此外，要对尺寸进行标注，对施工图配以文字说明。

2. 中隔墙工字钢设计图

中隔墙工字钢设计图的比例一般为 1:5～1:200，图 10-21 中采用 1:100。其绘制方法同围岩施工方案设计图。

3. 工字钢大样图

工字钢大样图的比例一般为 1:5～1:200，图 10-21 中采用 1:10。其绘制方法同围岩施工方案设计图。

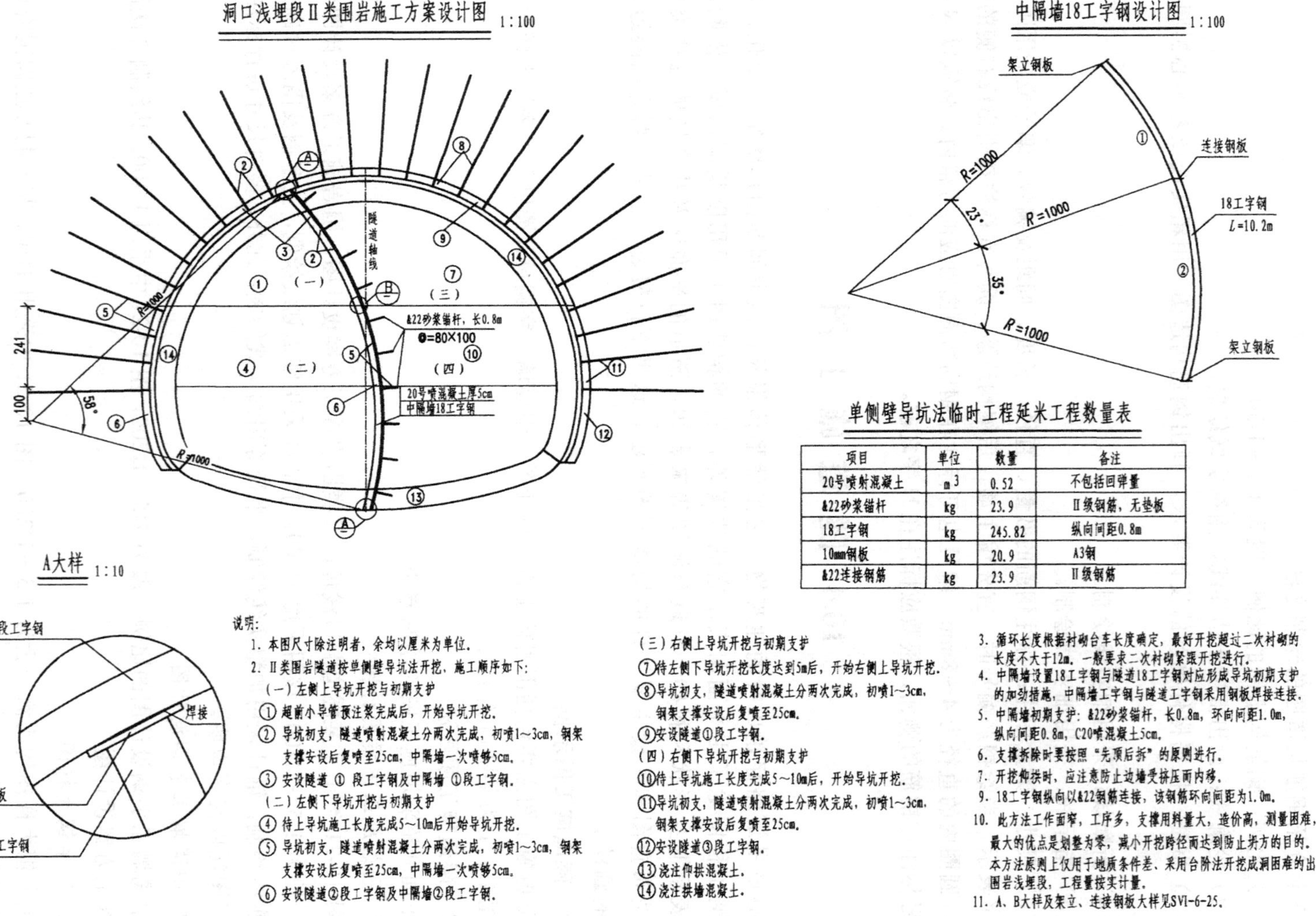

单侧壁导坑法临时工程延米工程数量表

项目	单位	数量	备注
20号喷射混凝土	m^3	0.52	不包括回弹量
&22砂浆锚杆	kg	23.9	Ⅱ级钢筋，无垫板
18工字钢	kg	245.82	纵向间距0.8m
10mm钢板	kg	20.9	A3钢
&22连接钢筋	kg	23.9	Ⅱ级钢筋

说明：

1. 本图尺寸除注明者，余均以厘米为单位。
2. Ⅱ类围岩隧道按单侧壁导坑法开挖，施工顺序如下：

（一）左侧上导坑开挖与初期支护

① 超前小导管预注浆完成后，开始导坑开挖。

② 导坑初支，隧道喷射混凝土分两次完成，初喷1~3cm，钢架支撑安设后复喷至25cm，中隔墙一次喷够5cm。

③ 安设隧道①段工字钢及中隔墙①段工字钢。

（二）左侧下导坑开挖与初期支护

④ 待上导坑施工长度完成5~10m后开始导坑开挖。

⑤ 导坑初支，隧道喷射混凝土分两次完成，初喷1~3cm，钢架支撑安设后复喷至25cm，中隔墙一次喷够5cm。

⑥ 安设隧道②段工字钢及中隔墙②段工字钢。

（三）右侧上导坑开挖与初期支护

⑦ 待左侧下导坑开挖长度达到5m后，开始右侧上导坑开挖。

⑧ 导坑初支，隧道喷射混凝土分两次完成，初喷1~3cm，钢架支撑安设后复喷至25cm。

⑨ 安设隧道①段工字钢。

（四）右侧下导坑开挖与初期支护

⑩ 待上导坑施工长度完成5~10m后，开始导坑开挖。

⑪ 导坑初支，隧道喷射混凝土分两次完成，初喷1~3cm，钢架支撑安设后复喷至25cm。

⑫ 安设隧道③段工字钢。

⑬ 浇注仰拱混凝土。

⑭ 浇注拱墙混凝土。

3. 循环长度根据衬砌台车长度确定，最好开挖超过二次衬砌的长度不大于12m。一般要求二次衬砌紧跟开挖进行。
4. 中隔墙设置18工字钢与隧道18工字钢对应形成导坑初期支护的加劲措施，中隔墙工字钢与隧道工字钢采用钢板焊接连接。
5. 中隔墙初期支护：&22砂浆锚杆，长0.8m，环向间距1.0m，纵向间距0.8m，C20喷混凝土5cm。
6. 支撑拆除时要按照"先顶后拆"的原则进行。
7. 开挖仰拱时，应注意防止边墙受挤压而内移。
9. 18工字钢纵向以&22钢筋连接，该钢筋环向间距为1.0m。
10. 此方法工作面窄，工序多，支撑用料量大，造价高，测量困难，但其最大的优点是划整为零，减小开挖跨径而达到防止坍方的目的。因此，本方法原则上仅用于地质条件差、采用台阶法开挖成洞困难的出口Ⅱ类围岩浅埋段，工程量按实计量。
11. A、B大样及架立、连接钢板大样见SVI-6-25。

图 10-21 隧道施工图

10.5 涵洞施工图

涵洞是宣泄小量流水的工程建筑物，它与桥梁的主要区别在于跨径的大小。根据标准规定，凡单孔跨径小于 5m，多孔跨径总长小于 8m 以及圆管涵、箱涵，无论管径或跨径大小，孔径多少，均称为涵洞。涵洞顶上一般都有较厚填土，填土不仅可以保持路面连续性，而且分散了汽车荷载的集中压力，并减少了它对涵洞的冲击力。

涵洞是由基础、洞身和洞口组成的，洞口包括端墙、翼墙或护坡、截水墙和缘石等部分。

涵洞的种类很多，按建筑材料，可分为砖涵、石涵、钢筋混凝土涵、木涵及陶瓷管涵等；按构造形式，可分为圆管涵、盖板涵、拱涵及箱涵等；按断面形状，可分为圆形涵、卵形涵、拱形涵和梯形涵等；按孔数，可分为单孔、双孔和多孔。

涵洞是狭而长的工程构造物，涵洞施工图主要包括一般构造图和钢筋构造图，下面对圆管涵的一般构造图和钢筋构造图的画法分别加以介绍。

10.5.1 圆管涵一般构造图

10.5.1.1 圆管涵一般构造图示例

圆管涵的一般构造图由纵剖面图、平面图和横剖面图组成。

图 10-22 为某圆管涵的一般构造图。

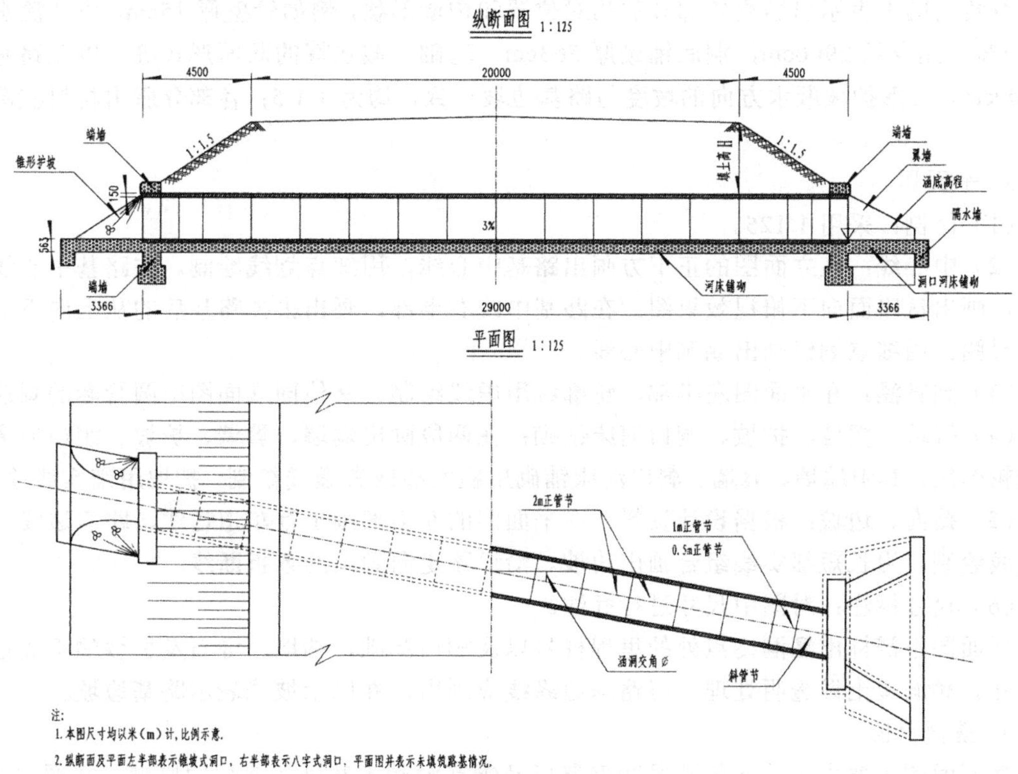

图 10-22　某圆管涵的一般构造图

10.5.1.2 圆管涵一般构造图画法

下面介绍圆管涵一般构造图的绘制方法。圆管涵一般构造图主要由纵断面图、平面图组成。

1. 纵断面图

（1）比例：采用 1:125。

（2）路基中心线：用细点划线绘出路基中心线。

（3）圆管涵：根据设计资料，画出圆管涵的顶部、底部轮廓线，用粗实线绘制；画出管节接头线，用中粗实线绘制，其中两端接头线处用粗实线绘制；对于圆管涵的顶部、底部轮廓线之间部分用细斜线图样进行填充，表示圆管涵的材质。

（4）端墙：根据设计资料，在两端画出端墙，用粗实线绘制，用正六边形图案进行填充。

（5）河床铺砌：根据设计资料，在涵洞的下方画出河床铺砌，用粗实线绘制，用正六边形图案进行填充。

（6）翼墙：根据设计资料，在两端洞口处画出翼墙，用粗实线绘制；并在出水端用细斜线画出护坡。

（7）路面、边坡：根据设计资料，在涵洞的上方画出路面、边坡的轮廓线，用粗实线绘制；并在路面以及边坡的下方给出不同形式的材质填充。

（8）尺寸标注：对尺寸进行标注。

纵断面图中表示出涵洞各部分的相对位置和构造形状，例如管壁厚 15cm，设计流水坡度 0.3%，涵身长 2900cm，洞底铺砌厚 563cm，基础、截水墙的断面形式等，以及路基宽度 100cm。锥形护坡顺水方向的坡度与路基边坡一致，均为 1:1.5；各部分所用材料在图中表示。

2. 平面图

（1）比例：采用 1:125。

（2）中心线：在立面图的正下方画出路基中心线，用细点划线绘制。在路基中心线左半部，画出从路面向下俯视效果图；在路基中线右半部，画出去掉路基后的从上向下的俯视效果图。用细点划线画出涵洞中心线。

（3）圆管涵：在平面图左半部，轮廓线用虚线绘制。其他同立面图中圆管涵的画法。

（4）端墙、翼墙、护坡、洞口河床铺砌：在两段画出端墙、翼墙、护坡、洞口河床铺砌的轮廓线，其中端墙、翼墙、洞口河床铺砌用粗实线或者虚线绘制，护坡用细实线绘制。

（5）路面、边坡：根据设计资料，在平面图的左半部画出行车道边线、路肩边线，用粗实线绘制。用长短细实线组合画出边坡。沿道路走向画出两条折断线。

（6）尺寸标注：对图中尺寸进行标注。

平面图中需标出涵洞终点处的里程桩号以及洞口基础、端墙、缘石及护坡的平面形状和尺寸。涵洞覆土做透明处理，但路基边缘线应画出，并以示坡线表示路基边坡。

3. 横剖面图

横剖面图主要表示管涵的孔径和壁厚以及钢筋混凝土基础和垫层的厚度。在图 10-22 中分别画了端部剖面和中部剖面，是因为端部和中部垫层厚度不同。

10.5.2　圆管涵钢筋构造图

1. 圆管涵钢筋构造图示例

圆管涵的钢筋构造图由横断面图、纵断面图以及钢筋大样图组成。

图 10-23 为某圆管涵钢筋构造图。

2. 圆管涵钢筋构造图画法

下面介绍圆管涵钢筋构造图的绘制方法。

（1）比例：钢筋构造图的比例一般为 1:5～1:50。

（2）圆管涵钢筋构造图的绘制基本与桥梁钢筋构造图的绘制相同，这里不再赘述。

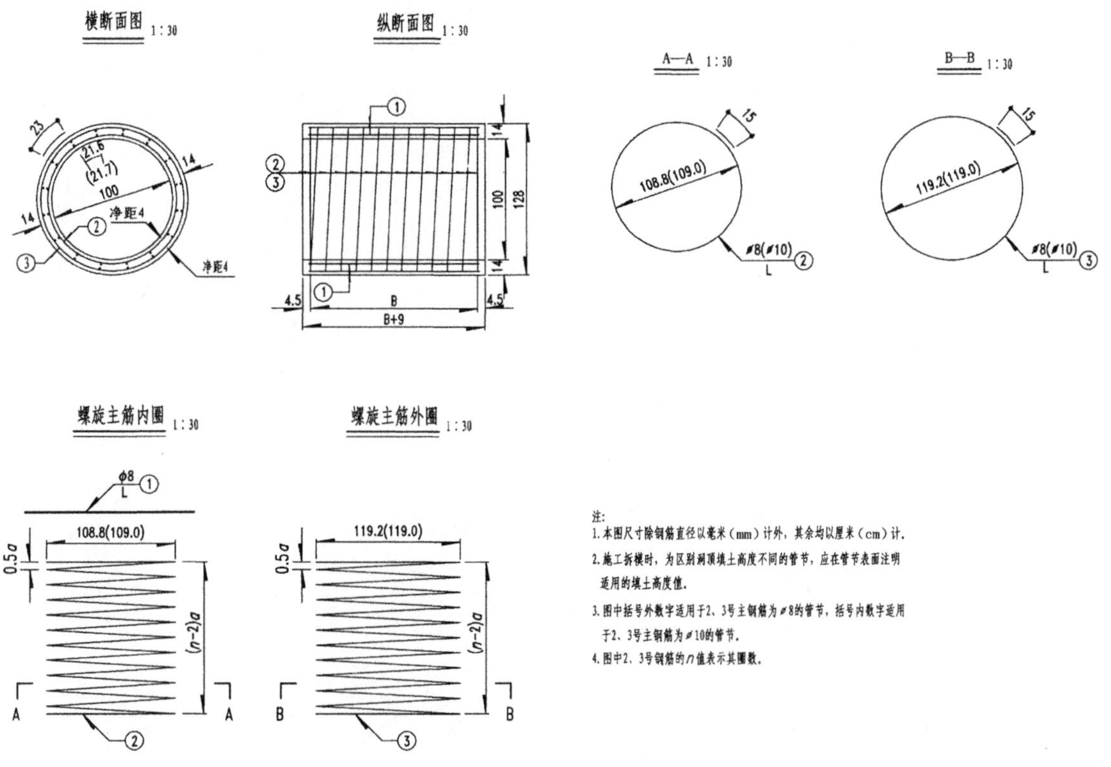

图 10-23　某圆管涵钢筋构造图

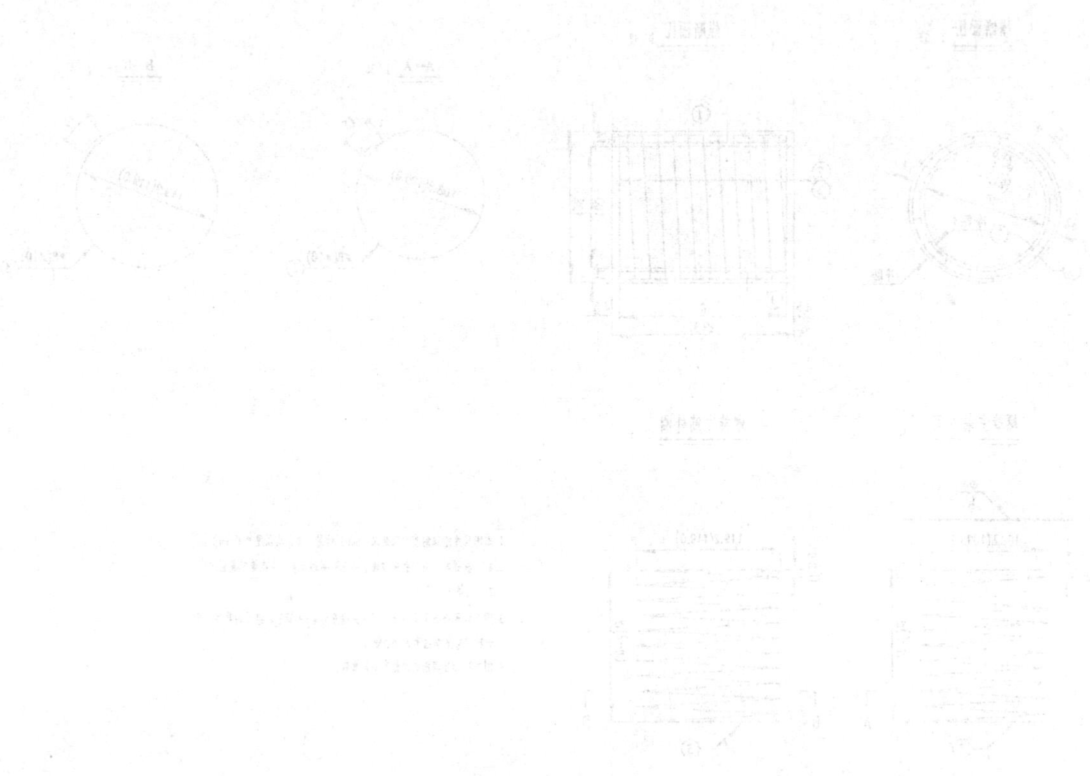